工业和信息化普通高等教育“十三五”规划教材立项项目
21世纪高等教育计算机规划教材

大学计算机应用基础教程
（Windows 7+MS Office 2010）

University Computer Foundation (Windows 7+MS Office 2010)

刘艳慧 主编
高慧 巴钧才 李娜 王瑾 副主编

人民邮电出版社
北京

图书在版编目（CIP）数据

大学计算机应用基础教程 ：Windows 7+MS Office 2010 / 刘艳慧主编. -- 北京 ：人民邮电出版社，2016.8（2023.9重印）
21世纪高等教育计算机规划教材
ISBN 978-7-115-43045-8

Ⅰ. ①大… Ⅱ. ①刘… Ⅲ. ①Windows操作系统－高等学校－教材②办公自动化－应用软件－高等学校－教材
Ⅳ. ①TP316.7②TP317.1

中国版本图书馆CIP数据核字(2016)第155613号

内 容 提 要

本书是根据教育部考试中心制定的《全国计算机等级考试二级 MS Office 高级应用考试大纲》（2013 年版）编写的，主要包括计算机基础知识、Windows 7 操作系统、Word 2010、Excel 2010、PowerPoint 2010、网络基础与 Internet 应用、公共基础知识、计算机新技术简介等内容。本书结合案例，使读者在掌握计算机基础知识的基础上，熟练掌握 Office 办公软件的应用，了解计算机技术的前沿发展，并能顺利通过全国计算机等级考试（二级 MS Office 高级应用）。

◆ 主　　编　刘艳慧
副 主 编　高　慧　巴钧才　李　娜　王　瑾
责任编辑　邹文波
执行编辑　李　召
责任印制　沈　蓉　彭志环

◆ 人民邮电出版社出版发行　北京市丰台区成寿寺路 11 号
邮编　100164　电子邮件　315@ptpress.com.cn
网址　http://www.ptpress.com.cn
北京隆昌伟业印刷有限公司印刷

◆ 开本：787×1092　1/16
印张：14.5　2016 年 8 月第 1 版
字数：378 千字　2023 年 9 月北京第 18 次印刷

定价：39.80 元

读者服务热线：(010)81055256　印装质量热线：(010)81055316
反盗版热线：(010)81055315

序

2006 年 6 月，教育部计算机教学指导委员会提出了“关于进一步加强高等学校计算机基础教学的意见”，意见明确指出：我国计算机基础教学已经由普及阶段进入到提升阶段。2015 年 5 月 23 日，教育部高等学校文科计算机教学指导分委员会“计算机基础课程教学要求”修订工作会议在中国人民大学召开，本次会议就计算机基础课程的指导思想、面临的主要问题和挑战、课程的教学目标和内容、修订工作的重点和难点，以及任务分工和时间进度等进行了讨论，明确了计算机基础课程“面向应用”的基本定位，进一步强调了知识的学习以培养学生解决问题的能力为目标的基本原则，也就是每一个知识单元的设计要明确与解决何种问题的能力对应，在这个过程中同时体现对计算思维素养的培养。

为深化教学改革，提高计算机公共基础课程教学水平，西北师范大学知行学院出台“计算机公共基础课程教学改革实施意见（试行）”，对计算机公共基础教学的课程设置、教学内容、考核方式及管理模式进行改革。课程设置实行“1+X”模式，即：第一学期开设“计算机应用基础”，第二学期针对不同专业开设若干“计算机应用技术”选修课程。“计算机应用基础”课程侧重 Office 办公软件的应用与实践操作，以计算机等级考试“二级 MS Office 高级应用”内容为主导，根据专业特点精心选择教学案例，注重培养学生在今后学习、工作、生活中的计算机操作技能。“计算机应用技术”主要开设 Office 高级应用与高效办公、PhotoShop 图形图像处理、Flash 二维动画制作、3DMax 动画制作、Visual Foxpro 数据库与程序设计、Excel 在财务管理中的应用、AutoCAD 等课程，注重培养学生的实践动手能力和信息技术应用能力。

该书正是基于上述背景，紧密结合课程改革需要，根据教育部考试中心制订的《全国计算机等级考试二级 MS Office 高级应用考试大纲》（2013 年版），由多名长期担任计算机课程教学、实践经验丰富的老师编写而成。该书内容详略适当，章节安排合理，难易适中，具有很强的实用性和可操作性，对学生提高计算机应用能力和参加计算机等级考试具有很好的帮助作用。

该书编写结束后，为求严谨，组织校内教师代表、学生代表进行了详细审阅与修改并同时呈送多位其他高校长期担任计算机课程教学的专家、教授指导、把关，广泛征求意见，期待该书能产生较好的社会反响。

甘肃省计算机教学指导委员会　副主任
西北师范大学教务处　处　长

2016 年 8 月

前 言

2015 年 5 月 23 日，教育部高等学校文科计算机基础教学指导分委员会“计算机基础课程教学要求”修订工作会议在中国人民大学召开。会议明确了计算机基础课程“面向应用”的基本定位，进一步强调了知识的学习要以培养学生解决问题的能力为目标的基本原则，也就是每一个知识单元的设计要明确与解决何种问题的能力对应，注重培养学生的操作技能。

为深化教学改革，提高计算机公共基础课程教学水平，经充分调研论证，西北师范大学知行学院决定对计算机公共基础教学的课程设置、教学内容、考核方式及管理模式进行改革。调整改革后，“计算机应用基础”课程侧重 Office 办公软件的应用与实践操作，以全国计算机等级考试“二级 MS Office 高级应用”内容为主导，根据专业特点精心选择教学案例，建立并不断完善教学案例库，注重培养学生的计算机操作技能。

为此，我们根据教育部高等学校文科计算机基础教学指导分委员会“大学计算机基础”课程的教学要求和计算机等级考试最新大纲，组织从事多年计算机基础教学工作并有丰富实践经验的教师编写了教材。本书图文并茂，教学案例丰富，语言简明扼要、通俗易懂，紧紧围绕计算机等级考试大纲，具有很强的可操作性和实用性。

本书由西北师范大学知行学院刘艳慧主编，并编写了第 4 章、第 7 章、第 8 章、附录及第 3 章、第 5 章的部分内容，同时负责大纲拟定、统稿及校对工作。参加编写的还有高慧、巴钧才、李娜、王瑾等。王瑾编写第 1 章，李娜编写第 2 章，高慧编写第 3 章、第 5 章，巴钧才编写第 6 章。本书的编写工作得到了西北师范大学教务处处长王治和教授、西北师范大学任小康教授、西北师范大学知行学院院长孙建安教授和副院长杨晓宏教授的指导与帮助，西北师范大学知行学院王晓斌老师、许得翔老师、马智峰老师及经济管理系 2015 级部分同学也参加了本书的校稿工作，在此一并表示感谢！

本书提供配套案例资源、习题答案及操作题解题步骤，读者可登录人邮教育社区 http://www.ryjiaoyu.com 下载。

编　者

2016 年 8 月

目 录

第1章 计算机基础知识

主要知识点：

- 计算机的发展、类型及其应用领域
- 计算机软硬件系统的组成及主要技术指标
- 计算机中数据的表示与存储
- 计算机病毒的特征、传播与防范
- 多媒体技术的概念与应用
- 金山打字通软件介绍

1.1 计算机概述

1.1.1 计算机的发展

20 世纪初，电子技术得到了迅猛发展，这为第一台电子计算机的诞生奠定了基础。1943 年，正值第二次世界大战期间，由于军事上弹道计算问题的需要，美国军械部与宾夕法尼亚大学合作，开始研制电子计算机。1946 年 2 月 15 日，世界上第一台电子计算机埃尼阿克（Electronic Numerical Integrator And Calculator，ENIAC）在美国宾夕法尼亚大学研制成功，如图 1-1 所示。这台计算机使用了 18 800 个真空管、1500 个继电器、10 000 只电容、70 000 个电阻及其他电子元器件，占地 170 平方米，重达 30 吨，每秒可进行 5000 次的加法运算。

图 1-1 世界上第一台电子计算机 ENIAC

ENIAC 的问世成为计算机发展史上的一座丰碑，具有划时代的意义，标志着现代计算机时代的到来。现代计算机的发展阶段通常以构成计算机的电子元器件来划分，至今已经经历了电子管、晶体管、集成电路以及大规模和超大规模集成电路四个发展阶段，目前正在向第五代迈进，如表 1-1 所示。

表 1-1 计算机发展的四个阶段

代次	起止年份	所用电子器件	数据处理方式	应用领域
第一代	1946～1959	电子管	汇编语言、代码程序	军事及科学研究
第二代	1959～1964	晶体管	高级程序设计语言	数据处理、自动控制
第三代	1964～1972	集成电路	结构化、模块化程序设计、实时处理	科学计算、数据处理、事务管理、工业控制
第四代	1972 至今	大规模和超大规模集成电路	分时、实时数据处理、计算机网络	工业、生活等各方面

1. 第一代电子管计算机

第一代计算机使用的主要元器件是电子管，主存储器采用磁鼓、磁芯，辅助存储器采用磁带、纸袋、卡片等。第一代计算机体积大，耗电多，速度低，可靠性差，成本高，使用不便，仅采用机器语言和汇编语言，主要局限于在一些军事和科研部门中进行科学计算。其代表机型有 IBM650（小型计算机）、IBM709（大型计算机）。

2. 第二代晶体管计算机

1948 年，美国贝尔实验室发明了晶体管，10 年后晶体管取代了计算机中的电子管，诞生了晶体管计算机。第二代计算机使用的主要元器件是晶体管，内存储器大量使用磁性材料制成的磁芯存储器，容量扩大到几十万字节，运算速度达到几十万次/秒～百万次/秒。与第一代电子管计算机相比，晶体管计算机体积小，耗电少，成本低，逻辑功能强，使用方便，可靠性高。软件上广泛采用高级语言，并出现了早期的操作系统。其代表机型有 IBM7090。

3. 第三代中小规模集成电路计算机

第三代计算机使用的主要元器件是小规模集成电路和中等规模集成电路，集成电路是在几平方毫米的硅片上，集中了几十个或上百个电子元件而组成的逻辑电路。主存储器开始逐渐采用半导体元件，运算速度提高到百万次/秒。由于采用了集成电路，第三代计算机各方面性能都有了极大提高：体积缩小，价格降低，功能增强，可靠性大大提高。软件上广泛使用操作系统，产生了分时、实时等操作系统和计算机网络，其应用领域不断扩大，已可以处理文字和图像等数据形式。典型机型有 IBM360 系统、PDP11 系列等。

4. 第四代大规模和超大规模集成电路计算机

第四代计算机使用的主要元器件是大规模乃至超大规模集成电路，使计算机体积、重量、成本均大幅度降低；作为主存的半导体存储器，其集成度越来越高，容量越来越大，外存储器除广泛使用软、硬磁盘外，还引进了光盘；运算速度可达几百万次/秒～千亿次/秒；输入、输出设备有了很大的发展，如鼠标、扫描仪、激光打印机、数码相机、绘图仪等。操作系统不断完善、发展，数据库技术进一步发展，计算机的应用进入了以网络化为特征的时代，它的迅速普及改变了人们的生活，加速了人类社会向信息化时代的变迁。

5. 第五代计算机

第五代计算机即新一代计算机，是对第四代计算机以后的各种未来型计算机的总称。新一代计算机突破了前四代计算机存储控制的基本原理和工作方式，它能够最大限度地模拟人类大脑的机制，具有人脑所特有的联想、推理、判断、学习等某些功能，具有对语音、声音、图像及各种模糊信息的感知、识别和处理能力。从 20 世纪 80 年代开始，已提出超导计算机、量子计算机、神经网络计算机、光子计算机、纳米计算机及 DNA 计算机等各种设想和描述，在实际研制过程中也取得了一些重要进展。

1.1.2 计算机的分类

计算机的分类方法有多种。按功能与用途，计算机可分为通用计算机与专用计算机；按处理对象不同，计算机可分为数字电子计算机、模拟电子计算机和混合电子计算机；按性能和规模，如运算速度、存储容量、输入输出能力、外部设备、软件配置等，又可将计算机分为巨型机、大型机、小型机、微型机和工作站。

1. 巨型机

巨型机又称为超级计算机，是一种超大型电子计算机，具有很强的计算和处理数据的能力，主要特点表现为高速度和大容量，配有多种外部和外围设备及丰富的、多功能的软件系统。

我国的“天河一号”“天河二号”，美国的“泰坦”（Titan），日本的“K Computer”都是世界有名的巨型机。“天河二号”超级计算机如图 1-2 所示，其系统是由中国国防科技大学所研发的，是目前全球最快的超级计算机系统，综合技术处于国际领先水平，已连续六次蝉联世界超级计算机 TOP500 排行榜第一位。目前，天河二号已应用于生物医药、新材料、工程设计与仿真分析、天气预报、智慧城市、电子商务、云计算与大数据、数字媒体和动漫设计等多个领域，还将广泛应用于大科学、大工程、信息化等领域，为经济社会转型升级提供重要支撑。

图 1-2 “天河二号”超级计算机

2. 大型机

大型机的运算速度和存储容量次于巨型机，但仍具有高速度、高容量的特点，它的通用性好、外部设备负载能力强、通信联网功能完善、可靠性高，且有丰富的系统软件和应用软件，因此大型机常用于银行业务、大型企业、科研机构等。美国 IBM 公司生产的 IBM390、IBM Z 系列，就是国际上有代表性的大型主机。

3. 小型机

小型机是比大型机存储容量小、处理能力弱的中等规模的计算机。小型机结构简单、操作简便、容易维护、成本较低，通常用在一般的科研与设计机构、中小企业和普通高校等。

4. 微型机

微型机也称为个人计算机（PC），是目前发展最快、应用最广的机型。微型机集成度高、体积小、灵活性好、价格低廉、使用方便。微型机又分为台式机和便携机，便携机有笔记本电脑以及现在很流行的平板电脑等。

5. 工作站

工作站实际上就是一台高档微机，介于 PC 和小型机之间。它拥有大屏幕、高分辨率的显示器，配有大容量主存，具有较强的信息处理能力和联网功能，主要用于图形、图像处理和计算机辅助设计及制作等领域。

1.1.3 计算机的应用领域

随着计算机的高速发展，计算机的应用遍及到教育、经济、政治、商业、军事及社会生活的各个领域，概括起来主要有以下几个方面。

1. 科学计算

科学计算即数值计算，随着计算机最早的应用领域。科学研究和工程设计中经常遇到各种各样复杂的数学问题，计算量很大，用一般计算工具难以完成。例如，人造卫星轨迹的计算、气象预报中卫星云图资料的分析计算等。借助计算机的高速运算和大容量的存储能力可以完成这类复杂的数值计算任务，大大缩短计算周期，节省人力和物力。另外，计算机的逻辑判断能力和强大的运行能力又给许多学科提出了新的研究方法。

2. 信息处理

信息处理也称为信息加工或数据处理。信息处理是目前计算机应用最广泛的领域之一。信息处理包括对各种形式的信息（如文字、图形、图像、声音、视频等）的收集、分类、整理、加工、存储和传输等工作，其结果为管理和决策提供有用的信息。目前，信息处理已广泛应用于办公自动化、事务处理、企业管理、医疗管理和诊断、情报检索和决策等领域。

3. 过程控制

过程控制又称实时控制，指用计算机及时采集检测数据，将数据处理后按最佳值迅速地对控制对象进行自动控制或自动调节。从 20 世纪 60 年代起，实时控制就开始应用于冶金、机械、电力和石油化工等领域。例如，高炉炼铁中，计算机用于控制投料、出铁、出渣以及对原料和生铁成分的管理与控制，通过对数据的采集和处理，实现对各个工作环节操作的指导。

4. 计算机辅助系统

计算机辅助系统是指能够部分或全部代替人工完成各项工作的计算机应用系统，目前主要包括计算机辅助设计（CAD）、计算机辅助制造（CAM）、计算机集成制造系统（CIMS）和计算机辅助教育（CBE）等。

计算机辅助设计（CAD）是指利用计算机帮助各类设计人员进行设计。由于计算机有快速的数值计算、较强的数据处理以及模拟的能力，使 CAD 技术得到了广泛的应用，如飞机设计、船舶设计、建筑设计、机械设计等。采用计算机辅助设计后，不但减少了设计人员的工作量，提高了设计速度，更重要的是提高了设计的质量。

计算机辅助制造（CAM）是指用计算机进行生产设备的管理、控制和操作的技术。例如，在产品的制造过程中，用计算机控制机器的运行，处理生产过程中所需的数据，控制和处理材料的流动、对产品的检验等。

计算机集成制造系统（CIMS）是集设计、制造、管理三大功能于一体的现代化工厂生产系统，它是在信息技术、自动化技术的基础上，通过计算机技术把分散在产品设计制造过程中各种孤立的自动化子系统有机地集成起来，形成适用于多品种、小批量生产，实现整体效益的集成化和智能化的制造系统。

计算机辅助教育（CBE）是指以计算机为主要媒介所进行的教育活动，也就是使用计算机来帮助教师教学，帮助学生学习，帮助教师管理教学活动和组织教学等。

5. 网络与通信

计算机技术与现代通信技术的结合构成了计算机网络。利用计算机网络实现不同地区计算机之间的软、硬件资源共享，可以大大促进和发展地区间、国际间的通信和数据的传输及处理。现代计算机的应用已离不开计算机网络，例如，银行服务系统、交通订票系统、电子商务、公用信息通信网、企业管理信息系统等都建立在计算机网络基础之上，利用网络进行通信已成为现代生活不可或缺的一大部分。

6. 人工智能

人工智能（AI）是研究、开发用于模拟、延伸和扩展人的智能的理论、方法、技术及应用系统的一门新技术。它企图了解智能的实质，并生产出一种新的能以人类智能相似的方式做出反应的智能机器，该领域的研究包括机器人、模式识别、机器翻译、智能搜索和专家系统等。

1.2 计算机的系统组成

一个完整的计算机系统是由硬件系统和软件系统两大部分组成的，如图 1-3 所示。硬件系统是组成计算机的各种物理设备；软件系统是运行、管理和维护计算机的各类程序和文档的总称。

- 计算机系统
  - 硬件系统
    - 主　机
      - 中央处理器（CPU）
        - 运算器（ALU）
        - 控制器（CU）
      - 主（内）存储器
        - 随机存储器（RAM）
        - 只读存储器（ROM）
        - 高速缓冲存储器（Cache）
    - 外部设备
      - 输入设备（键盘、鼠标器、扫描仪等）
      - 输出设备（显示器、打印机、绘图仪等）
      - 外存储器（硬盘、光盘、U 盘等）
  - 软件系统
    - 系统软件
      - 操作系统（DOS、Windows、Linux 等）
      - 语言处理程序（汇编程序、编译程序、解释程序）
      - 数据库管理系统（SQL Sever、IBM DB2 等）
      - 系统服务程序（连接编辑程序、诊断程序、调试程序等）
    - 应用软件
      - Office 办公软件（Word、Excel、PPT 等）
      - 工具软件（WinRAR、迅雷、杀毒软件等）
      - 数据库软件（Access、VFP、VB 等）
      - 图形和图像处理软件（CAD、Photoshop 等）
      - 通信软件（QQ、飞信等）

图 1-3　计算机系统的组成示意图

硬件是软件工作的基础，离开硬件，软件无法运行；软件是硬件功能的扩充和完善，有了软件的支持，硬件的功能才能得到充分的发挥。所以硬件系统与软件系统相辅相成、缺一不可。

1.2.1 计算机软件系统

软件系统是计算机系统的重要组成部分。软件系统着重研究如何管理和使用机器，即研究怎样通过软件的作用更好地发挥计算机的功能。计算机软件非常丰富，种类繁多，按照软件的功能通常可分为系统软件和应用软件。

1. 系统软件

系统软件支持程序人员（计算机用户）方便地使用和管理计算机，它的功能是对整个计算机系统进行调度、管理、监视和服务，为用户使用机器提供方便，并可扩充机器功能，提高机器的使用效率。系统软件主要包括操作系统、语言处理程序、数据库管理系统和系统服务程序。

（1）操作系统

操作系统（OS）是控制和管理计算机中所有硬件资源和软件资源协调工作的系统软件。它是系统软件的核心，是直接运行在计算机硬件上的最基本的系统软件。操作系统的作用，首先是用户与计算机的接口，用户通过操作系统与计算机交流；其次是统一管理计算机系统的全部资源，合理组织计算机的工作流程，提高计算机的工作效率。常见的操作系统有 DOS、Windows、Linux、UNIX 和 Mac OS 等。

（2）语言处理程序

人与人的交流需要语言，人与计算机的交流同样需要语言。实现人与计算机之间的信息交换的语言称为计算机语言，通常分为机器语言、汇编语言和高级语言三类。

① 机器语言

机器语言是用二进制代码“0”和“1”组成的一组代码指令，可以直接被计算机硬件识别并执行。

② 汇编语言

汇编语言是指用一些有意义的符号作为编程用的语言，它实际上是一种符号语言。

③ 高级语言

高级语言克服了汇编语言和机器语言的弱点，成为了一种独立于机型的、接近人们习惯的自然语言。高级语言程序可读性强，可靠性好，利于维护，大大提高了程序设计效率。常用的高级程序设计语言有 C、C++、Visual Basic、Java。

（3）数据库管理系统

数据库管理系统是一种操纵和管理数据库的大型软件，用于建立、使用和维护数据库，它对数据库进行统一的管理和控制，以保证数据库的安全性和完整性。常用的数据库管理系统有 Access、FoxPro、SQL Server、Oracle 等。

（4）系统服务程序

这类程序有软件调试程序、错误测试和诊断程序、编辑程序以及连接程序等。这些服务程序为计算机用户提供了极大的方便。

2. 应用软件

应用软件是指为解决各种实际问题而编制的计算机程序。应用软件可以拓宽计算机系统的应用领域。常用的应用软件有：办公软件（Word、Excel、PPT 等）、网页开发软件（Dreamweaver、Fireworks、Flash 等）、图像处理软件（Photoshop、CorelDraw 等）、计算机辅助设计软件（AutoCAD）、多媒体开发软件（Authorware）、游戏软件等。

1.2.2 计算机硬件系统

1. 计算机硬件系统逻辑构成

随着功能的不断增强，计算机应用范围的不断扩展，计算机硬件系统也越来越复杂，但是其基本的体系结构并没有发生多大的变化，仍然属于冯·诺依曼型计算机。

冯·诺依曼型计算机的特点：

① 计算机内部采用二进制代码表示程序（指令）和数据；

② 采用存储程序和程序控制方式工作，即事先编制程序并将程序和数据一起进行存储，计算机按程序编排的顺序自动连续地从存储器中依次取出指令并执行；

③ 计算机硬件系统由运算器、控制器、存储器、输入设备和输出设备五大逻辑功能部件组成。

五大部件中每一个部件都有相对独立的功能，分别完成各自不同的工作，这五大部件在数据处理时有机地结合在一起，通过系统总线完成指令所传达的操作。计算机接受指令后，由控制器指挥，将数据从输入设备传送到存储器存放，再由控制器将需要参加运算的数据传送到运算器，由运算器进行处理，处理后的结果先存放到存储器，然后由控制器控制输出设备输出，如图 1-4 所示。

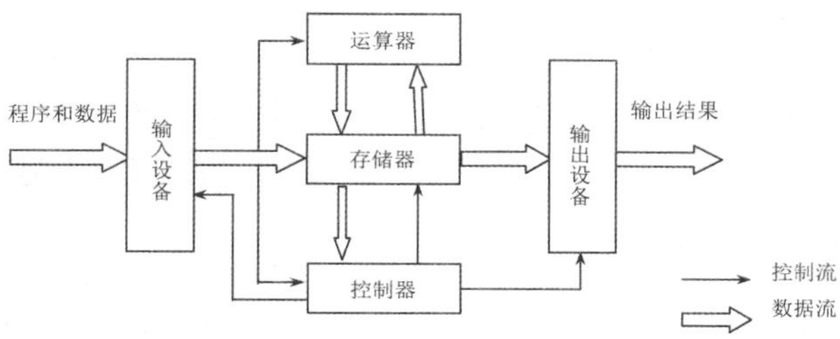

图 1-4 计算机硬件系统构成及工作流程

（1）运算器

运算器的主要功能是对二进制进行算术运算和逻辑运算，在计算机中不管多么复杂的运算，都是通过基本的算术运算和逻辑运算实现的。运算器由控制器统一控制，不断地读取内存储器中的数据进行运算，并将运算的结果送回到内存储器中。

（2）控制器

控制器主要由指令寄存器、译码器、程序计数器和操作控制器组成，并协调计算机各部件工作，使整个过程有条不紊地进行。它负责按程序计数器指出的指令地址从内存中取出该指令，并对指令进行分析和逻辑译码，然后根据该指令的功能向有关部件发出控制信号，执行该指令。

运算器和控制器是按逻辑功能来划分的，实际上在计算机中，它们是结合在一起的一个集成电路块。这个集成电路块被称为中央处理器（简称 CPU）。

（3）存储器

存储器是计算机系统的记忆设备，用来保存信息，如数据、程序、指令和运算结果等。按照与中央处理器的接近程度，可以把存储器分为内部存储器和外部存储器两大类。

① 内部存储器

内部存储器是计算机主机的组成部分，也称内存或主存，用来存放当前运行程序及所需要的数据，属于临时存储器。CPU 可以直接访问内存并与其交换信息。相对于外部存储器而言，内存的存储容量小、存取速度快、成本较高。

根据存取方式的不同，内存储器分为随机存储器（RAM）和只读存储器（ROM）两类。

随机存储器（RAM）也叫读写存储器，有两个主要特点：一是其中的信息随时可以读出或写入，当写入时，原来存储的数据将被冲掉；二是加电使用时其中的信息会完好无缺，但是一旦断电（关机或意外断电），RAM 中存储的数据就会消失，而且无法恢复。由于 RAM 的这一特点，所以也称它为临时存储器。

只读存储器主要用来存放系统程序和数据，信息是在制造时用专门设备一次性写入的，存储的内容是永久性的，即使关机或断电也不会丢失。

② 外部存储器

外部存储器简称外存或辅存，它是内存的扩充。外存存放当前不参加运行的程序和数据，以及一些需要永久保存的信息，属于永久性存储器。外存的存储容量大、成本低，但存取速度较慢，且 CPU 不能直接访问它。当需要某一程序或数据时，必须先调入内存，然后再运行。常用的外存有硬盘、光盘、移动硬盘和 U 盘等。

由于内存的速度与 CPU 的速度之间存在一定的差距，为了减小 CPU 的等待时间，大多数 CPU 中都配置了高速缓冲存储器（Cache）。主存储器、辅助存储器和高速缓冲存储器协同工作，解决了存储器要求容量大、速度快、成本低三者之间的矛盾。

（4）输入设备

输入设备是计算机用来接收外来信息的设备。它的功能是把原始数据和处理这些数据的程序、命令通过输入接口输入到计算机中。键盘、鼠标、摄像头、扫描仪、光笔、触摸屏、手写板、游戏杆、语言输入装置等都属于输入设备。

（5）输出设备

输出设备是用来输出信息的部件。输出设备把计算机加工处理的结果转换成人或其他设备所能接收和识别的信息形式，如文字、数字、表格、图形、图像、声音和视频等。常用的输出设备有显示器、打印机、绘图仪和音箱等。

2. 常见微型计算机硬件设备

（1）中央处理器

中央处理器（CPU）是计算机的核心部件，相当于计算机的大脑，负责统一指挥、协调计算机所有的工作，它的速度决定了计算机处理信息的能力，其品质的优劣决定了计算机的系统性能。中央处理器由运算器和控制器组成。目前市面上流行的品牌主要有 Intel 和 AMD。图 1-5 所示的是 Intel 的酷睿 i7 970 CPU。

图 1-5 Intel 的酷睿 i7 970 CPU

（2）主板

主板是计算机的躯干，是计算机最基本、最重要的部件之一，如图 1-6 所示。主板为中央处理器、内存条、显卡、硬盘、光驱、网卡、声卡、鼠标、键盘等部件提供了插槽和接口，计算机的所有部件都必须与它结合才能运行，它对计算机所有部件的工作起着统一协调的作用，目前大部分主板上都集成了声卡和网卡，部分主板还集成了显卡。常见的主板品牌有华硕、技嘉、微星、精英、七彩虹等。

（3）内存储器

内存储器（内存条）如图 1-7 所示，它需要插在主板上才能发挥作用。常见的内存条种类有 DDR SDRAM、DDR2 SDRAM、DDR3 SDRAM，常见品牌有三星、金士顿、威刚、现代等。

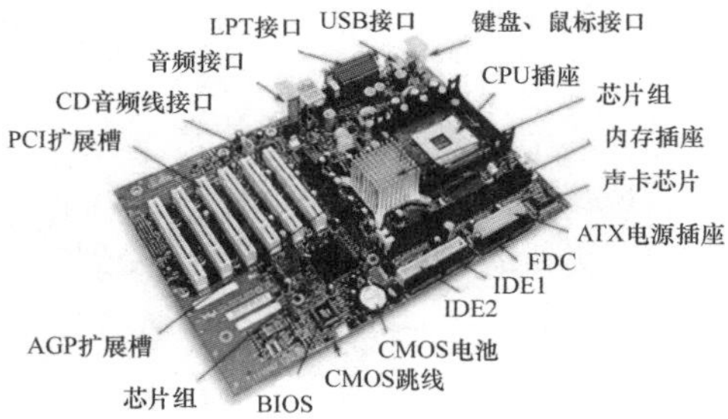

图 1-6　主板

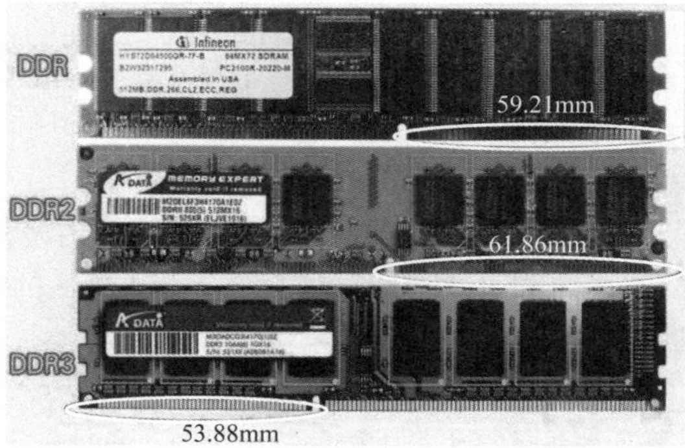

图 1-7　内存条

（4）硬盘

硬盘通常用来作为大型机、小型机和微型机的外部存储器，如图 1-8 所示。硬盘是计算机中最重要的数据存储设备，计算机中的文件都存储在硬盘中。硬盘通常被固定在主机箱内部，其性能直接影响计算机的整体性能，它有很大的容量，常以兆字节（MB）或吉字节（GB）为单位。目前，常见硬盘容量多为 500GB～2TB，转速多为 7200 转/分钟，接口类型有 SATA 接口、IDE 接口和 SCSI 接口。

（5）U 盘

U 盘是利用闪存（Flash Memory）在断电后还能保持存储的数据不丢失的特点而制成的。其优点是重量轻、体积小，一般只有拇指大小，15～30 克重；通过计算机的 USB 接口即插即用，使用方便；一般的 U 盘容量有 1GB、2GB、4GB、8GB、16GB、32GB、64GB 等。U 盘有基本型、增强型和加密型三种。基本型只提供一般的读写功能，价格是这三种盘中最低的；增强型是在基本型上增加了系统启动等功能，可以替代软驱启动系统；保密型提供文件加密和密码保护功能，在这三种 U 盘中，它的价格最贵。

（6）光盘

光盘是一种新型的大容量辅助存储器，呈圆盘状，需要光盘驱动器来读写，如图 1-9 所示。根据性能的不同，光盘分为只读型光盘 CD-ROM、一次性写入光盘 CD-R、可擦除型光盘 CD-RW、DVD 光盘。

（7）移动硬盘

移动硬盘主要以硬盘为存储介质，体积小，重量轻，存储容量大，是强调便携性的存储产品，如图 1-10 所示。绝大多数的移动硬盘为 6.35 厘米（2.5 英寸）的笔记本硬盘，一般采用 USB 接口为数据接口，没有外置电源，直接从计算机的 USB 接口取电，以较高的速度与系统进行数据传输，市场上主流 6.35 厘米（2.5 英寸）品牌的移动硬盘有 USB 2.0 和 USB 3.0 两种接口，存储容量最高达 3TB。其中 USB 3.0 接口的移动硬盘读取速度约为 60～70MB/s。

图 1-8　硬盘

图 1-9　光盘驱动器

图 1-10　移动硬盘

（8）各种功能的扩展卡

各种接口扩展卡的作用是扩展计算机的功能，并用于连接各种外部设备。如显示卡、声卡、网卡、电视卡等。

（9）键盘和鼠标

键盘和鼠标是最基本的输入设备，主要有两种接口：PS/2 接口和 USB 接口。现在绝大多数键盘和鼠标都使用 USB 接口。随着无线电技术的广泛使用，无线的键盘和鼠标越来越受到广大计算机用户的青睐。

（10）显示器

显示器是计算机最重要的输出设备。通过显示器，能方便地查看输入的内容和经过计算机处理后的各种信息。PC 的显示系统由显示器和显卡组成，它们共同决定了图形输出的质量。显示器的种类很多，目前主要使用 LCD 液晶显示器。常见的品牌有三星、LG、飞利浦、冠捷（AOC）等。

1.2.3 计算机的主要技术指标

一台计算机的功能或性能涉及体系结构、硬件组成、软件配置、指令系统等多方面的因素，不是由某一项指标来决定的。一般说来，表示计算机性能的主要指标有以下几个。

1. 字长

字长是指计算机内部一次能同时处理的二进制代码的位数。它反映了计算机内部寄存器、算术逻辑单元和数据总线的位数，直接影响着计算机的硬件规模和造价。

字长是衡量计算机性能的一个重要标志。字长越长，计算机的运算精度就越高，数据处理能力就越强，速度也就越快。通常，计算机的字长总是 8 的倍数，如 8 位、16 位、32 位和 64 位，也就是通常所说的 8 位机、16 位机、32 位机或 64 位机。64 位字长的高性能微型计算机已逐渐成为目前市场的主流。

2. 主频

主频就是 CPU 的时钟频率，计算机中的系统时钟是一个典型的频率相当精确和稳定的脉冲信号发生器。简单地说主频就是 CPU 运算时的工作频率（1 秒内发生的同步脉冲数）的简称。频率的标准计量单位是 Hz（赫兹），它决定计算机的运行速度。随着计算机的发展，主频的数量级由过去的兆赫兹（MHz）发展到了现在的吉赫兹（GHz）。

通常来讲，在同系列处理器中，主频越高就代表计算机的速度越快，但对于不同类型的处理器，就只能作为一个参考。主频仅仅是 CPU 性能表现的一个方面，并不代表 CPU 的整体性能。

3. 主存容量

主存容量是指主存储器（内存）所能存储二进制信息的总量。存储器只能识别“0”和“1”组成的二进制数，其基本单位为字节 B（Byte）。计算机中规定每个字节由 8 个二进制位 b（bit）组成，即 1B = 8bit。由于存储器的容量一般都较大，因此常用 KB、MB、GB、TB 等来表示，它们之间的换算如下：

$1\ KB = 2^{10}\ B = 1024\ B$

$1\ MB = 2^{10}\ KB = 1024\ KB$

$1\ GB = 2^{10}\ MB = 1024\ MB$

$1\ TB = 2^{10}\ GB = 1024\ GB$

4. MIPS

每秒百万条指令（Million Instructions Per Second，MIPS），即“百万条指令/秒”，是指 CPU

每秒处理的百万级的机器语言指令数。它是处理器运行速度的测量方法，是衡量计算机运行速度的一个主要指标。

1.3　计算机中数据的表示与存储

计算机所表示和使用的数据可分为两大类：数值数据和字符数据。数值数据用来表示量的大小、正负，如整数、小数等。字符数据也叫非数值数据，用来表示一些符号、标记，如英文字母A～Z、a～z，数字0～9，各种专用字符（如+、-、*、/、[、]、(、)）及标点符号等。

在计算机内，各种数据都是采用二进制编码后传送、存储和处理的。

1.3.1　数制的概念

1. 进位计数制

数制也称计数制，是指用一组固定的符号和统一的规则来表示数值的方法。按进位的原则进行计数的方法，称为进位计数制。比如，十进制计数制是按照“逢十进一”的原则进行计数的；而在十六进制则是按照“逢十六进一”的原则进行计数的。常用的计数制包括十进制、二进制、八进制和十六进制等。

2. 进位计数制的基数与位权

计数制由基数、数位和位权3个要素组成。

（1）基数：指进位计数制的每个位数上所使用的数码的个数。例如，十进制数每位上的数字有0、1、2、3、…、9十个数码，所以基数是10。

（2）数位：指数码所处的位置不同，代表数的大小也不同。例如，十进制数33.3可表示为：$33.3=3\times10^1+3\times10^0+3\times10^{-1}$。

（2）位权：指一个数码的每一位上的数字的权值大小。十进制整数从低位到高位的位权分别是10^0、10^1、10^2、10^3、10^4。例如，$24175=2\times10^4+4\times10^3+1\times10^2+7\times10^1+5\times10^0$。

3. 几种常用进位计数制

（1）十进制

十进制的基本数码是0、1、2、3、…、9十个数字，采用的是“逢十进一，借一当十”的运算规则，基数为10，位权是以10为底的幂。通常十进制数的表示形式为345、$(345)_{10}$或345D。

（2）二进制

二进制的基本数码只有“0”和“1”两个数字，采用的是“逢二进一，借一当二”的运算规则，基数为2，位权是以2为底的幂。通常二进制数的表示形式为$(1101)_2$或1101B。

（3）八进制

八进制的基本数码是0、1、2、…、7八个数字，采用的是“逢八进一，借一当八”的运算规则，基数为8，位权是以8为底的幂。通常八进制数的表示形式为$(74)_8$或74O。

（4）十六进制

十六进制的基本数码是0、1、2、3、…、9十个数字和A、B、C、D、E、F六个字母，采用的是“逢十六进一，借一当十六”的运算规则，基数为16，位权是以16为底的幂。通常十六进制数的表示形式为$(3D4E5)_{16}$或3D4E5H。

表1-2总结了4种进制数的特点。

表 1-3 列出了 4 种进位计数制之间的关系。

表 1-2　　计算机常用的各种进制数的特点

数制	二进制	八进制	十进制	十六进制
基数	R=2	R=8	R=10	R=16
基本数码	0，1	0～7	0～9	0～9，A～F
位权	2 的幂	8 的幂	10 的幂	16 的幂
进位规则	逢二进一	逢八进一	逢十进一	逢十六进一

表 1-3　　4 种进位计数制对照表

十进制数	二进制数	八进制数	十六进制数	十进制数	二进制数	八进制数	十六进制数
0	0000	0	0	9	1001	11	9
1	0001	1	1	10	1010	12	A
2	0010	2	2	11	1011	13	B
3	0011	3	3	12	1100	14	C
4	0100	4	4	13	1101	15	D
5	0101	5	5	14	1110	16	E
6	0110	6	6	15	1111	17	F
7	0111	7	7	16	10000	20	10
8	1000	10	8				

1.3.2　数制的转换

计算机是如何对不同进制数进行转换，即数字化的信息是如何转换成信息编码的呢？在不同的数制间进行转换时，通常对整数部分和小数部分分别进行转换。

1．非十进制数转换成十进制数

利用按权展开的原理，如有一个 n 位整数和 m 位小数的任何进制数 $K_nK_{n-1}\cdots K_1K_{-1}\cdots K_{-m}$，要转换为 R 进制数可用以下公式表示：

$$K=K_n\times R^{n-1}+K_{n-1}\times R^{n-2}+\cdots+K_1\times R^0+K_{-1}\times R^{-1}+\cdots+K_{-m}\times R^{-m}$$

对于二进制、八进制、十进制和十六进制，其 R 分别为 2、8、10、16。

下面是将二进制数、八进制数和十六进制数转换为十进制数的例子。

例 1.1　将二进制数 101.101 转换成十进制数。

$$(101.101)_2=1\times2^2+1\times2^0+1\times2^{-1}+1\times2^{-3}=4+1+0.5+0.125=(5.625)_{10}$$

例 1.2　将二进制数 110101 转换成十进制数。

$$(110101)_2=1\times2^5+1\times2^4+0\times2^3+1\times2^2+0\times2^1+1\times2^0=32+16+4+1=(53)_{10}$$

例 1.3　将八进制数 37.2 转换成十进制数。

$$(37.2)_8=3\times8^1+7\times8^0+2\times8^{-1}=24+7+0.25=(31.25)_{10}$$

例 1.4　将十六进制数 B7.A 转换成十进制数。

$$(B7.A)_{16}=11\times16^1+7\times16^0+10\times16^{-1}=176+7+0.625=(183.625)_{10}$$

2．十进制数转换成非十进制数

十进制数转换成任意非十进制数的规则基本相同，整数部分与小数部分方法不同，需要分开转换成相应的二进制数，而后再连接起来。

整数部分：除基取余，直至商为零；余数反向排列。

小数部分：乘基取整，直至满足精度为止；余数正向排列。

（1）十进制数转换成二进制数

把十进制整数转换成二进制整数的方法是采用“除 2 取余”法。具体步骤是：把十进制整数除以 2 得一商数和一余数；再将所得的商除以 2，得到一个新的商数和余数；这样不断地用 2 去除所得的商数，直到商等于 0 为止。每次相除所得的余数便是对应的二进制整数的各位数字。第一次得到的余数为最低有效位，最后一次得到的余数为最高有效位。

十进制小数转换成二进制小数的方法是采用“乘 2 取整法”。具体步骤是：用 2 多次乘被转换的十进制数的小数部分，取每次相乘后所得乘积的整数部分作为对应的二进制数，直至小数部分全为零或满足精度为止。第一次乘积所得的整数部分为二进制小数部分的最高有效位，其次为次高位，最后一次是最低有效位。

例 1.5 把十进制整数 205.25 转换成二进制数。

解：根据整数部分的运算规则，运算过程如下：

除数	被除数/商		余数	
2	205		余数	最低位
2	102		1	↑
2	51	……	0	↑
2	25	……	1	↑
2	12	……	1	↑
2	6	……	0	↑
2	3	……	0	↑
2	1	……	1	↑
	0	……	1	最高位

根据小数部分的运算规则，运算过程为：

		取整	
0.25_{10}			
×2			
0.50	……	0	最高位
×2			↓
1.00	……	1	最低位

0.00（小数部分为零，结束）

即 $(205.25)_{10}=(11001101.01)_2$

（2）十进制数转换成八进制数

把十进制数转换成八进制数的方法与十进制转换成二进制的方法类似，只需在运算时把基数 2 换成 8 即可。

例 1.6 把十进制数 1645.325_{10} 转换成八进制数。

解：整数部分运算过程为：

除数	被除数/商		余数	
8	1645		余数	最低位
8	205	……	5	↑
8	25	……	5	↑
8	3	……	1	↑
	0	……	3	最高位

小数部分运算过程为：

0.325_{10}	取整	
×8		
2.600 ……	2	最高位
0.600		
×8		
4.800 ……	4	↓
0.800		
×8		
6.40 0 ……	6	
0.400		
×8		
3.200 ……	3	最低位
0.200（小数部分保留 4 位，结束）		

即 $(1645.325)_{10}=(3155.2463)_8$

（3）十进制数转换成十六进制数

把十进制数转换成十六进制数的方法与十进制转换成二进制的方法类似，只需在运算时把基数 2 换成 16 即可。

例 1.7　将十进制数 205 转换成十六进制数。

解：

16 | 205	余数	最低位
16 | 12 ……	D	↑
0 ……	C	最高位

即 $(205)_{10}=(CD)_{16}$

3. 八进制数、十六进制数转换成二进制数

八进制数和十六进制数转换成二进制数非常方便，由于 $2^3=8^1$，$2^4=16^1$，因此，一位八进制数恰好对应 3 位二进制数，一位十六进制数恰好等于 4 位二进制数。具体方法为：以小数点为界，向左或向右每一位八进制数（十六进制数）用相应的 3 位（4 位）二进制数取代，然后将其连在一起，去掉最左和最右的零即可。

例 1.8　将下列八进制数 $(3724.51)_8$ 和十六进制数 $(5B4.AE)_{16}$ 转换成二进制数。

解：　3　7　2　4　.　5　1

0　↓　↓　↓　↓　　↓　↓

011 111 010 100 .　101 001

即 $(3724.51)_8 = (11111010100.101001)_2$

5　B　4　.　A　E

↓　↓　↓　　↓　↓

0101 1011 0100 . 1010 1110

即 $(5B4.AE)_{16} = (10110110100.1010111)_2$

4. 二进制数转换成八进制数、十六进制数

其过程与八进制数、十六进制数转换成二进制数相反，即将 3 位（4 位）二进制数代之以与其等值的一位八进制（十六进制）数字。具体方法为：将二进制数从小数点开始，整数部分从右向左每 3 位（4 位）一组，小数部分从左向右每 3 位（4 位）一组，不足 3 位（4 位）的用 0 补足，再用相应的一位八进制（十六进制）数取代即可。

例 1.9 将二进制数 101001000011.101011 转换成八进制数和十六进制数。

解：二进制数分组：101 001 000 011.101 011

↓ ↓ ↓ ↓ ↓ ↓

八进制数： 5 1 0 3. 5 3

即$(101001000011.101011)_2 = (5103.53)_8$

二进制数分组：1010 0100 0011 . 1010 1100

↓ ↓ ↓ ↓ ↓

十六进制数： A 4 3 . A C

即$(101001000011.101011)_2 = (A43.AC)_{16}$

1.3.3 计算机中的信息编码

键盘是计算机主要的输入设备，从键盘上敲入的命令和数据，实际上表现为一个个英文字母、标点符号和数字，都是非数值数据。然而计算机只能存储二进制，这就需要用二进制的“0”和“1”对各种字符进行编码，编码过程就是实现将复杂多样的信息在计算机中转换为“0”和“1”构成的二进制串的过程。例如，在键盘上敲入英文字母“A”，存入计算机是“A”的编码“01000001”，它已不再代表数值量，而是一个文字信息。

常用的编码有 ASCII 码和汉字编码。

1. ASCII 码

ASCII 码，即美国标准信息交换代码，它已被国际标准化组织批准为国际标准，称为 ISO646 标准，适用于所有拉丁文字字母，已在全世界通用。

ASCII 码是用 7 位二进制表示一个字符，由于从 0000000 到 1111111 共有 128 种编码，可用来表示 128 个不同的字符。包括 10 个数字、26 个小写字母、26 个大写字母、运算符号、标点符号以及控制符号等，ASCII 字符编码表如表 1-4 所示。

表 1-4 ASCII 字符编码表

十进制	十六进制	字符	十进制	十六进制	字符	十进制	十六进制	字符	十进制	十六进制	字符
0	0	NUL	32	20	space	64	40	@	96	60	、
1	1	SOH	33	21	!	65	41	A	97	61	a
2	2	STX	34	22	"	66	42	B	98	62	b
3	3	ETX	35	23	#	67	43	C	99	63	c
4	4	EOT	36	24	$	68	44	D	100	64	d
5	5	ENQ	37	25	%	69	45	E	101	65	e
6	6	ACK	38	26	&	70	46	F	102	66	f
7	7	BEL	39	27	'	71	47	G	103	67	g

续表

十进制	十六进制	字符	十进制	十六进制	字符	十进制	十六进制	字符	十进制	十六进制	字符
8	8	BS	40	28	(	72	48	H	104	68	h
9	9	HT	41	29	)	73	49	I	105	69	i
10	0A	LF	42	2A	*	74	4A	J	106	6A	j
11	0B	VT	43	2B	+	75	4B	K	107	6B	k
12	0C	FF	44	2C	,	76	4C	L	108	6C	l
13	0D	CR	45	2D	-	77	4D	M	109	6D	m
14	0E	SO	46	2E	.	78	4E	N	110	6E	n
15	0F	SI	47	2F	/	79	4F	O	111	6F	o
16	10	DLE	48	30	0	80	50	P	112	70	p
17	11	DCI	49	31	1	81	51	Q	113	71	q
18	12	DC2	50	32	2	82	52	R	114	72	r
19	13	DC3	51	33	3	83	53	X	115	73	s
20	14	DC4	52	34	4	84	54	T	116	74	t
21	15	NAK	53	35	5	85	55	U	117	75	u
22	16	SYN	54	36	6	86	56	V	118	76	v
23	17	TB	55	37	7	87	57	W	119	77	w
24	18	CAN	56	38	8	88	58	X	120	78	x
25	19	EM	57	39	9	89	59	Y	121	79	y
26	1A	SUB	58	3A	:	90	5A	Z	122	7A	z
27	1B	ESC	59	3B	;	91	5B	[	123	7B	{
28	1C	FS	60	3C	<	92	5C	/	124	7C	|
29	1D	GS	61	3D	=	93	5D	]	125	7D	}
30	1E	RS	62	3E	>	94	5E	^	126	7E	～
31	1F	US	63	3F	?	95	5F	—	127	7F	DEL

2. 汉字编码

汉字也是字符，但它比西文字符量多且复杂，给计算机处理带来了困难。汉字处理技术首先要解决汉字输入、输出及计算机内部的编码问题。根据汉字处理过程中的不同要求，主要分为汉字输入码、汉字交换码、汉字机内码和汉字字形码等编码形式。

（1）汉字输入码

汉字编码的实质就是用字母、数字和一些符号代码的组合来描述汉字。目前，汉字编码的方案有很多种，主要可分为四种：数字编码、字音编码、字形编码和形音编码。

（2）汉字交换码

汉字交换码是指在汉字信息处理系统之间或者信息处理系统与通信系统之间进行汉字信息交换时所使用的编码。设计汉字交换码编码体系应该考虑如下几点：被编码的字符个数尽量多；编码的长度尽可能短；编码具有唯一性；码制的转换尽可能方便。

（3）汉字机内码

汉字国标码，创建于 1980 年，目的为了使每个汉字有一个全国统一的代码而颁布了汉字编码的国家标准。汉字机内码或汉字内码是汉字在信息处理系统内部最基本的表达形式，是在设备和信息处理系统内部存储、处理、传输汉字用的代码。汉字机内码与汉字交换码有一定的对应关系，它借助某种特定标识信息来表明与单字节字符的区别。

汉字机内码 = 汉字国标码 + 8080H

例如，汉字“啊”，其国标码为 3021H，则其机内码为：

3021H + 8080H = B0A1H

（4）汉字字形码

汉字字形码用在显示或打印输出汉字时产生的字型，该种编码是通过点阵形式产生的。不论汉字的笔画多少，都可以在同样大小的方块中书写，从而把方块分割为许多小方块，组成一个点阵，每个小方块就是点阵中的一个点，即二进制的一个位。每个点由“0”和“1”表示“白”和“黑”两种颜色。这样就得到了字模点阵的汉字字形码，如图 1-11 所示。

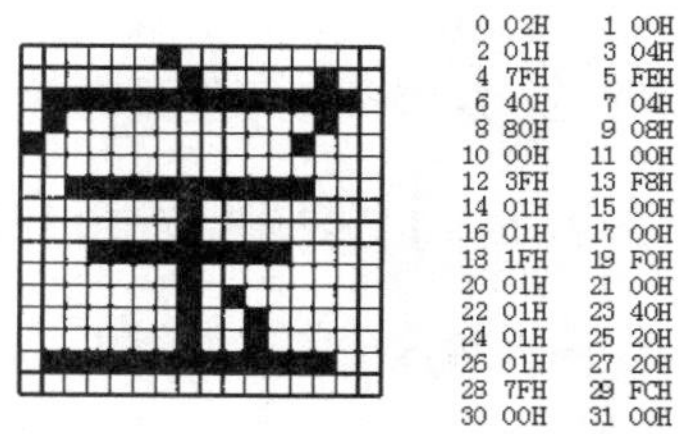

图 1-11 “宝”字的 16×16 点阵字形示意图

目前计算机上显示使用的汉字字形大多采用 16×16 点阵，这样每个汉字的汉字字形码就要占 32 个字节(16×16÷8)，书写时常用十六进制数来表示。打印使用的汉字字形大多为 24×24 点阵，即一个汉字要占用 72 个字节，更为精确的汉字字形还有 32×32 点阵、48×48 点阵等。显然，点阵的密度越大，汉字输出的质量也就越好。

1.4 计算机病毒及防治

随着计算机在人类社会各领域中的广泛应用，计算机病毒也在不断产生和传播，计算机网络不断地遭到非法入侵、病毒破坏、重要情报资料被窃取、丢失，甚至由此造成网络系统的瘫痪等，给众多企业造成巨大的经济损失，甚至危害到国家和地区的安全。可以说，计算机安全问题是一个关系到人类生活与生存的大事，因此，如何提高计算机及网络的防御能力，增强信息的安全措施，已成为当前亟待解决的问题。

1.4.1 计算机病毒的定义及特点

1. 计算机病毒的定义

计算机病毒，是指编制或在计算机程序中插入的破坏计算机功能或者毁坏数据，影响计算机使用，并能自我复制的一组计算机指令或者程序代码。也就是说，计算机病毒是人为制造出来专门威胁计算机系统安全、网络安全和信息安全的程序。由于这些程序有独特的复制能力，可以很快蔓延，又常常难以根除，类似于生物学上的病毒，因此被称为计算机病毒。

2. 计算机病毒的特点

计算机病毒的特点包括寄生性、传染性和传播性、隐蔽性、潜伏性、破坏性、触发性。

（1）寄生性。病毒一般不是独立存在的，而是依附在系统区或其他文件内的宿主程序中，只有宿主程序被执行，病毒才有机会发作。

（2）传染性和传播性。计算机病毒能从一个被感染的文件扩散到许多其他文件。特别是在网络环境下，计算机病毒通过电子邮件、Web 文档等迅速而广泛地进行传播。

（3）隐蔽性。计算机病毒具有很强的隐蔽性，有的可以通过病毒软件检查出来，有的根本就查不出来，有的时隐时现、变化无常，这类病毒处理起来通常很困难。

（4）潜伏性。有些病毒入侵后一般不会立刻发作，而是隐藏起来，当满足某些条件病毒被激活时，才开始传染并起破坏作用，如黑色星期五病毒。

（5）破坏性。几乎所有的计算机病毒都具有不同程度的破坏力，只是病毒的破坏情况表现不一。例如，降低计算机运行速度，篡改、删除、丢失系统数据，导致系统崩溃，甚至破坏计算机主板等硬件系统。

（6）触发性。病毒的触发性是指病毒因某个事件或数值的出现，诱使病毒实施感染或进行攻击的特性。这些条件可能是时间、日期、文件类型或某些特定数据等。

1.4.2 计算机病毒的传播

计算机病毒主要是通过 U 盘、硬盘、光盘及网络进行传播的。

（1）U 盘传播。通过 U 盘的传播是最常见的，例如，进行 COPY 操作就有可能使病毒传染到 U 盘上，从而使另一台机器感染上病毒。

（2）硬盘传播。由于大量的文件一般都存放于用户的硬盘中，使得硬盘成为病毒的一个重要载体，从而成为重要的传播媒介。

（3）光盘传播。现在大部分软件都承载到光盘上，特别是盗版软件，几乎无一例外地使用光盘。盗版光盘的情况又十分严重，这些盗版光盘很多时候都带有病毒，像特洛伊木马病毒、CIH 病毒等都可在盗版光盘中找到其存在的踪迹，且光盘只能读不能写，所以光盘中的病毒也不能被清除，危害更大。

（4）网络传播。网络传播已成为病毒最主要最快速的传播途径，包括从网络上下载文件、使用聊天软件或传递电子邮件时被病毒感染。如果下载的软件中包含病毒，下载后执行该软件，病毒就会感染到本机上。使用聊天软件时，不法分子会通过发送带病毒的程序、链接或文件传播病毒。电子邮件通过邮件中的附件来携带病毒，执行其中含有病毒的附件，本机就会被感染，甚至有的邮件只要一打开就可将病毒传染到本机，而根本不用执行其中的附件。

1.4.3 计算机病毒的防范

计算机用户对待计算机病毒应采取“预防为主，防治结合”的方针，可以从管理和技术两方面入手。在管理方面，主要是思想上要做到足够重视，从加强管理措施上下工夫，制定切实可行的管理措施，并严格贯彻落实。在技术方面，为了预防计算机病毒，可以采用以下防范措施。

（1）利用 Windows 的更新功能及时对操作系统进行更新，防止系统漏洞；

（2）谨慎使用资源共享功能，尽量避免将其设定为“可写”状态；

（3）注意将重要的资料经常备份，并加写保护；

（4）谨慎使用来路不明的文件和闪存，使用前务必先查毒、杀毒；

（5）安装正版有效的杀毒软件，一旦发现异常现象，及时检测并清除病毒；

（6）最好能定期使用杀毒软件对计算机系统进行检测，并及时更新杀毒软件；

（7）不轻易打开来历不明的电子邮件及附件；

（8）坚决不使用盗版光盘，杜绝从光盘传染病毒的途径；

（9）调高浏览器的安全级别，不浏览不安全的网站；

（10）建立正确的病毒观念，了解病毒感染、发作的原理，提高自己的警觉性。

当计算机系统受到病毒感染时，应立即用专门的防治病毒软件对计算机病毒进行检测和清除。常用的计算机病毒清除软件有360杀毒软件、KV系列、瑞星杀毒软件、金山毒霸、诺顿杀毒软件和卡巴斯基等。要注意的是，这些杀毒软件往往只能清除部分病毒，还会有检测不出或一时无法清除的某些病毒，因为计算机病毒的发展仍领先于反病毒技术的发展。

总之，对待病毒要遵循“防为主，杀为辅”的原则。而在防的过程中，最主要的是堵住传染源，其次是要做好备份，以免在遇到不测时，造成不可补救的损失。

1.4.4 计算机职业道德

随着社会的进步与科技的发展，人们的生活越来越离不开计算机了，计算机网络正在改变着人们的行为方式、思维方式乃至社会结构，它对于信息资源的共享起到了巨大的作用，并且蕴藏着无尽的潜能。但是计算机网络的作用不是单一的，在它广泛而积极的作用背后，也有使人堕落的陷阱，这些陷阱产生着巨大的反作用。

因此，作为一名合格的计算机职业从业人员，除了需要具有工作所需的基础能力、专业知识、运用工具或技术的能力以及行业经验的能力素质外，还需要符合计算机职业所特有的职业道德要求。社会对计算机职业的道德规范要求如下：

（1）应该使用正版软件，坚决抵制盗版，尊重软件作者的知识产权；

（2）不对软件进行非法复制；

（3）不为保护自己的软件资源而制造病毒保护程序；

（4）不擅自篡改他人计算机内的系统信息资源；

（5）不蓄意破坏和损伤他人的计算机系统设备及资源；

（6）不制造病毒程序，不使用带病毒的软件，更不有意传播病毒给其他计算机系统（传播带有病毒的软件）；

（7）维护计算机的正常运行，保护计算机系统数据的安全；

（8）被授权者对自己享用的资源负有保护责任，不能将密码泄露给外人；

（9）不利用电子邮件作广播型的宣传，这种强加于人的做法会造成别人的信箱充斥无用的信息，从而影响他人的正常工作；

（10）不应该到他人的计算机里去窥探，不蓄意破译别人的密码。

1.5 多媒体技术

自20世纪80年代中后期以来，多媒体技术就成为人们关注的热点之一，众多产品令人目不暇接。多媒体技术在人类信息科学技术史上，是继活字印刷术、无线电—电视技术、计算机技术之后的又一次新的技术革命，它从根本上改变了基于字符的计算机信息处理，产生了丰富多彩的信息表现能力，形成了视听媒体的人机界面，在一定程度上改变了人们的生活方式、交互方式、工作方式和整个经济社会的面貌，以极强的渗透力进入人类生活、工作的各个领域。

1.5.1 多媒体技术的概念

媒体在计算机领域有两种含义：一是指存储信息的载体，如磁盘、光盘、磁带、半导体存储器等；二是指信息的表现形式，如数字、文字、声音、图形和图像等。多媒体技术中的媒体通常是指后者。

“多媒体”一词译自英文 Multimedia，它由 Multiple 和 Media 复合而成，顾名思义，Multimedia 意味多种媒体的总和。对计算机而言，多媒体主要指的是文本、图形、图像、视频、声音或数据等多种形态信息的处理和集成呈现。

多媒体技术不是各种信息媒体的简单复合，而是一种把文本（Text）、图形（Graphics）、图像（Image）、动画（Animation）、视频（Video）和声音（Audio）等不同形式的信息结合在一起，并通过计算机进行综合处理和控制，使多种媒体信息之间建立逻辑连接，能支持完成一系列交互式操作的信息技术。它是一种以计算机为核心的综合技术，包括数字化处理技术、数字化音频视频技术、现代通信技术、现代网络技术、计算机硬件和软件技术、大众媒体技术、虚拟现实技术、人机交互技术等，因而是一门跨学科的综合性高新技术。

1.5.2 多媒体技术的特点

从多媒体技术的定义可知，多媒体技术具有以下特点：

1. 多样性

多媒体的多样性是指信息表现媒体类型的多样性，同时包括媒体输入、表现和传播手段的多样性。多媒体技术目前提供了多维信息空间下的视频和音频信息的获取和表示方法，使计算机中的信息表达方式不再局限于文字和数字或单一的语音、图像，而是广泛采用图像、图形、视频、音频等多种信息形式综合来表达，使得计算机变得更加人性化，人们能够从计算机世界里真切地感受到信息的美妙。

2. 集成性

多媒体的集成性包括两方面，一是多媒体信息媒体的集成；二是处理这些媒体的设备和系统的集成。在多媒体系统中，各种信息媒体不是像过去那样，采用单一方式进行采集与处理，而是多通道同时统一采集、存储和加工处理，更加强调各种媒体之间的协同关系及利用它所包含的大量信息。设备集成是指显示和表现媒体设备的集成，计算机能够和各种外设，如打印机、扫描仪、数码相机、音箱等设备联合工作。软件方面，有集成一体化的多媒体操作系统、适合多媒体创作的软件系统和各类应用软件等，为多媒体系统的开发和实现创建了一个理想的集成环境。在网络的支持下，这些多媒体系统的硬件和软件被集成为处理各种复合信息媒体的信息系统。

3. 交互性

交互性就是媒体和受众之间的信息传递的双向性，信息交流的双方均能随意地进行“对话”活动。它可以更有效地控制和使用信息，增加对信息的理解，获取更多的信息。例如，在多媒体远程计算机辅助教学系统中，学习者可以人为地改变教学过程，研究感兴趣的问题，从而得到新的知识，激发学习者的主动性、自觉性和积极性，使人们获取信息和使用信息的方式由被动变为主动。

4. 实时性

由于多媒体系统需要处理各种复合的信息媒体，决定了多媒体技术必然要实时处理。接收到的各种信息媒体在时间上必须是同步的，比如多媒体系统中声音及活动的视频图像、网络在线电影、视频、电视会议等。

5. 数字化

数字化是指各种媒体的信息都是以数字（“0”和“1”）的形式进行存储和处理，而不是传统的模拟信号方式。模拟信号易衰减，传播中存在积累误差，导致信号质量较差，而数字不仅易于进行加工、压缩等数值运算，可提高信息的安全性和处理速度，而且它的抗干扰能力强。

1.5.3 多媒体技术的应用

多媒体技术的发展使计算机的信息处理在规范化和标准化的基础上更加多样化和人性化，特别是多媒体技术与网络通信技术的结合，使得远距离多媒体应用成为可能，也加速了多媒体技术在经济、科技、教育、医疗、文化、传媒、娱乐等各个领域的广泛应用。多媒体技术已成为信息社会的主导技术之一，其典型的应用主要有以下几方面。

1. 在家庭娱乐方面

（1）交互式电视。交互式电视现已成为电视传播的主要方式。用户看电视可以使用点播、选择等方式随心所欲地找到自己想看的节目，还可以通过交互式电视实现家庭购物、多人游戏等多种娱乐活动。

（2）交互式影院。交互式影院是交互式娱乐的另一方面。通过互动的方式，观众可以以一种参与的方式去“看”电影。这种电影不仅可以通过声音、画面制造效果，也可以通过座椅产生触感和动感，而且还可以控制电影情节的进展。电影全数字化之后，电影制造厂只要把电影的数字文件通过网络发往电影院或家庭就可以了，但质量和效果都比普通电影要高。

（3）交互式立体网络游戏。游戏是多媒体一个重要的应用领域，运用了三维动画、虚拟现实等先进的多媒体技术的游戏软件变得更加丰富多彩、变幻莫测，深受年轻一代的喜爱，给日常生活带来了更多的乐趣，可以使用户沉浸在虚拟的游戏世界中，去驾车、旅游、战斗、飞行，造就了数千亿美元的市场。

2. 在教育培训方面

多媒体教学是多媒体的主要应用领域，利用多媒体技术编制的教学课件、测试和考试课件能创造出图文并茂、绘声绘色、生动逼真的教学环境和交互式学习方式，从而大大激发学生的学习积极性和主动性，大面积提高教学质量。通过多媒体通信网络，可以建立起具有虚拟课堂、虚拟实验室和虚拟图书馆的远程学习系统。通过该系统，可以参加学校的听课、讨论、做实验和考试，也可以得到导师面对面的指导。

用于军事、体育、医学和驾驶等方面培训的多媒体系统不仅提供了生动、逼真的场景，省去了大量的设备和原材料消耗费用，避免了不必要的身体伤害，而且能够设置各种复杂环境，提高受训人员面对突发事件的应变能力。另外，由于教学内容直观生动并能自由交互，还可以使培训印象深刻，培训效果成倍提高。

3. 在电子出版物方面

多媒体电子出版物（MEP），是计算机、视频、通信、多媒体等技术与现代出版业相结合的产物，其内容丰富多彩，情节五光十色，它提倡“无纸”，是一种顺应时代潮流的“绿色出版物”。多媒体电子出版物的传播媒体形态，包括只读光盘、交互式光盘、图文光盘、照片光盘和集成电路卡等。光盘版、联机版出版物的开发，可节省大量的木材资源，有利于保护地球生态。因此，多媒体电子出版产业前景灿烂。专家预测，今后全球的多媒体电子出版产业将以年平均 24% 的增长率发展，多媒体电子出版物在出版物中所占的份额将越来越大。

4. 在网络及通信方面

计算机网络技术、通信技术和多媒体技术结合是现代通信发展的必然要求。现有的计算机网、公用通信网和广播电视网三网相互渗透趋于融合，使高速、宽带、大容量的光纤通信实用化，改变了人们的生活方式和习惯，并将继续对人类的生活、学习和工作产生深远的影响。比如目前流行的互联网直播、视频点播 VOD (Video On Demand)、远程教育以及视频会议系统。

5. 虚拟现实

虚拟现实（Virtual Reality）技术是一项与多媒体技术密切相关的边缘技术。它通过综合应用计算机图像处理、模拟与仿真和传感技术及显示系统等技术和设备，以模拟仿真的方式给用户提供一个真实反映操作对象变化与相互作用的三维图像环境，从而构成虚拟世界，并通过特殊设备（如头盔、数据手套等）进行表达和交互，展现给用户一个接近真实的虚拟世界。例如，美国一个“虚拟物理实验室”系统的设计就使得学生通过亲身实践——做、看、听的方式来学习成为可能。

此外，在虚拟现实技术的帮助下，残疾人能够通过自己的形体动作与他人进行交流，甚至可以用脚的动作与他人进行交谈。例如，在高性能计算机和传感器的支持下，残疾人戴上数据手套后，就能将自己的手势翻译成讲话的声音；佩戴上目光跟踪装置后，就能将眼睛的动作翻译成手势、命令或讲话的声音。

1.6 金山打字通软件介绍

金山打字通是金山公司推出的一款功能齐全、数据丰富、界面友好、集打字练习和测试于一体的打字软件。金山打字通提供英文打字、拼音打字、五笔打字等主流输入法专项练习，每种输入法均能从最简单的字母或字根开始，循序渐进、由易到难地进行练习，还可以通过打字测试来检测学习成果，也可玩打字游戏，学习娱乐两不误。

下面以金山打字通 2013 版为例，介绍如何使用金山打字通软件来练习打字。

1. 安装与基本操作

从金山打字通官网（http://www.51dzt.com）下载金山打字通 2013，安装时根据需要选择安装选项，单击“下一步”即可完成安装。首次运行时，软件会提示创建一个用户，以保存打字记录，保证练习进度和效果。金山打字通 2013 启动后的主界面，如图 1-12 所示，主要包括新手入门、英文打字、拼音打字和五笔打字这四大模块，以及打字测试、打字教程、打字游戏和在线学习四个辅助功能模块。

图 1-12 金山打字通 2013 主界面

2. 输入练习

电脑初学者可通过“新手入门”学起。“新手入门”模块详细介绍了对键盘的认识、十指的分工、正确的打字姿势及不同键位，包括打字常识、字母键位、数字键位、符号键位和键位纠错五个部分的基础练习。

“英文打字”模块分为单词练习、语句练习和文章练习。从单个的英文单词到全篇的文章练习，从易到难，让学习者逐渐熟悉并提高打字速度。

“拼音打字”模块包括拼音输入法、音节练习、词组练习和文章练习。拼音输入法部分介绍了输入法的下载、安装、设置、切换及使用技巧；在音节练习阶段不但可以让用户了解拼音打字的方法，还可以帮助用户学习标准的拼音，同时还加入了儿化音练习、连音词练习以及 HSK（汉语水平考试）字词的练习。

“五笔打字”模块可以从最基本的字根分区练习，到拆字原则练习，循序渐进地完成从字、词输入到文章输入的过渡。另外，在五笔练习的选项中提供了 86 版与 98 版的选择，这样不同的用户可以有针对性地进行选择练习。

“打字测试”部分通过时间、速度、进度、正确率四个指标来检测学习者的进度和水平。

“打字教程”是一个详细的理论说明，所有在打字中遇到的问题都可以在打字教程里查找解决，初学者在练习的过程中如遇到问题，可以打开打字教程进行学习。

1.7 应用案例

1.7.1 应用案例 1——认识你的计算机

当今计算机已成为人们学习、工作和生活必不可少的工具。计算机为人们的学习提供帮助和方便，同时极大地提高了人们的工作质量和工作效率，并且也丰富了人们的日常生活。为了能够用好计算机，让计算机更好地为我们服务，掌握一些计算机常用知识和操作技能是非常有必要的。

本案例包括认识主机箱接口；连接外接设备；查看计算机软硬件配置；使用杀毒软件查杀计算机病毒。

1. 认识主机箱接口

计算机外接设备都必须正确连接到主机箱的相应接口上才能正常工作，这些接口形状、大小不一，要注意识别，防止接错（大部分接口具有防接错设计）。

（1）主机箱前面板接口

如图 1-13（a）所示，主机箱前面板主要包含光驱、电源开关、电源指示灯、硬盘指示灯、USB 接口、音频输出接口、麦克风等。

电源开关：按此按钮可以打开或关闭计算机；

电源指示灯：此灯亮时表示计算机电源已接通；

硬盘指示灯：此灯亮表示计算机正在读写数据。

（2）主机箱后面板接口

如图 1-13（b）所示，主机箱后面板包括 220V 电源接口、鼠标接口、键盘接口、串行口、并行口、USB 接口、网卡接口、显卡接口、音频输出接口、音频输入接口、话筒接口等。

（a）前面板

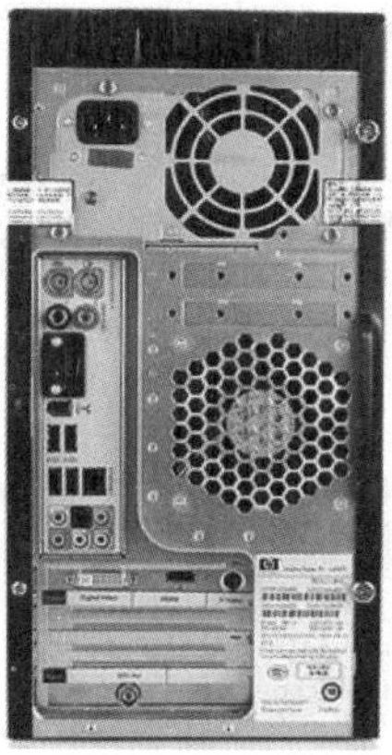

（b）后面板

图 1-13 主机箱前面板和后面板接口

220V 电源接口：用于向主机供电；

鼠标接口（PS/2，绿色）：用于接 PS/2 接口的鼠标；

键盘接口（PS/2，紫色）用于接 PS/2 接口的键盘；

串行口（COM）：该接口有 9 个针脚，用于接串行接口设备，如连接手写板、外置调制解调器等；

并行口（LPT，大红色）：用于接并行接口设备，如接早期的打印机或扫描仪等，采用 25 脚的 DB-25 接头；

USB 接口：用于接各种 USB 接口设备；

网卡接口（RJ-45）：用于连接局域网或宽带上网设备；

显卡接口（VGA，蓝色）：用于输出显示信号到显示器，是接显示器的信号线；

音频输出接口（Line out，草绿色）：用于接音箱或耳机，以输出声音；

音频输入接口（Line in，浅蓝色）：用于将 CD 机、MP3、录像机等的音频信号输入到计算机中；

话筒接口（Mic，粉红色）：用于接话筒，可以将话筒接收到的音频信号输入到计算机中。

各个接口旁边一般均有相应图标，便于识别。各个接口的图标不管在哪种类型的计算机或其他设备中都是固定的。要注意键盘接口和鼠标接口的区别，以及话筒接口（Mic）、音频输出接口（Line out）和音频输入接口（Line in）的区别。另外，现在键盘和鼠标很多都使用 USB 接口，这样的话，任何一个 USB 接口上都可以连接，没有区别。

2. 连接外接设备

认识了主机箱上的接口，还需将外接设备连接到主机箱上才可以用。将外接设备连接到主机箱时，各个接口都有相对应的连接线，连接线的接口与主机箱上的接口是相配套的。

（1）使用电源线连接主机电源，给主机箱供电

生活中使用的市电通常是 220V 的交流电，而计算机工作需要几伏至十几伏的直流电。机箱内有专门的电源将市电转换为计算机工作所需的直流电，计算机电源如图 1-14 所示。在连接时，电源线带插头的一端通过电源插座与市电相连，另外一端连入市电接入口。

图 1-14　计算机电源

（2）用显示器信号线将显示器与主机连接起来

显示器信号线的一端（蓝色，15 针 D-Sub 公接口）接在显示器的对应接口（蓝色，15 脚 D-Sub 母接口）上，另外一端（蓝色，15 针 D-Sub 公接口）连接到计算机主机的显卡输出接口（蓝色，15 脚 D-Sub 母接口）上，如图 1-15 所示。

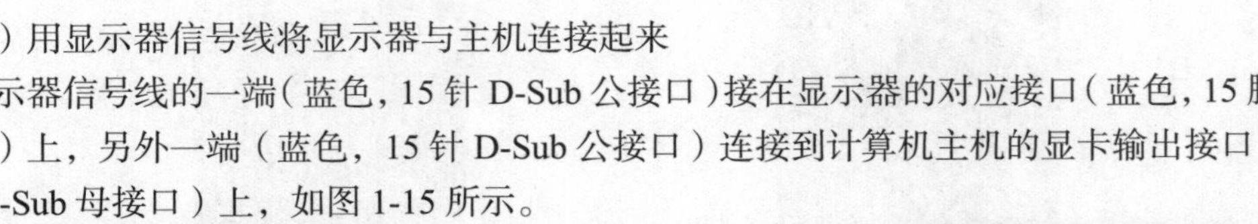

（a）显示器信号线两端的 D-Sub 公接口　（b）显卡端 D-Sub 母接口（蓝色）（c）显示器上 D-Sub 母接口（蓝色）

图 1-15　显示设备信号接口

D-Sub 接口可分为公接口和母接口两种，其中显卡、显示器上的接口为母接口（图 1-15（b）、图 1-15（c）），显示器信号线上的接口大都为公接口（图 1-15（a））。为避免连接错误，显示接口呈梯形设计，在连接信号线时，必须注意接口的安装方向。

（3）连接显示器电源线，给显示器供电

显示器电源线的连接方式与主机电源线的连接方式类似，一端连接在显示器电源插口上，另外一端连接在市电插座上。如果主机电源上有显示器电源接口，可以用公母接口的电源线将其与显示器连接。

（4）连接键盘和鼠标

键盘和鼠标通过 PS/2 或者 USB 接口与主机连接。连接时，将键盘和鼠标的连接线末端插头插入计算机主机箱后的 PS/2 或者 USB 接口。

（5）连接网线

一般计算机使用双绞线连入网络。将双绞线末端的 RJ-45 水晶头对准机箱后面的 RJ-45 网卡接口插入即可。

3. 查看计算机软硬件配置

（1）查看计算机硬件配置

右击桌面上的“计算机”图标，在弹出的快捷菜单中选择“属性”命令，打开“系统”窗口。

在“系统”窗口中，可以查看以下内容：

① 本机所安装使用的操作系统及其版本；

② CPU 的型号及速度；

③ 内存的大小；

④ 计算机名和工作组名。

单击“系统”窗口左侧窗格中的“设备管理器”，打开“设备管理器”窗口，如图 1-16 所示。

“设备管理器”窗口中列出了所有的硬件，只要单击某硬件设备项前的“▷”（此时，“▷”变为“◢”），即可查看该硬件的型号。

（2）查看计算机软件配置

要查看已经安装的软件及其版本，可通过“控制面板”窗口中的“程序和功能”选项来查看。单击“开始”→“控制面板”命令，打开“控制面板”窗口，如图 1-17 所示。

图 1-16 “设备管理器”窗口

图 1-17 “控制面板”窗口

单击“程序和功能”选项，打开“程序和功能”窗口，如图 1-18 所示，该窗口中列出了所有已安装的软件。

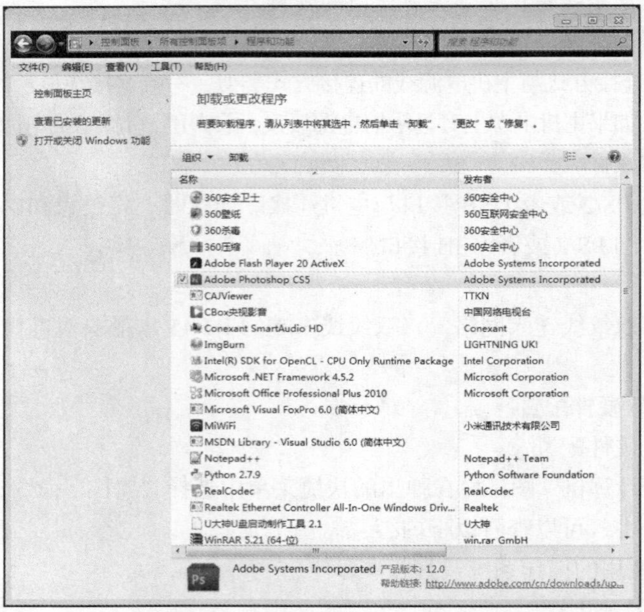

图 1-18 “程序和功能”窗口

如果要卸载某软件，在“程序与功能”窗口的程序列表中右击该软件的名称，在弹出的快捷菜单中选择“卸载/更改”命令，即可卸载该软件。

4. 查杀计算机病毒

下面介绍如何使用 360 杀毒软件查杀计算机病毒。

从“360 安全中心”网站（http://www.360.cn）下载 360 杀毒软件最新版本并安装，安装后的主界面如图 1-19 所示。

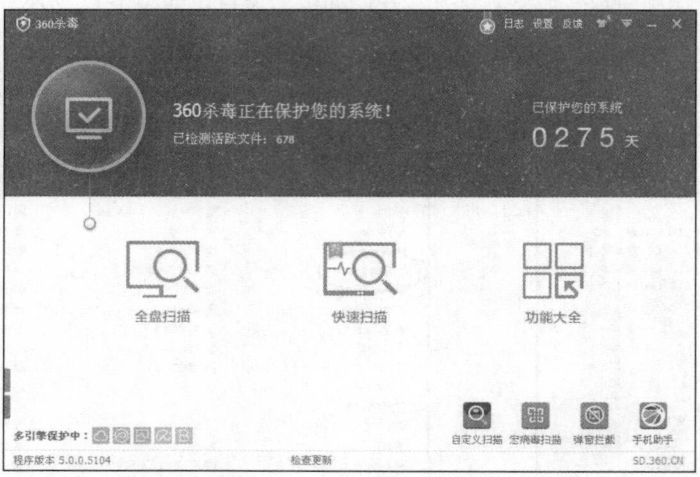

图 1-19 360 杀毒软件主界面

单击主界面中的“快速扫描”，360 杀毒软件即开始对“系统设置”“常用软件”“内存活跃程序”“开机启动项”“系统关键位置”等对象进行快速扫描，如图 1-20 所示。

图 1-20 快速扫描

单击主界面中的“全盘扫描”，360 杀毒软件对“系统设置”“常用软件”“内存活跃程序”“开机启动项”“系统关键位置”等对象进行全盘扫描，如图 1-21 所示，花费时间比“快速扫描”更多，扫描更彻底。

图 1-21 全盘扫描

单击主界面中的“功能大全”，会打开如图 1-22 所示的 360 功能大全界面，包含系统安全、系统优化和系统急救三类，内容丰富，功能强大，能够对计算机起到很好的保护与优化作用。具体可根据计算机遇到的情况选择相应的功能。

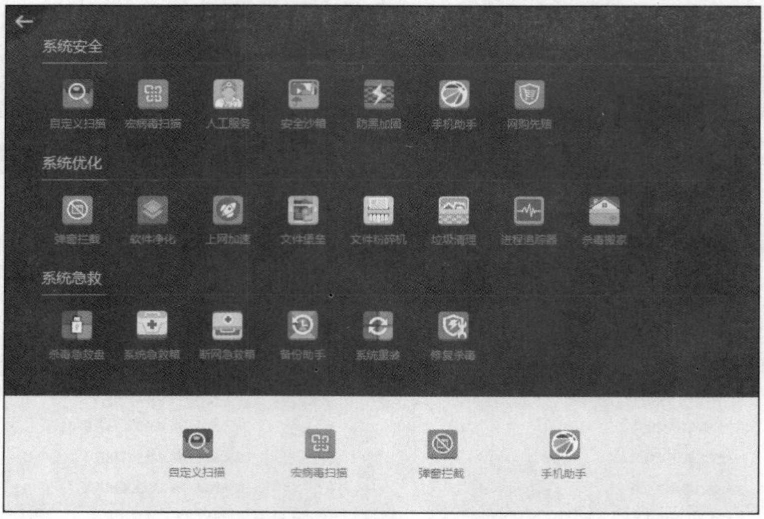

图 1-22　360 功能大全界面

1.7.2　应用案例 2——键盘指法练习与中文字符的输入

键盘指法练习和中文字符的输入是计算机操作中最基础的技能练习，需要足够的时间来重复训练。为减少或避免练习过程中的枯燥感，本案例借助金山打字通 2013 来完成。通过本案例的学习，要熟悉键盘的分布及各键的位置，掌握正确的击键法，并学会用盲打输入中英文字符及标点符号。

1．键盘指法练习

（1）金山打字通界面

启动金山打字通 2013，单击“新手入门”，在“登录”窗口（如图 1-23 所示）中输入一个昵称，单击“下一步”，进行绑定 QQ 设置，这里我们不绑定，直接关闭窗口。接下来有两种模式可选择：自由模式和关卡模式，对于初学者建议选择关卡模式。

图 1-23　“登录”窗口

（2）认识键盘

单击“新手入门”→“打字常识”，打开认识键盘页面。整个键盘分为主键盘区、功能键区、控制键区、数字键区和状态指示区 5 个区图，如图 1-24 所示。

图 1-24　键盘分区图

① 主键盘区

它是键盘的主要部分，包括 26 个英文字母键、10 个数字键以及其他特殊功能键。

空格键：当按下此键时，输入一个空格，光标后移一个字符位；

回车键“Enter”：在文字编辑时使用这个键，可将当前光标移至下一行首；

控制键“Ctrl”：这个键不能单独起作用，总是与其他键配合使用，如按“Ctrl+Alt+Del”组合键可以热启动计算机；

转换键“Alt”：它也不能单独起作用，总是和其他键配合使用；

退格键“Back space”：用它可以删除当前光标前的字符，并将光标左移一个位置；

制表键“Tab”：分段定位光标，每按一次，光标右移 8 个空格的长度；

换档键“Shift”：上档键，也叫字符换档键。当要输入双字符键的上档字符时，应按住该键不放，再按所需字符键，即可输入该键的上档字符；在小写状态下按“Shift”键和字母键，可输入大写字母；

大写字母锁定键“Caps Lock”：字母键大小写状态转换的开关。启动计算机后，字母键默认为小写输入状态，若按下该键则转换为大写输入状态。

② 功能键区

功能键位于主键盘上方，共有 12 个功能键，分别标为“F1”～“F12”，它们的具体功能由操作系统或应用程序来定义，一般“F1”键为帮助键。

屏幕打印键“Print Screen”：按下此键可以将屏幕上的全部内容存入剪贴板；

开始菜单启动键：按下此键可以启动“开始”菜单；

启动快捷方式键：按下此键可以启动“快捷菜单”。

③ 控制键区

“Insert”键：用来转换插入和改写状态；

“Delete”键：用来删除当前光标位置的字符。当一个字符被删除后，光标右侧的所有字符被左移一个位置；

“Home”键：按此键时光标移到本行的行首；

“End”键：按此键时光标移到本行中最后一个字符的右侧；

“Page Up”键：上翻一页；

“Page Down”键：下翻一页；

光标移动键：当分别按下“→”“←”“↑”“↓”键时，光标将分别按箭头所指方向移动一个位置。

④ 数字键区

数字键区位于键盘右部，俗称小键盘，包括锁定键、数字键、小数点和加、减、乘、除、“Enter”键。

⑤ 状态指示区

状态指示区位于数字键区的上方，包括三个状态指示灯，分别为数字锁定信号灯、大写字母锁定信号灯和滚动锁定信号灯，用于提示键盘的工作状态。

（3）打字姿势

打字之前一定要端正坐姿，正确坐姿的要领包括：

① 头正、颈直、两脚放平、腰部挺直，手腕放松且保持水平；

② 身体正对屏幕，调整屏幕，使眼睛舒服；

③ 眼睛平视屏幕，保持 30～40cm 的距离，每隔 10 分钟视线从屏幕上移开一次；

④ 手掌以腕为轴略向上抬起，手指自然弯曲地轻放在键盘上，从手腕到指尖形成一个弧形，手指指端的第一关节同键盘垂直，轻放在基准键位（“A”“S”“D”“F”“J”“K”“L”“;”）上，左右手大拇指放在空格键上。

（4）手指分工

打字之前要将左手小指、无名指、中指、食指分别置于基准键位“A”“S”“D”“F”键上；右手食指、中指、无名指、小指分别置于“J”“K”“L”“;”键上，左右手拇指自然弯曲，轻置于空格键上，如图 1-25 所示。

基准键对应手指常驻的位置，其他键都是根据基准键的键位来定位的。按键时，只有击键的手指才伸出去击键，击完后立即回到基准键位，其他手指不要偏离基准键位。一般“F”和“J”键上均有一个凸起的小横杠或小圆点，这两个键是左右食指的位置，盲打时可以通过它们找到基准键位。

打字时双手的十个指头都有明确的分工，只有按照正确的手指分工打字，才能实现盲打和提高打字速度，如图 1-26 所示，需牢记。

图 1-25　手指摆放位置

图 1-26　键位手指分工图

数字键盘的基准键位是“4”“5”“6”，分别由右手的食指、中指和无名指负责。数字键盘的指法分工如图 1-27 所示。

（5）基本键位练习

明确了手指分工就可以开始最基本的键位练习了，键位练习分两种模式：练习模式和测试模式，可在两种模式之间进行切换。图 1-28 为“字母键位”部分的练习模式，可帮助用户更快地熟悉键位和指法，按键错误必须重新键入才能继续练习。

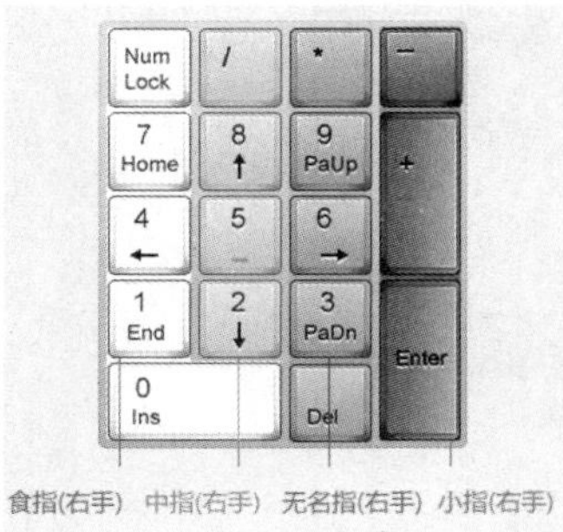

图 1-27　数字键盘手指分工图

图 1-28　“字母键位”练习模式图

数字键位的练习可切换到数字键盘区练习；在进行符号键的练习时，如果出现双字符键的上档字符时，需配合“Shift”一起使用。

（6）英文文章的练习

当用户对键盘的各个键位比较熟悉后，就可以进入英文打字的综合练习阶段了。在金山打字通主界面单击“英文打字”，进入“英文打字”页面。“英文打字”模块分为三个阶段：“单词练习”“语句练习”和“文章练习”的训练。这三个阶段逐步增加难度，同样每个阶段分为练习模式和测试模式，用户可根据自己的进度和水平选择不同的模式。在“单词练习”和“语句练习”训练中，工作页面仍然保留键盘图形的键位提示，方便用户盲打。而“文章练习”阶段取消了键盘图形的键位提示，完全与实战接轨，如图 1-29 所示。在练习时必须集中精力，做到手、脑、眼协调一致，尽量避免看键盘，且要保证输入的准确度。

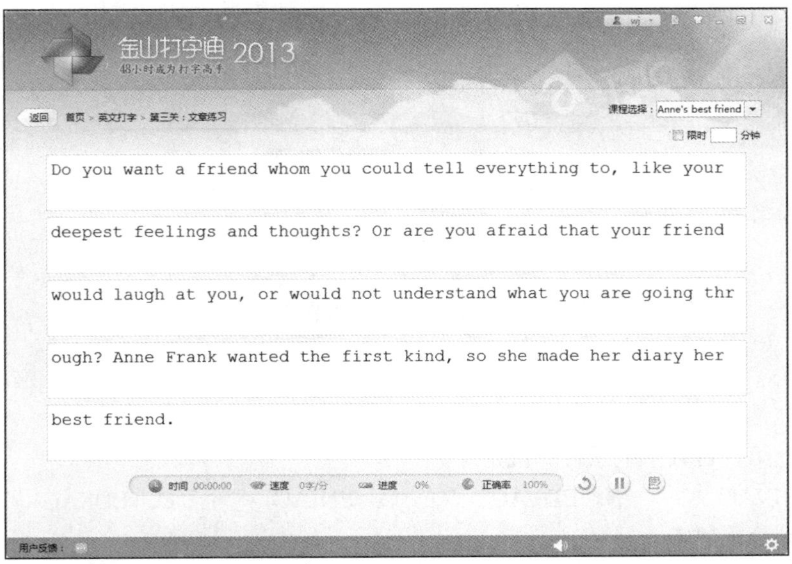

图 1-29　“文章练习”页面

2. 中文字符的输入

在金山打字通主界面单击“拼音打字”“五笔打字”，设置输入法即可开始中文打字。

“拼音打字”模块分为四个部分：“拼音输入法”“音节练习”“词组练习”和“文章练习”。单击“音节练习”，可进行音节输入的训练，如图 1-30 所示。

图 1-30 “音节练习”页面

单击“词组练习”，可进行词组输入的训练，如图 1-31 所示。

图 1-31 “词组练习”页面

单击“文章练习”，可进行文章输入的训练。

习　题

1. 选择题

（1）世界上第一台数字电子计算机是（　　）。

A. UNIVAC　　B. EDVAC　　C. ENIAC　　D. EDSAC

（2）个人计算机属于（　　）。

A. 巨型机　　B. 大型机　　C. 小型机　　D. 微型机

（3）一个完整的计算机系统包括（　　）。

A. 主机与外部设备　　B. 主机与输入设备

C. 硬件系统与软件系统　　D. 运算器、控制器和存储器

（4）计算机自诞生以来，在性能和价格等方面发生了巨大的变化；但是（　　）没有发生多大的改变。

A. 耗电量　　B. 体积　　C. 运算速度　　D. 体系结构

（5）不同类型的存储器组成多层次结构的存储器体系，按存取速度从快到慢排列是（　　）。

A. 高速缓存、辅存、主存　　B. DVD、主存、辅存

C. 高速缓存、主存、辅存　　D. 光盘、主存、辅存

（6）ROM 的特点是（　　）。

A. 用户可以随时读写　　B. 存储容量大

C. 存取速度快　　D. 断电后信息仍然保存

（7）计算机内所有的信息都是以（　　）数码的形式表示的。

A. 二进制　　B. 八进制　　C. 十六进制　　D. 十进制

（8）硬盘是一种（　　）。

A. 数据通信设备　　B. 内部存储器　　C. 外部存储器　　D. CPU 的一部分

（9）以下全是输入设备的是（　　）。

A. 鼠标、键盘、打印机　　B. 扫描仪、键盘、音箱

C. 鼠标、硬盘、音箱　　D. 扫描仪、键盘、鼠标

（10）ASCII 码是一种对（　　）进行编码的计算机代码。

A. 汉字　　B. 字符　　C. 图像　　D. 声音

2. 填空题

（1）计算机电子元器件的发展经历了电子管、__________、集成电路和________4 个阶段。

（2）计算机中系统软件的核心是________，它主要用来控制和管理计算机的所有软硬件资源。

（3）中央处理器由________和________组成。

（4）________语言是能被计算机硬件直接识别并执行的语言。

（5）计算机中存储数据的最小单位是________。

（6）1GB= _____ MB= _____ KB=_____ B。

（7）________又称为_______，可以和 CPU 直接交换信息，用来存放当前运行的数据和程序。

（8）________是指微处理器一次能同时处理的二进制数的位数。

（9）计算机病毒是指编制或者在计算机程序中插入的破坏计算机功能或者毁坏数据、影响计算机使用，并能自我复制的一组________。

（10）多媒体技术的特点有多样性、_______、________、_______ 和 ________。

3. 简述题

（1）计算机硬件系统由哪几个部分组成？请分别说明各部分的作用。

（2）冯·诺依曼型计算机的特点是什么？

（3）计算机的主要性能指标有哪些？请举例说明。

（4）简述计算机病毒的防范措施。

（5）请完成下列数的数制转换：

$(1101001.101)_2=(\qquad)_{10}=(\qquad)_8=(\qquad)_{16}$；

$(357.25)_{10}=(\qquad)_2=(\qquad)_8=(\qquad)_{16}$；

$(9C4D.52A)_{16}=(\qquad)_2=(\qquad)_8$；

$(4763.15)_8=(\qquad)_2=(\qquad)_{10}=(\qquad)_{16}$。

第2章 Windows 7操作系统

主要知识点：

- Windows 7 操作系统
- 文件及文件夹的概念、操作
- 管理系统资源
- Windows 7 窗口的组成及操作
- Windows 7 系统个性化设置
- Windows 7 桌面组成、开始菜单和任务栏
- 鼠标与键盘的操作和设置
- Windows 7 用户账户设置
- 输入法设置
- 安装和卸载软件
- Windows 7 附件

操作系统（Operating System，OS）是现代计算机必不可少的最重要的系统软件，是计算机正常运行的指挥中心。微软公司（Microsoft）于 2009 年 10 月正式研发推出了 Windows 7 操作系统，目前已成为最为成熟和通用的 Windows 操作系统之一。Windows 7 可供家庭及商业工作环境、笔记本电脑、平板电脑、多媒体中心等使用。与 Vista 等操作系统相比，Windows 7 运行速度更快、安全性能更高，窗口、工具栏和桌面等界面元素处理的智能化和个性化程度更高，硬件兼容性得到进一步提升。同时增加了一些新功能，如屏幕触控支持和手写识别，支持虚拟硬盘，改善了多内核处理器的运行效率等。本章主要介绍中文版 Windows 7 的基本操作和普通应用等相关知识。

2.1 Windows 7 的基本操作

操作系统实际上是配置的一组程序，用于统一管理计算机系统中的各种软件资源和硬件资源，合理地组织计算机的工作流程，协调计算机系统的各部分之间、系统与用户之间的关系，为用户提供操作界面。操作系统是附在计算机硬件上的第一层软件，是对计算机硬件系统的首次扩充，也是其他系统软件和应用软件能够在计算机上运行的基础。它位于用户和硬件之间，一方面管理计算机硬件资源，使之更好地为用户服务，另一方面为用户提供接口，以方便用户更好地使用和优化计算机硬件。所以说操作系统是最重要的系统软件。

2.1.1　启动与退出 Windows 7

1. 启动

在启动 Windows 7 系统前，首先应确保在通电情况下将主机和显示器接通电源，然后依次按下显示器和计算机主机箱面板上的电源开关按钮，即可开始启动计算机。

主机启动后，系统开始对计算机进行自检，显示登录界面，登录界面中列出了系统中已经创建的所有用户账户，每个用户账户都配有一个图标，单击欲登录的账户图标，如果该账户设置了登录密码，则会弹出“输入密码”文本框，输入正确的密码，按“Enter”键即可登录；若没有设置密码，单击账户图标可直接登录。登录后系统将显示一个欢迎界面，片刻后进入 Windows 7 的工作桌面，如图 2-1 所示。

图 2-1　Windows 7 工作桌面

有时用户在使用计算机的过程中需要重新启动 Windows 7，重启的方法如下。

（1）选择“开始”→“关机”→“重新启动”选项。

（2）使用“Ctrl+Alt+Delete”，选择“重新启动”。

（3）按下主机面板上的复位键“Reset”重启计算机。

2. 注销

计算机中的“注销”命令可以保存设置并关闭当前登录用户，计算机返回到登录界面，单击“开始”→“关机”，单击右侧的“▷”，选择“注销”即可完成注销。

单击“开始”→“关机”，二级菜单中还会看到“切换用户”“锁定”“重新启动”“睡眠”等命令选项。

3. 关闭

当用户不再使用 Windows 7 时，应当及时退出 Windows 7 操作系统，关闭计算机。在关机前，应当正确关闭所有正在执行的应用程序，保存好新建或修改的文件，以免数据丢失。

单击“开始”→“关机”，即可退出 Windows 7 操作系统并关闭计算机。

2.1.2　Windows 7 桌面

用户启动计算机，登录到 Windows 7 系统后看到的整个屏幕界面称为桌面，桌面是人机对话的主要接口，也是人机交互的图形用户界面。桌面是组织和管理资源的一种有效方式，与现实生活中办公桌面常常搁置一些常用办公用品一样，Windows 7 也利用桌面来承载各类系统资源。

1．常见的系统图标

常见的系统图标主要有以下几种。

“计算机”：可以浏览计算机磁盘的内容、进行文件的管理工作、更改计算机软硬件设置和管理打印机等。

“网络”：主要用来查看网络中的其他计算机，访问网络中的共享资源，进行网络设置等。

“回收站”：是系统在硬盘中开辟的专门存放从硬盘上删除的文件和文件夹的区域。如果用户误删除某些重要文件，可以双击桌面上的“回收站”图标，打开“回收站”窗口，选择需要还原的文件或文件夹，单击工具栏上的“还原选定的项目”按钮，可将其还原到原来的位置。回收站中的文件还占用着计算机的磁盘空间，因此需要定期对回收站进行清空，以释放磁盘空间。可单击“回收站”窗口工具栏上的“清空回收站”按钮，在弹出的确认删除对话框中单击“是”按钮即可彻底删除回收站中的文件。

对于新安装的 Windows 7 操作系统，在使用的过程中，用户可以根据需要在桌面上添加、修改、删除相应的图标。

添加新图标：可以从其他窗口通过鼠标拖动的方法创建一个新图标，也可以通过单击鼠标右键（简称右击）在桌面空白处创建新图标。用户如果想在桌面上建立“计算机”和“文档”等快捷方式图标，只需从“开始”菜单中将相应图标拖曳到桌面即可。

删除图标：右击某图标，从快捷菜单中选择“删除”命令即可。或者也可以直接拖动对象到回收站。

排列图标：右击桌面空白处，从弹出的快捷菜单中选择“排列方式”，然后在级联菜单中分别选择按名称、大小、项目类型和修改时间命令排列图标。若在“查看”菜单中取消“自动排列”，可把图标拖到桌面上的任何地方。

2．任务栏

任务栏是位于桌面底部的水平长条，它显示了系统正在运行的程序、打开的窗口和当前时间等内容。用户可以通过任务栏完成许多操作。

任务栏左边是“开始”按钮，之后是“快速启动”按钮，右边是通知公告区，显示计算机的系统时间、日期和输入法等，中部是显示出正在使用的各应用程序图标，或个别可以运行的应用程序按钮的任务区，如图 2-2 所示。

图 2-2　Windows 7 的任务栏

（1）“开始”按钮

在 Windows 7 操作系统中，所有的应用程序都在“开始”菜单中显示。单击“开始”按钮，即可打开“开始”菜单。Windows 7 的“开始”菜单由 6 部分构成：

① 用户名：用户名位于“开始”菜单的右上部，用来显示用户的名称、图标等信息。

② 程序列表：包括固定程序列表和所有程序列表。

③ “关机”栏：位于“开始”菜单的底部，选择相应的命令，即可打开“关机”“注销”“重新启动”等选项。

④ “库文档”区：是显示“文档”“图片”“音乐”3 个系统文件夹的区域。选择其中的文件

夹命令，即可打开相应的窗口。

⑤ 系统设置区：有“控制面板”“设备和打印机”“默认程序”“帮助和支持”和“运行”等选项，选择相应的命令，即可打开相应的对话框，在该对话框中可进行系统设置。

⑥ 搜索程序和文件栏：可打开“搜索结果”窗口。

（2）任务区

任务区用于显示已经打开的程序或文件，并可以在它们之间快速切换。Windows 7 的任务栏中添加了一系列新机制，包括缩略图预览、跳跃菜单和任务进度监视等。

（3）语言栏

语言栏用来显示系统中正在使用的输入法和语言。进行文本服务时，它会自动出现。可以将语言栏移动到屏幕的任何位置，也可以将其最小化到任务栏。

（4）通知区域

通知区域有一些小图标，称为指示器。这些指示器代表运行时常驻内存的一些应用程序，如音量、时钟、病毒防火墙、网络状态等。单击音量指示器可调整扬声器的音量或关闭声音；若双击音量指示器，可以调整音量控制、波形、麦克风等各项内容；双击时间指示器，可以调整当前日期、时间和时区；单击输入法指示器，可以选择其中的一种输入法。

任务栏的主要功能有：

① 单击“开始”按钮，弹出“开始”菜单。

② 单击某个“快速启动”按钮，启动相应任务。

③ 单击某个应用程序图标，切换任务。当前编辑执行的任务窗口为深色显示。

④ 单击安全删除硬件图标，删除 USB 接口的即插即用硬件。

⑤ 双击时间图标，弹出日期和时间属性对话框，如图 2-3 所示，查看和设置系统日期和时间。

⑥ Windows 7 是单用户多任务操作系统。在打开很多文档和程序窗口时，任务栏组合功能可以在任务栏上创建更多的可用空间。例如，如果打开了 10 个窗口，其中 3 个是写字板文档，则这 3 个写字板文档的任务栏按钮将组合在一起成为一个名为“写字板”的按钮。单击该按钮，然后单击某个文档，即可查看该文档。

⑦ 要减少任务栏的混乱程度，可设置隐藏不活动的图标。如果通知区域（时钟旁边）的图标在一段时间内未被使用，它们会隐藏起来。如果图标被隐藏，单击向左的箭头，可临时显示隐藏的图标。

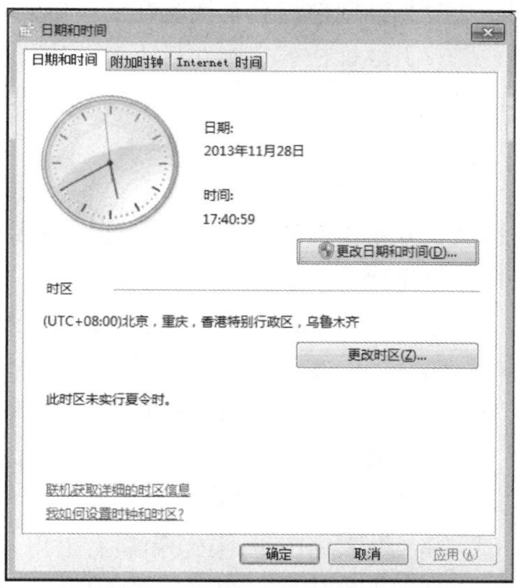

图 2-3　日期和时间属性对话框

2.1.3　窗口操作

窗口是 Windows 7 操作系统最基本的用户界面，Windows 7 的窗口分为应用程序窗口、文档窗口和对话框三种。程序窗口包含一个正在运行的应用程序；文档窗口是程序窗口内的窗口；对话框是 Windows 和用户进行信息交流的窗口。Windows 7 允许同时打开多个窗口，但在所有打开的窗口中只有一个是正在操作、处理的窗口，称为当前活动窗口。关闭窗口，也就会结束应用程序的运行。

典型的 Windows 7 窗口主要由标题栏、地址栏、搜索栏、菜单栏、最小化按钮、最大化按钮（恢复按钮）、关闭按钮、工具栏、属性栏、工作区、滚动条等组成。“计算机”的使用就是围绕“窗口”展开的，双击桌面上的“计算机”图标，即可打开“计算机”窗口，如图 2-4 所示。

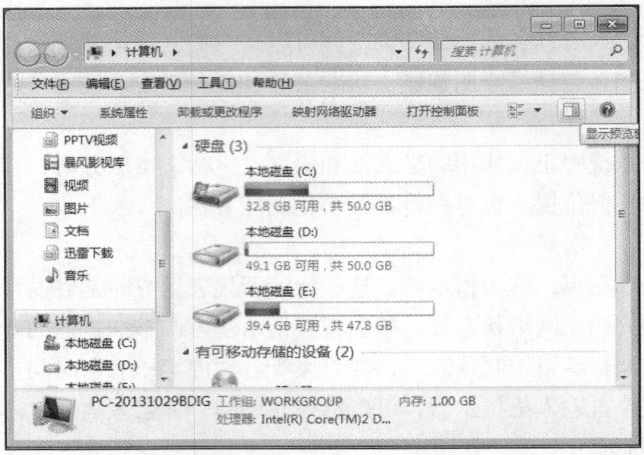

图 2-4　Windows 7“计算机”窗口

1．窗口的组成

（1）标题栏：总是出现在窗口的顶部，用于显示窗口的名称。拖动标题栏可移动整个窗口。

（2）地址栏：在标题栏下方，用于显示和输入当前浏览位置的详细路径信息。Windows 7 的窗口地址栏用“级联按钮”的形式取代了传统的纯文本方式，用户通过单击按钮即可轻松实现目录跳转。

（3）搜索栏：位于窗口右上角，标题栏下方，用于计算机、文档的查找。在搜索框中输入关键字，并单击右边“放大镜”图标的搜索按钮，系统将自动在该目录下搜索所有匹配的对象，并在窗口工作区中显示搜索结果。

（4）菜单栏：一般出现在地址栏下面，提供了用户在操作过程中要用到的多种操作任务的菜单。在 Windows 7 中，用户需要单击工具栏上的“组织”按钮，在弹出的下拉菜单中选择“布局”→“菜单栏”选项，才能在窗口中显示菜单栏。

（5）最小化按钮：位于窗口右上角，标题栏右端。用鼠标单击该按钮，可将窗口缩小为图标，成为任务栏中的一个按钮。

（6）最大化按钮：位于窗口右上角，标题栏右端。用鼠标单击该按钮，可使窗口充满整个屏幕。

（7）恢复按钮：当窗口最大化时，在最大化按钮同一位置出现的那个按钮就是恢复按钮。用鼠标单击该按钮，可将窗口恢复到最大化之前的大小。

（8）工具栏：由一组常用的工具按钮组成，单击各个工具按钮，即可完成相应操作。

（9）属性栏：是 Windows 7 改进的显示区之一，位于窗口下方，由“文件标题”“修改日期”“标记”“文件属性”和“作者”5 部分组成。

① 文件标题：用于显示当前位置或选中文档的标题。

② 修改日期：显示该文件最后修改的日期。

③ 标记：可对选中的当前文件作标记。

④ 文件属性：显示该文件属性。

⑤ 作者：显示该文件的用户信息。

（10）工作区：是窗口重要的显示区，所占的比例最大，用来显示当前文件夹包含的文件及子文件夹的图标。

（11）滚动条：用于显示窗口中所有内容的工具，当窗口中的内容太多而没有完全显示时，可通过拖动滚动条来查看窗口中的全部内容。

2. 窗口的操作

（1）窗口的移动

将鼠标指向需要移动的窗口的标题栏，拖动鼠标到指定位置即可实现窗口的移动。最大化的窗口是无法移动的。

（2）窗口的最大化、最小化和恢复

每个窗口都可以以 3 种方式之一出现，即由单一图标表示的最小化形式、充满整个屏幕的最大化形式，或者是允许窗口移动并可以改变其大小和形状的恢复形式。通过使用窗口右上角的最小化按钮、最大化按钮或恢复按钮，可实现窗口在这些形式之间的切换。

（3）窗口大小的改变

当窗口不是最大化时，可以改变窗口的宽度和高度。

① 改变窗口的宽度：将鼠标指向窗口的左边或右边，当鼠标变成左右双箭头后，拖动鼠标到所需位置。

② 改变窗口的高度：将鼠标指向窗口的上边或下边，当鼠标变成上下双箭头后，拖动鼠标到所需位置。

③ 同时改变窗口的宽度和高度：将鼠标指向窗口的任意一个角，当鼠标变成倾斜双箭头后，拖动鼠标到所需位置。

（4）窗口内容的滚动

当窗口中的内容较多，而窗口太小不能同时显示它的所有内容时，窗口的右边会出现一个垂直滚动条，或者在窗口的下边会出现一个水平滚动条。滚动条外有滚动框，两端有滚动箭头按钮。通过移动滚动条，可在不改变窗口大小和位置的情况下，在窗口框中移动显示其中的全部内容。

滚动操作包括以下 3 种：

① 小步滚动窗口内容：单击滚动箭头，可以实现一小步滚动。

② 大步滚动窗口内容：单击滚动箭头和滚动框之间的区域，可以实现一大步滚动。

③ 滚动窗口内容到指定位置：拖动滚动条到指定位置，可以实现随机滚动。

（5）图标与窗口的关系

用鼠标双击桌面上的图标，图标可扩大成窗口，称为打开窗口。若该图标是应用程序图标，则打开窗口也即启动该应用程序。

窗口经最小化后即缩小为图标，并成为任务栏中的一个按钮。如果窗口代表一个应用程序，则最小化操作并不终止应用程序的执行，只有关闭操作才终止应用程序的执行。

（6）窗口的切换

当同一时间打开不止一个窗口时，可以使用鼠标单击任务栏中的程序图标来实现窗口的切换，也可以通过单击该窗口的任何部位来实现窗口的切换。Windows 7 还提供了组合键“Alt+Esc”和“Alt+Tab”来实现窗口的切换。先按住“Alt”键不放，再按下“Esc”键，每按下一次“Esc”键，将按照任务栏“应用程序区域”排列图标的顺序依次切换窗口。先按住“Alt”键不放，再按下“Tab”键，此时桌面会出现一个集合了所有任务图标的小窗口。与“Alt +Esc”的顺序切换不同，可以通过再按下“Tab”选择窗口中的任务图标来实现窗口的切换。先按“WINDOWS”键不放，再按下“Tab”键，此时桌面会出现另一种集合了所有任务的所有窗口的3D效果。通过按着“WINDOWS”键不放，同时连续多次按下Tab键，可以实现窗口的动画切换效果。

（7）窗口的排列

当同一时间打开不止一个窗口而又希望显示出每一个窗口时，可以设置窗口的排列方式。Windows 7提供了层叠窗口、堆叠显示窗口、并排显示窗口3种窗口排列方式。右击任务栏空白处，弹出快捷菜单，选择相对应的窗口排列方式进行设置，如图2-5所示。

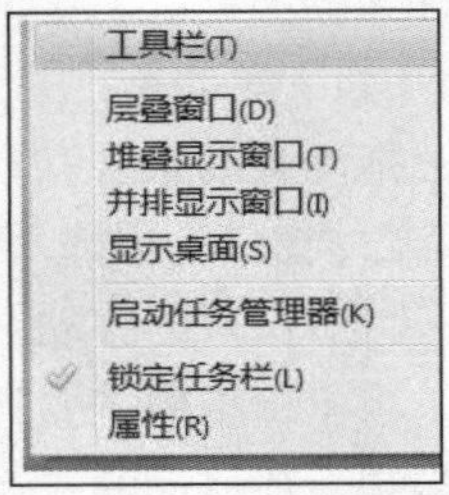

图2-5 任务栏右键快捷菜单

① 层叠窗口

把窗口按先后顺序依次排列在桌面上，其中每个窗口的标题栏和左侧边缘是可见的，用户可以通过单击任意窗口来切换各窗口之间的顺序。

② 堆叠显示窗口

各窗口并排显示，在保证每个窗口大小相当的情况下，使得窗口尽可能往水平方向伸展。

③ 并排显示窗口

在排列的过程中，在保证每个窗口都显示的情况下，尽可能往垂直方向伸展。

2.1.4 菜单操作

菜单是一张命令列表，用来完成已经定义好的命令操作。除“开始”菜单外，Windo ws 7还提供了所有程序菜单、控制菜单和快捷菜单。不同程序窗口的菜单是不同的。程序菜单通常出现在窗口的菜单栏上。快捷菜单是当鼠标指向某一对象时，右击后弹出的菜单。

Windows 7中的“控制菜单”和“菜单栏”中的各程序菜单都是下拉式菜单，各下拉菜单中列出了可供选择的若干命令，一个命令对应一种操作。快捷菜单是弹出式菜单。

1. 关于下拉菜单中各命令项的说明

（1）显示暗淡的命令表示当前不能选用。

（2）如果命令名后有符号“…”，则表示选择该命令时会弹出对话框，需要用户提供进一步的信息。

（3）如果命令名后有一个指向右方的黑三角符号，则表示还会有级联菜单。

（4）如果命令名前面有标记“√”，则表示该命令正处于有效状态。如果再次选择该命令，将删去该命令前的“√”，且该命令不再有效。

（5）如果命令名的右边还有一个键符或组合键符，则该键符表示组合键。使用组合键可以直接执行相应的命令。

2. 对菜单的操作

（1）打开某下拉菜单（即选择菜单）可以采用以下2种方法：

① 用鼠标单击该菜单项。

② 当菜单项后的括号中含有带下划线的字母时，也可按“Alt+字母键”。

（2）在菜单中选择某命令有以下3种方法：

① 用鼠标单击该命令选项。

② 用键盘上的4个方向键将高亮条移至该命令选项，然后按回车键。

③ 若命令选项后的括号中有带下划线的字母，则直接按该字母键。

（3）撤消菜单

打开菜单后，如果不想选取菜单项，则单击菜单框外的任何位置，即可撤消该菜单。

3. 控制菜单

窗口的还原、移动、改变大小、最小化、最大化、关闭等操作，可以利用控制菜单来实现。用鼠标单击控制菜单图标，出现一个控制菜单，如图 2-6 所示。

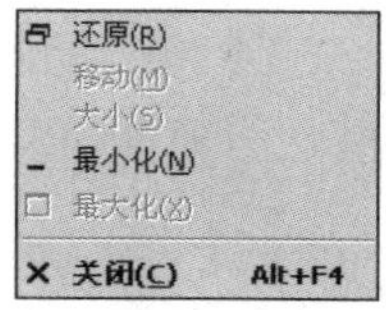

图 2-6　控制菜单

控制菜单中各命令的意义如下：

（1）“还原”：将窗口还原成最大化或最小化前的状态。

（2）“移动”：使用键盘上的上、下、左、右移动键将窗口移动到另一位置。

（3）“大小”：使用键盘改变窗口的大小。

（4）“最小化”：将窗口缩小成图标。

（5）“最大化”：将窗口放大到最大。

（6）“关闭”：关闭窗口。

4. 快捷菜单

快捷菜单是系统提供给用户的一种即时菜单，它为用户的操作提供了更为简单、方便、快捷、灵活的工作方式。将鼠标指向操作对象，右击即可出现快捷菜单。快捷菜单中的命令是根据当前的操作状态而定的，具有动态性质。操作对象和环境状态不同，快捷菜单的命令也有所不同。

2.1.5　对话框操作

对话框是窗口的一种特殊形式，是 Windows 和用户进行信息交流的一个界面，在程序执行过程中，对话框提出选项并要求用户给予答复。对话框一般不能改变大小。对话框多种多样，一般可能由若干个部分（称为“栏”）组成，每一部分又主要包括列表框、单选按钮、复选框与数字微调按钮等。有的对话框含有若干个选项卡。但并不是所有对话框都包含以上所有元素。图 2-7 是在 Word 中打开的“字体”对话框，其中的各部分都进行了标识。

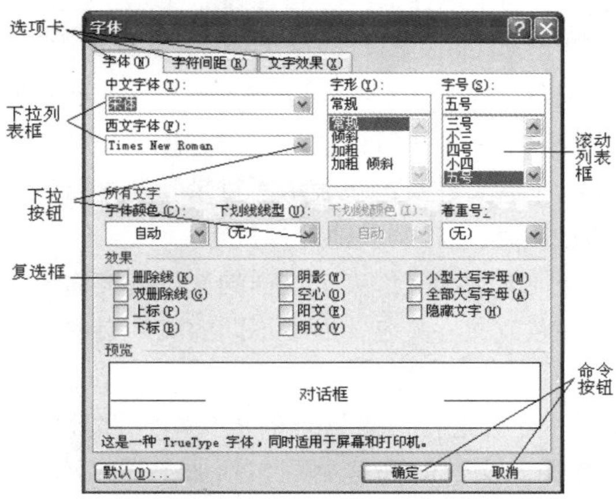

图 2-7　“字体”对话框及其标识

（1）选项卡是对话框的组成部分，一般的对话框由几个选项卡组成。打开各选项卡，可对其内容进行相应的设置。

（2）单选按钮一般是供用户作单击选择用，被选择者其圆钮中间出现黑点。

（3）复选框是供用户作多项选择用，被选定者其矩形框中出现“√”，未选定者其矩形框中为空。

（4）列表框中列出可供用户选择的内容，一般包括下拉列表框和滚动列表框。

（5）数字微调框是对话框中对相应项的数值进行设置的调整框。如“
”等。可以通

过微调框中的微调按钮即上三角按钮和下三角按钮增加或减少数值，也可以在其中直接输入数值。

（6）命令按钮是对话框中各操作的执行按钮。单击命令按钮，即可完成相应的操作。

对话框的类型比较多。不同类型的对话框中所包含的部分是各不相同的。

2.2 文件和文件夹

2.2.1 文件的基本概念

Windows 7 操作系统将各种程序和文档数据以文件的形式存放于外部存储介质上，文件是Windows中最基本的存储单位。文件是被命名的、存放在存储介质上的一组相关信息的集合。每个文件都有自己的文件名称，Windows 7操作系统就是按照文件名来识别、存取和访问文件的。

1. 文件

文件是具有文件名的一组相关信息的集合。在文件中可以存放文字、数字、图像和声音等各种信息。文件名由文件主名和扩展名组成，两者之间用小数点“.”分隔。文件主名一般由用户自己定义，文件的扩展名标识了文件的类型和属性，一般都有比较严格的定义，如命令程序的扩展名为.COM，可执行程序的扩展名为.EXE，由WORD建立的文档文件为.DOCX，ASCII文本文件为.TXT，位图格式的图形、图像文件为.BMP，压缩或非压缩的声音文件为.WAV等。在Windows中，每个文件在打开前都是以图标的形式显示的。每个文件的图标可能会因其类型不同而有所不同，而系统正是以不同的图标和文件描述信息来向用户提示文件的类型。

2. 文件夹

计算机中的文件种类繁多，为了更好地区分和管理文件，在Windows系统中引入了文件夹的概念。文件夹就是存储文件和下级文件夹的树型目录结构。文件夹由文件夹图标和文件夹名组成。文件或文件夹的名称最多可包含255个字符，可以是字母（不区分大小写）、数字、下划线、空格和一些特殊字符，但不能包含以下9个字符：\、/、:、*、?、"、<、>和|。Windows系统通过文件夹名来访问文件夹。Windows中的文件夹不仅表示了目录，还可以表示驱动器（读取、写入数据的硬件）、设备、公文包和通过网络连接的其他计算机等。

文件夹中也可以不包含任何文件和文件夹，这样的文件夹被称为空文件夹。系统规定在同一个文件夹内不能有相同的文件名或文件夹名，而在不同的文件夹中则可以重名。

3. 路径

文件及文件夹的管理是计算机进行信息管理的重要组成部分，每一个文件或文件夹都有相应的计算机存放地址，即路径。文件的完整路径包括服务器名称、驱动器号、文件夹路径、文件名和扩展名。用户在管理文件或文件夹时，只需按照其路径即可查找到相应的文件或文件夹。

2.2.2 文件和文件夹的操作

1. 新建文件或文件夹

在磁盘或文件夹下新建文件及文件夹的具体操作步骤如下：

（1）打开该磁盘或文件夹，在其空白位置单击鼠标右键，在弹出的快捷菜单中选择“新建”→“文件夹”命令，磁盘或文件夹中即可新建一个相应的文件夹。

（2）打开该磁盘或文件夹，在其空白位置单击鼠标右键，在弹出的快捷菜单中选择“新建”命令，在级联菜单中单击对应的文件类型，磁盘或文件夹中即可新建一个相应的文件。

2. 打开、关闭文件或文件夹

打开文件或文件夹的方法如下：

（1）双击需要打开的文件或文件夹。

（2）右击需要打开的文件或文件夹，在弹出的快捷菜单中选择“打开”命令。

关闭文件或文件夹的方法如下：

（1）在打开的文件或文件夹窗口中单击“文件”菜单，选择“退出”或“关闭”命令。

（2）单击窗口中标题栏上的“关闭”按钮或双击控制菜单区域。

（3）使用“Alt+F4”组合键。

3. 选定文件或文件夹

在对文件或文件夹进行移动、复制、剪切、删除、重命名等操作之前，先应该选定它们。

如果需要选定的文件或文件夹不在“资源管理器”窗口右半部分的文件夹内容窗口（即当前文件夹）中，则需要先在“资源管理器”窗口左半部分的文件夹树窗口中选定当前文件夹，然后再在右半部分的当前文件夹内容窗口中选定所需要的文件或文件夹。

（1）选定单个文件或文件夹

在“资源管理器”窗口右半部分的文件夹内容窗口中用鼠标单击要选定的文件或文件夹的图标或名称即可。

（2）选定一组连续排列的文件或文件夹

在“资源管理器”窗口右半部分的文件夹内容窗口中用鼠标单击要选定的文件或文件夹组中第一个成员的图标或名称，然后移动鼠标指针到该文件或文件夹组中最后一个成员的图标或名称，最后按下“Shift”键并单击鼠标。

（3）选定一组非连续排列的文件或文件夹

在按下“Ctrl”键的同时，用鼠标单击每一个要选定的文件或文件夹的图标或名称。

（4）选定几组连续排列的文件或文件夹

利用（2）中的方法先选定第一组；然后按下“Ctrl”键的同时，用鼠标单击第二组中第一个文件或文件夹的图标或名称，再按下“Ctrl+Shift”键，用鼠标单击第二组中最后一个文件或文件夹的图标或名称；以此类推，直到选定最后一组为止。

（5）选定所有文件和文件夹

要选定当前文件夹内容窗口中的所有文件和文件夹，只要单击“资源管理器”窗口“编辑”菜单中的“全部选定”命令即可。

（6）反向选择

当窗口中要选定的文件和文件夹远比不需要选定的多时，可采用反向选择的方法。即先选定不需要的文件和文件夹，然后在“编辑”菜单中单击“反向选择”命令即可。

（7）取消选定文件

单击窗口中任何空白处即可。

4. 复制、移动文件或文件夹

所谓复制文件与文件夹，是指将某位置上的文件与文件夹中的内容复制到另一个新的位置上，复制后，原来位置上的内容不变，即在复制后，新的位置与原来的位置上具有相同的文件与文件夹。所谓移动文件与文件夹，是指将某位置上的文件与文件夹中的内容移动到另一个新的位置上，移动后，原来位置上的文件与文件夹就不再存在。

在“资源管理器”中进行文件与文件夹的复制或移动是很方便而直观的。既可以利用鼠标进行复制或移动，也可以利用“编辑”菜单进行复制或移动。

（1）利用鼠标进行复制或移动

利用鼠标复制文件与文件夹的操作如下：

① 打开“资源管理器”窗口。

② 在文件夹树窗口（左半窗口）中选中需要复制的文件与文件夹所在的文件夹（称为源文件夹），此时需要复制的文件与文件夹将显示在文件夹内容窗口（右半窗口）中。

③ 利用前面介绍的方法，在文件夹内容窗口中选定需要复制的文件与文件夹。

④ 在文件夹树窗口中使目的位置的文件夹成为可见，然后按住“Ctrl”键，将鼠标指针指向右半窗口中被选定的任意一个文件与文件夹，再按住鼠标左键，拖动鼠标至左窗口中的目的位置文件夹的右侧（该文件夹名背景呈深色显示）后释放鼠标，此时就可以在窗口中看到文件与文件夹复制的过程。

利用鼠标移动文件与文件夹的操作如下：

① 打开“资源管理器”窗口。

② 在文件夹树窗口（左半窗口）中选中需要移动的文件与文件夹所在的文件夹（称为源文件夹），此时需要移动的文件与文件夹将显示在文件夹内容窗口（右半窗口）中。

③ 利用前面介绍的方法，在文件夹内容窗口中选定需要移动的文件与文件夹。

④ 在文件夹树窗口中使目的位置的文件夹成为可见，然后按“Shift”键，将鼠标指针指向右半窗口中被选定的任意一个文件与文件夹，再按住鼠标左键，拖动鼠标至左窗口中的目的位置文件夹的右侧（该文件夹名背景呈深色显示）后释放鼠标，此时就可以窗口中看到文件与文件夹移动的过程。

（2）利用“编辑”菜单进行复制或移动

利用“编辑”菜单复制文件与文件夹的操作如下：

① 打开“资源管理器”窗口。

② 在文件夹树窗口（左半窗口）中选中需要复制的文件与文件夹所在的文件夹（称为源文件夹），此时需要复制的文件与文件夹将显示在文件夹内容窗口（右半窗口）中。

③ 利用前面介绍的方法，在文件夹内容窗口中选定需要复制的文件与文件夹。

④ 单击“资源管理器”窗口中“编辑”菜单项，在“编辑”菜单中单击“复制”命令。

⑤ 在文件夹树窗口中选中目的位置的文件夹。此时，在右半窗口中将显示该文件夹的内容。

⑥ 单击“资源管理器”窗口中的“编辑”菜单项，在“编辑”菜单中单击“粘贴”命令，此时就可以在窗口中看到文件与文件夹复制的过程。复制完成后，在右半窗口中就可以看到被复制过来的文件与文件夹。

利用“编辑”菜单移动文件与文件夹的操作如下：

① 打开“资源管理器”窗口。

② 在文件夹树窗口（左窗口）中选中需要移动的文件与文件夹所在的文件夹（称为源文件夹），此时需要移动的文件与文件夹将显示在文件夹内容窗口（右半窗口）中。

③ 利用前面介绍的方法，在文件夹内容窗口中选定需要移动的文件与文件夹。

④ 单击“资源管理器”窗口中的“编辑”菜单项，在“编辑”菜单中单击“剪切”命令。

⑤ 在文件夹树窗口中选中目的文件夹。此时，在右半窗口中将显示该文件夹的内容。

⑥ 单击“资源管理器”窗口中的“编辑”菜单项，在“编辑”菜单中单击“粘贴”命令，此

时就可以在窗口中看到文件与文件夹移动的过程。移动完成后，在右半窗口中就可以看到被移动过来的文件与文件夹。

利用“编辑”菜单复制或移动文件与文件夹，也可以在“计算机”窗口中进行。

（3）利用“剪贴板”进行复制或移动

在 Windows 中，剪贴板主要用于在不同文件与文件夹之间交换信息。所谓剪贴板，实际上是 Windows 在计算机内存中开辟的一个临时存储区。

对剪贴的操作主要有以下 3 种：

① 剪切

将选定的信息移动到剪贴板中。

② 复制

将选定的信息复制到剪贴板中。

必须注意，剪切与复制操作虽然都可以将选定的信息放到剪贴板中，但它们还是有区别的。其中剪切操作是将选定的信息放到剪贴板中后，原来位置上的这些信息将被删除；而复制操作则不删除原来位置上被选定的信息，同时还将这些信息存放到剪贴板中。

③ 粘贴

将剪贴板中的信息插入到指定的位置。

前面介绍的利用“编辑”菜单和快捷菜单进行文件与文件夹的复制或移动操作，实际上是通过剪贴板进行的。复制文件与文件夹时，用到了剪贴板的复制与粘贴操作；移动文件与文件夹时，用到了剪贴板的剪切与粘贴操作。

在大部分 Windows 应用程序中都有以上 3 个操作命令，一般被放在“编辑”菜单中或快捷菜单中。利用剪贴板，就可以很方便地在文档内部、各文档之间、各应用程序之间复制或移动信息。

特别要指出的是，如果没有清除剪贴板中的信息，或没有新信息被剪切或复制到剪贴板中，则在没有退出 Windows 之前，其剪贴板中的信息将一直保留，随时可以将它粘贴到指定的位置。退出 Windows 之后，剪贴板中的信息将不再保留。

在实际应用中，用户可能需要将 Windows 操作过程中的整个屏幕或当前活动窗口中的信息编辑到某个文件中，这也可以利用剪贴板来实现。它分以下两种情况。

① 在 Windows 操作过程中，任何时候按下“Print Screen”键，就会将当前整个屏幕信息复制到剪贴板中。

② 在 Windows 操作过程中，任何时候同时按下“Alt + Print Screen”键，就会将当前活动窗口中的信息复制到剪贴板中。

一旦屏幕或某窗口信息复制到剪贴板后，就可以将剪贴板中的这些信息粘贴到其他有关文件中。

5. 重命名文件或文件夹

在 Windows 中，更改文件或文件夹的名称是很方便的，其操作过程如下：

（1）在“计算机”或“资源管理器”窗口中，选中要更换名称的文件或文件夹。

（2）单击“文件”菜单或快捷菜单中的“重命名”命令后，该需要更换名称的文件或文件夹的名称成为可编辑状态，此时输入新的名称，按“Enter”键即可。

6. 删除文件或文件夹

（1）利用“回收站”图标删除文件与文件夹

在硬盘上要删除文件与文件夹实际上是将需要删除的文件与文件夹移动到“回收站”文件夹

中。因此，它的操作过程与前面介绍的移动文件与文件夹完全一样，既可以用鼠标拖动，也可以用“编辑”菜单中的“剪切”命令，只不过其目标文件夹为“回收站”。

（2）利用菜单操作删除文件与文件夹

利用菜单删除文件与文件夹的操作如下所示。

① 在“计算机”或“资源管理器”窗口中选定需要删除的文件与文件夹。

② 在“文件”菜单中，单击“删除”命令后即可删除所有选定的文件与文件夹。

特别要指出的是，在硬盘上不管是采用哪种途径删除的文件与文件夹，实际上只是被移动到了“回收站”中。如果想恢复已经删除的文件，可以到“回收站”文件夹中去查找，在清空“回收站”之前，被删除的文件与文件夹一直都保存在那里。只有执行清空“回收站”操作后，才将“回收站”文件夹中的所有文件与文件夹真正从磁盘中删除。如果不想放入“回收站”中，可按住“Shift”键，然后执行删除命令。

7. 创建文件或文件夹的快捷方式

图标是程序、文件、文件夹和快捷方式等各种对象的小图像。双击不同的图标即可打开相应的对象。左下角带有箭头的图标，称为快捷方式图标。快捷方式是一种特殊的 Windows 文件（扩展名为 .LNK），它不表示程序或文档本身，而是指向对象的指针。对快捷方式的改名、移动、复制或删除只影响快捷方式文件，而快捷方式所对应的应用程序、文档或文件夹不会改变。快捷方式的目的就是为常用的对象在方便的位置（如桌面）建立一个链接图标，以便快速打开该对象并进行操作。在桌面、磁盘或文件夹中创建快捷方式的具体操作步骤如下：

（1）打开磁盘或文件夹，鼠标指针指示到目标对象位置；

（2）右击，在弹出的快捷菜单中选择“创建快捷方式”命令；

（3）单击，即可在当前位置创建目标对象的快捷方式；

（4）在弹出的快捷菜单中选择“发送到”→“桌面快捷方式”命令，即可在桌面上创建目标对象的快捷方式。

8. 压缩与解压文件或文件夹

Windows 7 有文件夹压缩功能，操作过程如下：

（1）在窗口中选中要压缩的文件或文件夹，可以选多个；

（2）右击选中区域，在快捷菜单中选择“发送到”命令；

（3）单击级联菜单中的“压缩文件夹”命令，即可在当前窗口位置创建一个包含所选文件和文件夹的压缩文件夹。压缩文件夹的默认名称从所选文件和文件夹名称中随机产生，其图标就像在普通文件夹图标上加了一条拉链；

（4）在压缩文件夹中先复制想要解压缩的文件和文件夹，然后在目标位置粘贴复制的项目，即可解压缩那些文件和文件夹。

当然，Windows 7 的文件夹压缩功能是有限的，要更好地压缩文件或文件夹，可以借助专门的压缩与解压缩文件软件，如 WinRAR 等。

9. 搜索文件或文件夹

Windows 7 将搜索栏集成到了“资源管理器”和“计算机”窗口的右上角位置，不但方便随时查找文件，更可以在指定位置进行搜索。如果需要在所有磁盘中查找，则打开“计算机”窗口，如果需要在某个磁盘分区或文件夹中查找，则打开该磁盘分区或文件夹窗口，然后在窗口地址栏后面的搜索框中输入关键字。搜索完成后，系统会在窗口工作区显示与关键字匹配的记录，让用户更容易锁定所需的结果。

（1）搜索筛选器

如果要按文件属性，比如按修改日期或文件大小，搜索文件或文件夹，则可以使用搜索筛选器。单击搜索框，可以看到一个下拉列表，这里会列出之前的搜索历史和搜索筛选器。图 2-8 所示的是“计算机”窗口的搜索筛选器，只包括“修改日期”和“大小”两个条件。对于库中的“音乐”、“视频”、“图片”、“文档”窗口，筛选的条件会多一些，如图 2-9 所示的是“图片”库的搜索筛选器。

图 2-8 “计算机”窗口的搜索筛选器图

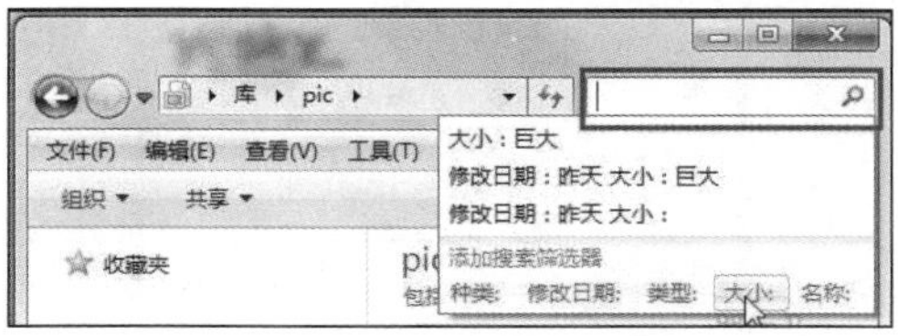

图 2-9 “图片”库的搜索筛选器

使用搜索筛选器的具体步骤如下：

① 打开要搜索的驱动器、库或文件夹；

② 单击搜索框，然后单击蓝色的筛选文字，如“图片”库中的“拍摄日期:”；

③ 单击其中一个可用选项，如单击“拍摄日期:”，选择一个日期或日期范围，如图 2-10 所示；

④ 重复执行步骤②和③，可建立基于多个属性的复杂搜索。

图 2-10 “拍摄日期”搜索筛选器

在步骤③中，如果用户觉得系统给出的选项不符合需要，还可以在冒号后手动输入条件。例如用户想搜索大于 500MB 的文件，选择搜索筛选器“大小:”后，系统自动给出的选项是“空”、“微小”、“中”、“大”、“特大”、“巨大”，此时用户可以直接在“大小:”后输入“>500MB”，系统将搜索大于 500MB 的文件。用户还可以将搜索筛选器与常规搜索词一起混合使用，以进一步细化搜索。

（2）保存搜索

如果用户需要经常进行某一个指定条件的搜索，可以在搜索完成之后单击窗口工具栏的“保存搜索”按钮。系统会将这个搜索条件保存起来，可以在资源管理器左侧导航窗格的“收藏夹”下面看到这个条件，单击它即可打开上次的搜索结果。

10. 设置文件或文件夹属性

右击文件或文件夹，在弹出的快捷菜单中选择“属性”命令，打开“属性”对话框。比较文件和文件夹“属性”对话框，会发现它们略有不同，如图 2-11 和图 2-12 所示。利用文件或文件夹的“属性”对话框，用户不但可以查看该对象具体的属性信息，如大小、创建时间、是否只读、是否隐藏等，而且还可以根据需要对其属性进行新的设置。

（1）设置文件或文件夹只读属性

设置为只读属性的文件和文件夹只能查看，不能修改或删除。设置方法如下：

① 打开要设置为只读属性的文件或文件夹的“属性”对话框；

② 在常规选项卡的“属性”选项区域中选中“只读”复选框，取消该复选框即取消其只读属性；

③ 单击“确定”按钮。

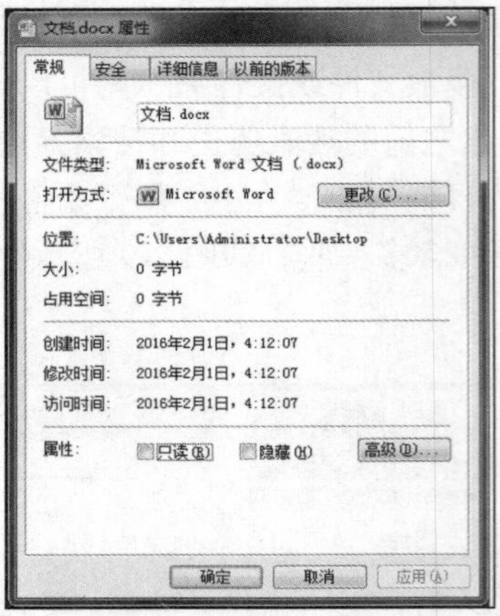

图 2-11　文件“属性”对话框

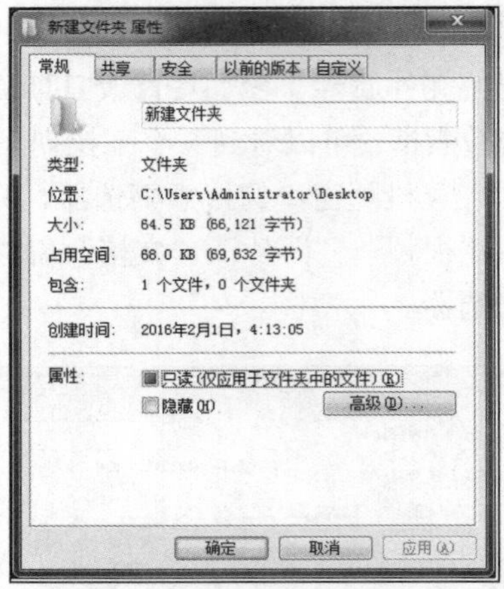

图 2-12　文件夹“属性”对话框

（2）隐藏文件或文件夹

不想让用户自己以外的其他人查看计算机中的文件或文件夹时可以将其隐藏起来。当用户希望将隐藏的文件或文件夹显示出来时，需要设置计算机中所有隐藏的文件和文件夹显示可见才能达到目的。利用文件夹选项可以对文件或文件夹进行隐藏或取消隐藏设置，其具体操作步骤如下：

① 对要隐藏的文件或文件夹设置隐藏属性，方法如以上介绍的设置只读属性，只要选中“属性”对话框中的“隐藏”复选框即可。有时尽管设置了“隐藏”属性，但用户会发现该对象依然可见，只是变为浅色显示，没有达到隐藏的目的，此时依然选中要隐藏的对象，选择窗口菜单栏中的“工具”→“文件夹选项”命令，弹出“文件夹选项”对话框，如图 2-13 所示。

② “文件夹选项”对话框包括“常规”、“查看”和“搜索”3 个选项卡。打开“查看”选项卡，在“高级设置”下拉列表中，用户可根据需要选中相应的复选框或单选按钮，选中其中的“不显示隐藏的文件、文件夹或驱动器”单选按钮，即可隐藏文件或文件夹；如果想要看见已隐藏的文件和文件夹，则选中其中的“显示隐藏的文件、文件夹和驱动器”单选按钮即可。

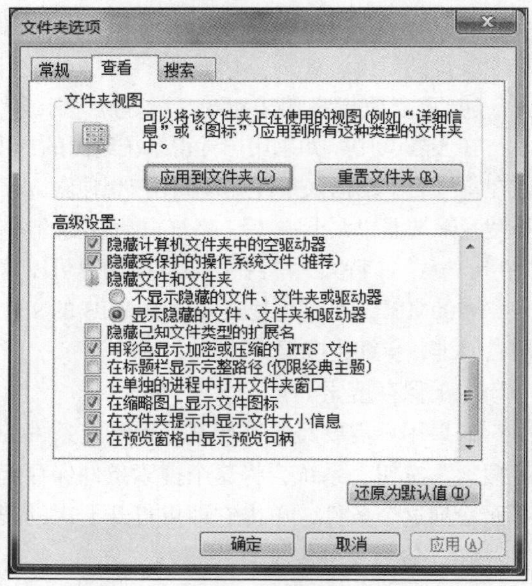

图 2-13　“文件夹选项”对话框

③ 单击“确定”按钮，将设置应用于选中的文件或文件夹。

（3）加密文件或文件夹

当用户对自己的一些文件和文件夹加密后，其他任何未授权的用户，甚至是管理员，都无法访问其加密的数据。加密文件夹的具体步骤如下：

① 打开要加密的文件夹的“属性”对话框。

② 在常规选项卡上，单击“高级”按钮，打开“高级属性”对话框，如图 2-14 所示。

③ 选中“加密内容以便保护数据”复选框，单击“确定”按钮返回“属性”对话框。

④ 在返回的“属性”对话框中单击“确定”按钮，将弹出如图 2-15 所示的“确认属性更改”对话框。

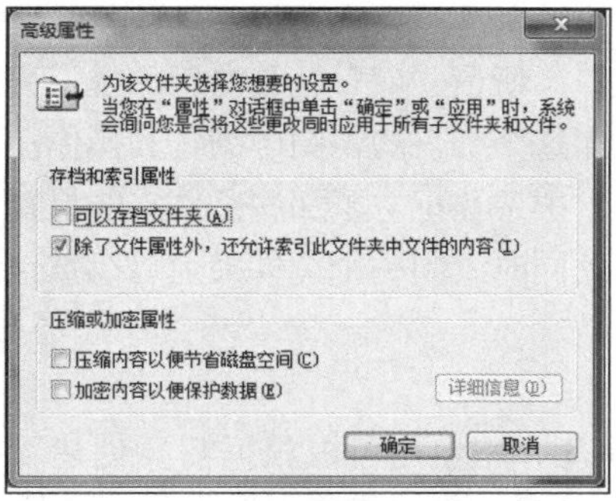

图 2-14 “高级属性”对话框

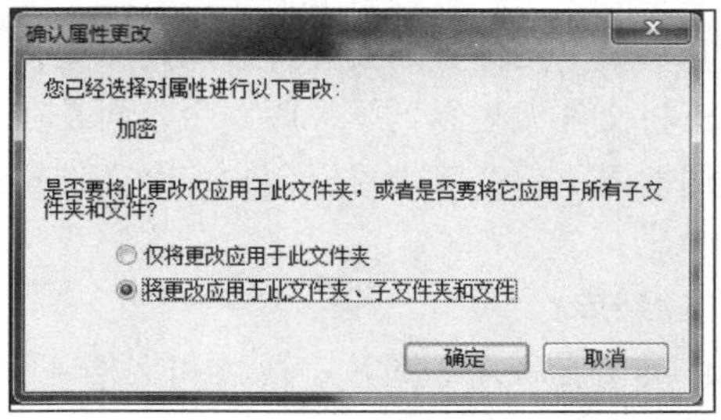

图 2-15 “确认属性更改”对话框

⑤ 选中“将更改应用于此文件夹、子文件夹和文件”单选按钮。

⑥ 单击“确定”按钮，系统将对其中的所有文件和文件夹进行加密。

完成加密设置后，该文件夹将呈绿色显示，其中的所有文件和文件夹也都呈绿色。当他人用其他账号登录该计算机时，将无法打开该文件夹。

2.3 资源管理器

在 Windows 7 中，资源管理器是另一个管理文件的工具，其功能和“计算机”相似，窗口也是分为左、右两部分。用户可以使用资源管理器查看计算机中的所有资源，特别是它提供的树型文件系统结构，能够让使用者方便地对文件进行浏览、查看、移动以及复制等各种操作。右键单击“开始”按钮，在弹出的快捷菜单中选择“资源管理器”命令，即可打开 Windows 7 的“资源管理器”窗口，如图 2-16 所示。

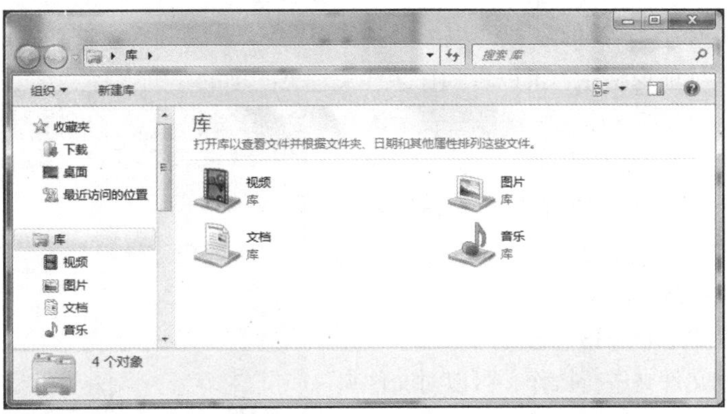

图 2-16 “资源管理器”窗口

资源管理器窗口的中间主要区域被分成了左右两部分，右边是工作区，而左边则是窗口的导航窗格。导航窗格提供了树型结构文件夹列表，从而方便用户迅速地定位所需的目标。导航窗格从上到下分为“收藏夹”“库”“计算机”和“网络”4 类。单击各类别中相应的选项，将在右侧的工作区快速显示相关内容。“收藏夹”中预先设置了几个常用的目录链接，如“下载”“桌面”和“最近访问的位置”，当需要添加自定义文件夹收藏时，只需要将文件夹拖曳到“收藏夹”的图标上或下方的空白区域即可。

2.3.1 “库”窗口操作

在 Windows 7 中，资源管理器默认的是“库”窗口。所谓“库”就是专用的虚拟视图，用户可以把计算机上不同位置的文件夹添加到库中，并在库这个统一的视图中浏览和操作。而事实上并不是真正将文件夹复制到了“库”中，而是在“库”中“登记”了那些文件夹的位置，类似于快捷方式的性质。一个库中可以包含多个文件夹，与此同时，同一个文件夹也可以被包含在多个不同的库中。

1. 创建新库

Windows 7 有音乐、图片、视频和文档 4 个默认库，用户还可以根据需要创建新库。单击“库”窗口工具栏上的“新建库”按钮，此时窗口中出现一个“新建库”图标，直接输入新库名称即可。

2. 添加文件夹到库中

右击需要添加的目标文件夹，在弹出的快捷菜单中选择“包含到库中”命令，并在其子菜单中选择某个库即可。

3. 从库中删除文件夹

在资源管理器左侧的导航窗格中，展开“库”类别，定位到要删除的文件夹，右击鼠标，在弹出的快捷菜单中选择“从库中删除位置”命令即可。从库中删除文件夹时，不会从原始位置中删除该文件夹及其内容。

2.3.2 查看文件夹的目录结构

查看文件夹的目录结构可以采用以下 2 种方式。

1. 查看当前文件夹中的内容

在资源管理器导航窗格中单击某个文件夹图标，则该文件夹被选中，成为当前文件夹，此时在右边工作区窗口中立即显示该当前文件夹中下一层的所有子文件夹与文件。

2. 展开文件夹树

在资源管理器的导航窗格中，可以看到在某些文件夹图标的左侧含有“空心三角符号”或“实心黑色三角符号”的标记。“空心三角符号”表示该文件夹下还含有子文件夹，只要单击该“空心三角符号”标记，就可以展开该文件夹。“实心黑色三角符号”表示该文件夹已经被展开，此时若单击该“实心黑色三角符号”标记，则将该文件夹下的子文件夹折叠隐藏起来，该标记变为“空心三角符号”。

为便于对文件或文件夹进行操作，可以对文件夹内容窗口中文件与文件夹的显示形式进行调整。单击“更改视图”图标，弹出“查看”菜单，如图 2-17 所示。

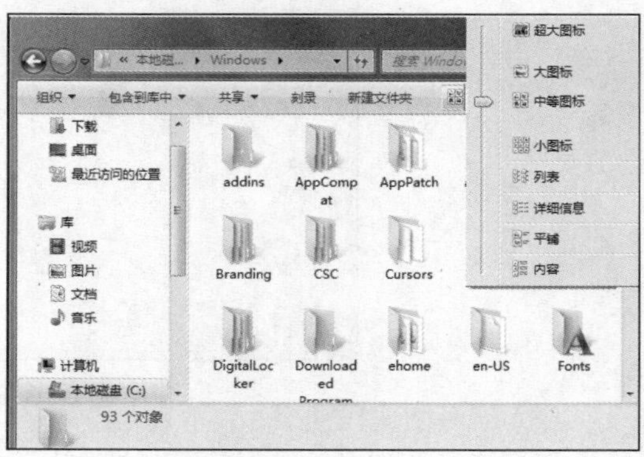

图 2-17 “查看”菜单

在“查看”菜单中，有超大图标、大图标、中等图标、小图标、列表、详细信息、平铺、内容 8 种窗口方式。

在“查看”菜单中，还有一个用于调整文件夹内容窗口中文件与文件夹排列顺序的“排列方式”命令，排列方式包括按名称、按日期、按类型、按大小、按标记等几项。

2.4 Windows 7 个性化设置

在 Windows 7 中，可以根据某些特殊要求调整和设置计算机，这些设置是在“控制面板”窗口中进行的。“控制面板”是 Windows 的控制中心，它集 Windows 外观设置、硬件设置、用户账户设置以及程序管理等功能于一体，是用户对计算机系统进行配置的重要工具。在“控制面板”窗口中，可以对 20 多种设备进行参数设置和调整，如键盘、鼠标、显示器、字体、区域设置、打印机、日期与时间、密码、声音等。

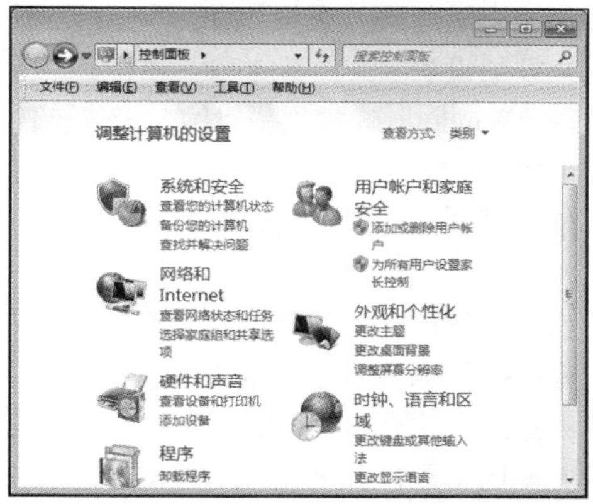

图 2-18 “控制面板”窗口

单击“开始”→“计算机”，或双击桌面上的“计算机”图标，打开“计算机”窗口，在工具栏中单击“打开控制面板”按钮，打开“控制面板”窗口，如图 2-18 所示。

Windows 7 中的“控制面板”有 3 种查看方式：类别、大图标、小图标，默认是“类别”查看方式。这种查看方式是将所有项目按功能划分为 8 个大类，每一类中再包含若干个项目；大图标和小图标查看方式则是将所有项目全部显示在“控制面板”窗口中。

在控制面板的显示区中选择要设置的图标，双击该图标，可弹出相应的对话框或打开相应的窗口。下面介绍控制面板中相应项的设置。

2.4.1 更改外观和主题

单击“控制面板”→“外观和个性化”→“个性化”，或右击桌面空白处，在弹出的快捷菜单中选择“个性化”命令，打开“个性化”窗口，如图 2-19 所示。用户可以通过“个性化”窗口对 Windows 7 系统的外观进行设置，如更换主题、修改桌面背景、设置窗口的颜色、选择屏幕保护程序等。

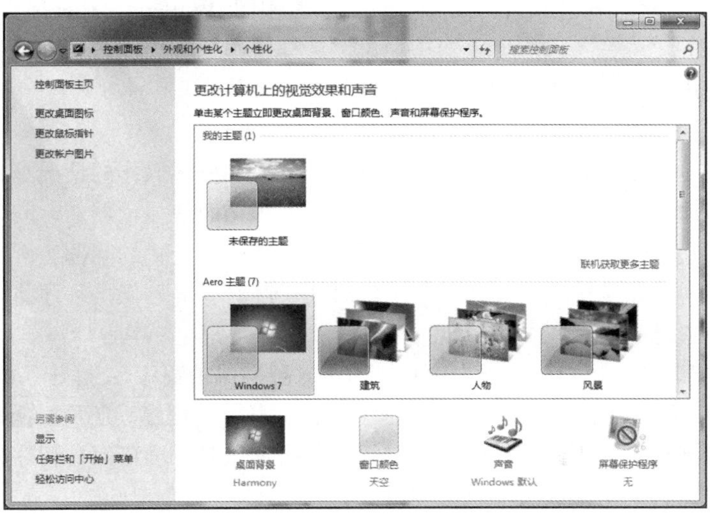

图 2-19 “个性化”窗口

1. 设置桌面

设置桌面时，单击“控制面板”→“外观和个性化”→“个性化”→“桌面背景”，打开“桌面背景”窗口，在图片列表中，选择一张图片或多张图片作为桌面背景。也可单击“浏览”按钮来选择计算机中存放的图片，在“图片位置”下拉列表框中可设置图片在屏幕上的显示位置。如果选择了多张图片，在“更改图片时间间隔”下拉列表框中可设置更换显示背景图片的时间间隔，可设置 10 秒～1 天不等，设置完成后单击“保存修改”按钮，即可完成桌面背景的设置。

Windows 7 提供了时钟、天气、日历等一些桌面小工具。右击桌面空白处，在弹出的快捷菜单中选择“小工具”命令，打开“小工具”窗口，双击将要使用的小工具即可显示在桌面的右上角，也可直接将其拖动到桌面。

2. 设置主题

主题是图片、颜色和声音的组合。在 Windows 7 中，用户可以通过使用主题立即更改计算机的桌面背景、窗口边框颜色、屏幕保护程序和声音。Windows 7 系统为用户提供了多种风格主题，主要分为“Aero 主题”和“基本和高对比度主题”两大类，用户还可以到网上下载更多的主题。如要在系统中使用“Aero 主题”中的“自然”风格主题，用户可以打开“个性化”窗口，然后在“Aero 主题”选项区域中单击“自然”选项，即可应用该主题。此时右击桌面空白处，在弹出的快捷菜单中选择“下一个桌面背景”命令，即可更换该主题系统中的桌面背景。

3. 设置界面外观

在“个性化”窗口中，用户可以单击窗口下方的“窗口颜色”，打开“窗口颜色和外观”窗口，在此可更改窗口边框、任务栏和“开始”菜单的颜色。单击该窗口下方的“高级外观设置”，打开“窗口颜色和外观”对话框，如图 2-20 所示，用户可以在此对各个项目如桌面、标题按钮、菜单、超链接和滚动条等的外观进行更详细的设置。

4. 设置系统声音

在“个性化”窗口中，用户可以单击窗口下方的“声音”链接，打开“声音”对话框，进行系统声音的设置。系统声音是在系统操作过程中产生的声音，如 Windows 登录和注销的声音、关闭程序的声音、操作错误系统提示音等。声音方案是应用于 Wind ows 和程序事件中的一组声音。在“声音”对话框的“声音”选项卡上，用户可以选择使用系统提供的某种声音方案，也可根据需要对方案中某些声音进行修改，用计算机中的其他声音替代。

5. 设置屏幕保护程序

屏幕保护程序是在操作者在较长时间内没有任何键盘和鼠标操作的情况下，用于保护显示器的实用程序。当时设计的初衷是为了防止计算机因无人操作而使显示器长时间显示同一画面，导致显示器老化而缩短寿命。如今的显示器几乎不再有人担心其老化的问题，屏幕保护程序更多地被赋予了娱乐功能。当系统空闲时间超过指定的时间长度时，屏幕保护程序将自动启动，在屏幕上展示移动的画面或动画。

在“个性化”窗口中，用户可以单击窗口下方的“屏幕保护程序”，打开“屏幕保护程序设置”对话框，如图 2-21 所示。用户可以在该对话框中设置屏幕保护程序，还可以指定等待时间、是否在恢复时显示登录屏幕等。当计算机的闲置时间达到指定值时，屏幕保护程序将自动启动。清除屏幕保护画面，只需移动鼠标或按任意键即可。

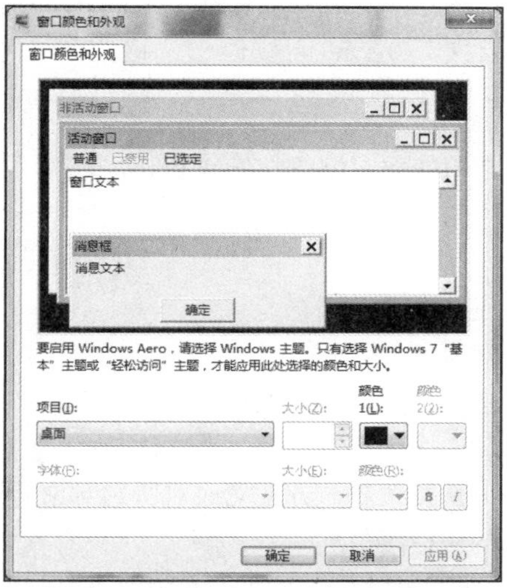

图 2-20　“窗口颜色和外观”对话框

图 2-21　“屏幕保护程序设置”对话框

2.4.2　更改显示设置

单击“控制面板”→“外观和个性化”→“显示”，打开“显示属性”窗口，如图 2-22 所示。该窗口包括“调整分辨率”、“校准颜色”、“更改显示器设置”、“调整 ClearType 文本”和“设置自定义文本大小（DPI）”5 个选项，用户可以根据自身对计算机显示方面的需要选择其中一项或多项进行设置，修改计算机显示效果。

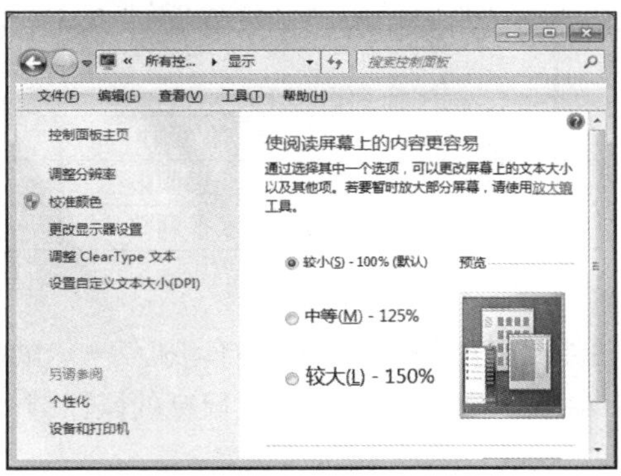

图 2-22　“显示属性”窗口

屏幕分辨率是指屏幕上的水平和垂直方向最多能显示的像素点，它以水平显示的像素数乘以垂直扫描线数表示。例如，1024×768 表示每帧图像由水平 1024 个像素、垂直 768 条扫描线组成。分辨率越高，屏幕中的像素点越多，可显示的内容就越多，所显示的对象就越小，图像就越清晰。选择“显示属性”窗口中的“调整分辨率”命令，打开“屏幕分辨率”窗口；在“分辨率”下拉列表框中拖动滑块选择合适的分辨率；单击“确定”按钮即可完成屏幕分辨率的设置。

屏幕刷新频率是指屏幕每秒的刷新次数。如果刷新频率设置过低，画面就有闪烁和抖动现象，人眼容易疲劳。在“屏幕分辨率”窗口中，单击“高级设置”链接，弹出“通用即插即用监视器”对话框；选择“监视器”选项卡，在“屏幕刷新频率”下拉列表框中选择合适的刷新频率；单击“确定”按钮即可完成屏幕刷新频率的设置。

2.4.3 调整鼠标与键盘

1. 鼠标

鼠标是控制屏幕上光标运动的手持式设备，是最常用的输入设备。在 Windows 环境下，绝大部分操作都可以通过鼠标来实现。

（1）鼠标的基本操作

鼠标的基本操作有指向、单击、双击、右击和拖曳或拖动。

指向：移动鼠标，使鼠标指针指示到所要操作的对象上。

单击：快速按下鼠标左键并立即释放。单击用于选择一个对象或执行一个命令。

双击：连续快速两次单击鼠标左键。双击用于启动一个程序或打开一个文件。

右击：快速按下鼠标右键并立即释放。右击会弹出快捷菜单，方便完成对所选对象的操作。当鼠标指针指示到不同的操作对象上时，会弹出不同的快捷菜单。

拖曳或拖动：将鼠标指针指示到要操作的对象上，按下鼠标左键不放，移动鼠标使鼠标指针指示到目标位置后释放鼠标左键。拖曳或拖动用于移动对象、复制对象或者拖动滚动条与标尺的标杆。

（2）鼠标指针形状

鼠标指针形状一般是一个小箭头，但在使用鼠标操作计算机的过程中，鼠标指针会随着用户操作的不同或系统工作状态的不同而呈现出不同的形状，不同的形状又代表着不同的含义和功能，表 2-1 列出了几种常见的鼠标指针形状及其表示的状态。

表 2-1　常见的鼠标指针形状及其表示的状态

指针形状	表示的状态	指针形状	表示的状态	指针形状	表示的状态
	正常选择		文本选择		沿对角线调整 1
	帮助选择		手写		沿对角线调整 2
	后台操作		不可用		移动
	忙		垂直调整		候选
	精度选择		水平调整		链接选择

（3）设置鼠标

单击“控制面板”→“硬件和声音”→“设备和打印机”→“鼠标”，打开“鼠标属性”对话框，如图 2-23 所示。在该对话框的 5 个选项卡中可对鼠标的鼠标键、指针、指针选项、滑轮、硬件等属性进行设置。

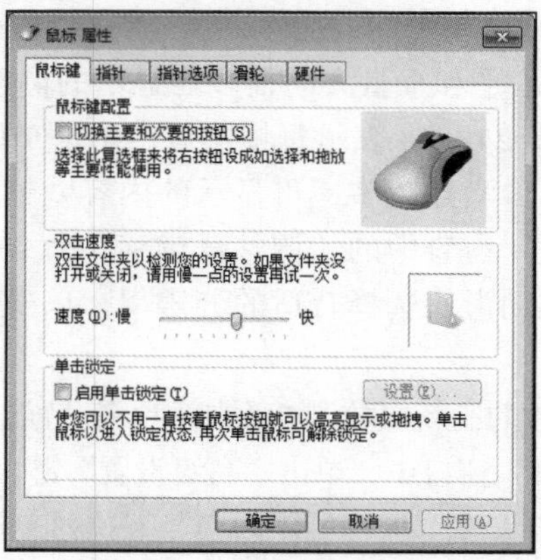

图 2-23　“鼠标 属性”对话框

2. 键盘

键盘是计算机标准的输入设备，利用键盘可以完成 Windows 7 提供的所有操作功能。

虽然在 Windows 环境下利用鼠标很方便，但有时使用键盘来完成某个操作更快捷，故有快捷键（即组合键）的说法，常用的组合键如表 2-2 和表 2-3 所示。组合键的操作方法是先按住前面的一个键或两个键不放再按击后面的一个键。

表 2-2 通用键盘组合键

命令	作用
Ctrl+Alt+Delete	出现死机时，采用热启动打开“任务管理器”来结束当前任务
Esc	取消当前任务
Alt+F4	关闭活动项或者退出活动程序
Alt+Tab	切换窗口
Ctrl+空格	中英文输入法之间切换
Ctrl+Shift	各种输入法之间切换
Shift+空格	中文输入法状态下全角/半角切换
Ctrl+>	中文输入法状态下中文/西文标点切换
Print Screen	复制当前屏幕图像到剪贴板
Alt+Print Screen	复制当前窗口、对话框或其他对象（如任务栏）到剪贴板

表 2-3 对话框操作组合键

命令	作用
Ctrl+Tab	向前切换各张选项卡
Ctrl+Shift+Tab	向后切换各张选项卡
Tab	向前切换各选项
Shift+Tab	向后切换各选项
Alt+带下划线的字母	执行对应的命令或选择对应的选项
Enter	执行活动选项或按钮的命令
F1 键	显示帮助

2.4.4 设置用户账户

Windows 7 是多用户单任务操作系统，它允许每个使用计算机的用户建立个人专属工作环境。每个用户都可以建立个人账户，并可设置登录密码，保护账户信息安全。

1. 账户类型

Windows 7 中有三种类型的账户，这些类型为用户提供不同的计算机权限控制级别。

（1）管理员账户

管理员账户拥有对本机资源的最高管理权限。它可以更改安全设置、安装软件和硬件、访问计算机上的所有文件，可以创建和删除计算机上的用户账户，可以更改其他用户的账户名称、图片、密码和账户类型等。计算机至少要有一个管理员账户。在只有一个管理员账户的情况下，该账户不能将自己修改为标准账户。

（2）标准账户

标准账户是权力受到一定限制的账户，此类用户可以访问已经安装在计算机上的程序，可以设置自己账户的图片、密码等，但是不能执行影响该计算机其他用户的操作。如卸载软件、修改系统时间、访问其他用户的文件等。

（3）来宾账户

来宾账户是专为那些在计算机上没有用户账户的人设置的，仅有最低权限，没有密码，可快速登录。使用来宾账户的人无法安装软件或硬件，更改设置或者创建密码。由于来宾帐户允许用户登录到网络、浏览 Internet 以及关闭计算机，因此应该在不使用时将其禁用。

2. 创建新账户

用户在安装完 Windows 7 系统后，第一次启动时系统自动建立的用户账户是管理员账户，在管理员账户下，用户可以创建新的用户账户，具体步骤如下：

（1）单击“控制面板”→“用户账户和家庭安全”→“用户账户”，打开“用户账户”窗口，如图 2-24 所示。

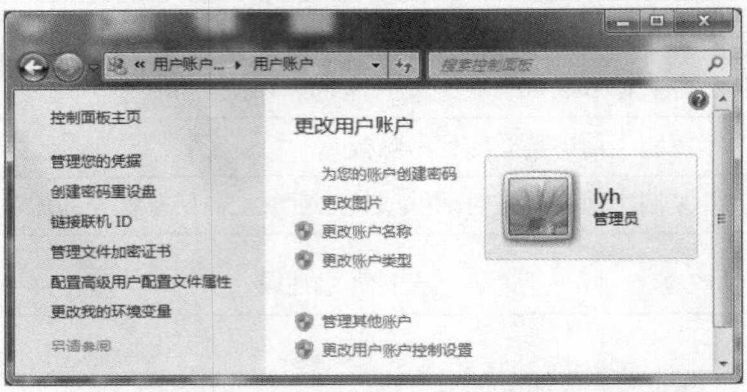

图 2-24 “用户账户”窗口

（2）单击“管理其他账户”，打开“管理账户”窗口。

（3）单击“创建一个新账户”，打开“创建新账户”窗口。

（4）在“新账户名”文本框内输入新账户名称，并通过下面的单选按钮指定新账户的类型为标准账户或管理员账户。

（5）单击“确定”按钮即可完成一个新账户的创建。

3. 管理账户

计算机中创建了多个账户之后，就要对这些账户进行管理，如更改账户权限、删除无人使用的账户等。但是必须由管理员管理其他账户。

在“用户账户”窗口中单击“管理其他账户”，打开“管理账户”窗口，在窗口中单击某个账户的图标，在打开的“更改账户”窗口中即可更改该账户的名称、密码、图片、类型，甚至可以删除该账户，但是当前登录的用户账户不能被删除。对于来宾账户，只能修改其图片或设置其是否启用。

2.4.5 设置输入法

输入法就是计算机输入字符的方法。Windows 7 系统默认的输入法是英文输入法，要输入汉字则需要使用中文输入法。中文输入法最常见的有拼音输入法和字型输入法两种，拼音输入法是按照汉语拼音规则进行汉字输入的，字型输入法则是按照汉字的字型、部首输入汉字的。Windows 7

系统默认为用户提供了微软拼音、全拼、双拼等多种汉字输入方法。如果用户需要使用其他汉字输入法，应先安装相应的应用程序。

1. 添加输入法

（1）单击“控制面板”→“时钟、语言和区域”→“区域和语言”，打开“区域和语言”对话框。

（2）在“键盘和语言”选项卡的“键盘和其他输入语言”选项区中，单击“更改键盘”按钮，进入“文本服务和输入语言”对话框，如图 2-25 所示。

（3）单击“添加”按钮，打开“添加输入语言”对话框，选择要添加的某种输入法。

（4）单击“确定”按钮，返回“文本服务和输入语言”对话框，可看到添加的输入法已经出现在“已安装的服务”列表框中。

（5）单击“文本服务和输入语言”对话框中的“确定”按钮，完成输入法的添加。

2. 删除输入法

删除输入法只需在“文本服务和输入语言”对话框的“已安装的服务”列表框中，选择要删除的输入法，然后单击“删除”按钮即可，但此时并不是将该输入法从系统中卸载，而是在具体输入操作时无法选择使用该输入法，需要使用时可再添加。

3. 输入法的切换

（1）鼠标法

用鼠标单击任务栏右侧的输入法图标，将显示输入法菜单，如图 2-26 所示。在输入法菜单中选择输入法图标或其名称即可改变输入法，同时在任务栏显示出该输入法图标，并显示该输入法状态栏。

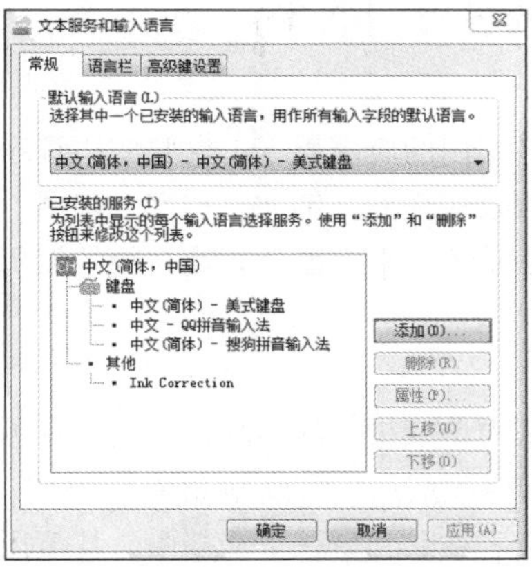

图 2-25 “文本服务和输入语言”对话框

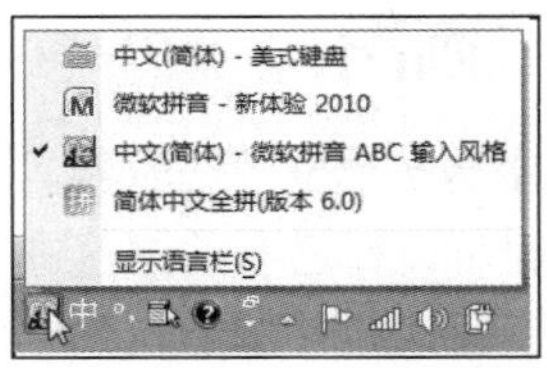

图 2-26 “输入法”菜单

（2）键盘切换法

① 按“Ctrl+Shift”组合键切换输入法。每按一次“Ctrl+Shift”键，系统就按照一定的顺序切换到下一种输入法，这时在屏幕上和任务栏上改换成相应输入法的状态窗口和它的图标。

② 按“Ctrl+空格键”启动或关闭所选的中文输入法，即完成中英文输入方法的切换。

4. 汉字输入法状态的设置

汉字输入法状态栏往往包含：中文/英文大写切换按钮、全角/半角切换按钮、中文/英文标点符号切换按钮和软键盘按钮。

（1）中文/英文大写切换。中文/英文切换按钮显示 A 时表示处于英文大写输入状态，显示输入法图标时表示处于中文输入状态。用鼠标单击或按 Caps Lock 键可以切换这两种输入状态。

（2）全角/半角切换。全角/半角切换按钮显示一个满月表示全角状态，半月表示半角状态。在全角状态下所输入的英文字母或标点符号占一个汉字的位置。用鼠标单击可以切换这两种输入状态。

（3）中文/英文标点符号切换。中文/英文标点符号切换按钮显示“。,”表示中文标点状态，显示“.,”表示英文状态。各种汉字输入法规定了在中文标点符号状态下英文标点符号按键与中文标点符号的对应关系。如智能 ABC 输入法的中文标点状态下，输入“\”得到的是“、”号，输入“〈”得到的是“《”或“〈”号。用鼠标单击可以切换两种输入状态。

（4）软键盘。汉字输入法状态栏提供了 13 种软键盘，使用软键盘可以实现仅用鼠标就可以输入汉字、中文标点符号、数字序号、数字符号、单位符号、外文字母和特殊符号等。

用鼠标右键单击输入法状态栏的“软键盘”按钮即可显示软键盘菜单，用鼠标单击其中一项，即可将其设置为当前软键盘。用鼠标左键单击输入法状态栏的“软键盘”按钮，可以显示或隐藏当前软键盘。软键盘菜单与数字序号软键盘如图 2-27 所示。

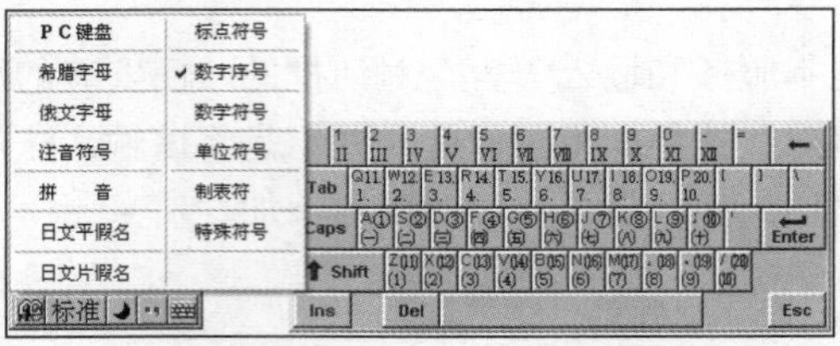

图 2-27　软键盘菜单与数字序号软键盘

2.5　Windows 7 附件

Windows 7 系统为计算机用户提供了许多简单、实用的应用程序，这些应用程序被称为系统附件。附件中有很多应用功能，用户可以利用其完成很多任务。例如，利用“画图”编辑图片，利用“记事本”或者“写字板”来编辑文档，利用娱乐工具来完成音频或视频的编辑等。

2.5.1　画图

画图程序是一个位图编辑器。用户可以用它绘制简单或精美的图画，这些图画可以是黑白的或彩色的。也可以对已有的图片进行编辑修改，在编辑完成后，可以用 PNG、BMP、JPG 和 GIF 等格式保存。可以打印绘图，将它作为桌面背景，或者粘贴到另一个文档中。甚至还可以用画图程序查看和编辑扫描好的照片。

单击“开始”按钮，选择“所有程序”→“附件”→“画图”命令，即可打开画图程序，其界面如图 2-28 所示。

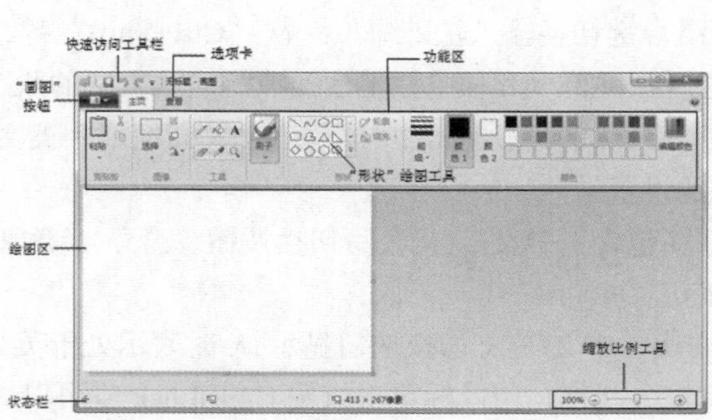

图 2-28　“画图”窗口

1. “画图”窗口介绍

与一般的窗口一样，“画图”窗口有标题栏、菜单栏，另外还有工具栏、颜色选择栏和绘图区。工具栏有 16 种常用的绘图工具和一个辅助选择框，颜色选择栏由多种颜色的小色块组成，让用户可以自由选择颜色；绘图区面积最大，为用户提供操作和绘制图案的界面。

2. 使用“画图”处理图片

用户除了可以自己绘制图画外，也可以利用“画图”工具实现图像的裁剪、缩小等简单操作。可以将“画图”图片粘贴到其他已有文档中，也可以将其用作桌面背景。

选中图片，单击鼠标右键，以画图方式打开一个图片。使用工具栏中的“选定”工具，确定用户想要处理的图片区域；单击鼠标右键选择“复制”；然后新建一个图片文件，选择“编辑”→“粘贴”，得到一个新的图片。新图片大小可能在有些场合使用显得过大，此时可以使用画图工具来缩小图片。选择工具栏中“图像”功能组的“重新调整大小”按钮，得到“调整大小和扭曲”对话框，将“水平”设置为 50%，“垂直”设置为 50%，单击“确定”按钮，图片就被缩小了。放大设置操作与此类似。需要注意的是，这里的放大只是物理放大，不会改变原图片的像素，所以图片放大后清晰度会减弱。

单击“画图”按钮，在打开的下拉菜单中选择“设置为桌面背景”命令可以将当前图片设置为桌面背景。

2.5.2　记事本

记事本是一个纯文本编辑器。默认情况下，文件存盘后的扩展名为.txt。

单击“开始”菜单，选择“所有程序”→“附件” →“记事本”命令，即可启动记事本，如图 2-29 所示。

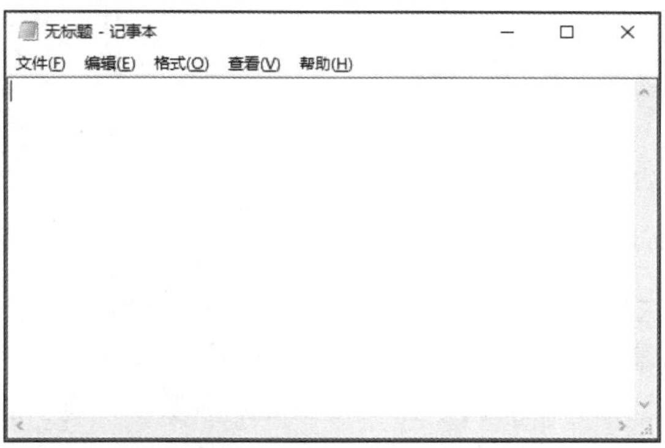

图 2-29　Windows 7“记事本”

记事本仅支持很基本的格式，无法完成特殊格式编辑，因此与写字板、Word 等文本编辑器相比，其处理能力是很有限的。但一般情况下，源程序代码文件、某些系统配置文件（.ini 文件）都是用纯文本的方式存储的，所以在编辑系统配置文件时，常使用记事本程序。同时记事本还具有运行速度快，占用空间小的优点。

2.5.3　便笺

便笺是 Windows 7 系统新添加的一个小工具。顾名思义，它的作用相当于日常工作、生活中使用的小便条，可以帮助用户记录一些事务或起到提醒和留言的作用。

单击“开始”菜单，选择“所有程序”→“附件”→“便笺”命令，此时在桌面的右上角将出现一个黄色的便笺纸，将光标定位在便笺纸中，直接输入要提示的内容即可，如图 2-30 所示。单击左上角“+”按钮可新建多个便笺。

将鼠标指针指向便笺的边框，鼠标指针自动变成双向箭头，按下左键沿箭头方向拖动，可改变便笺大小。便笺的颜色也是可以更改的，在其文字编辑区右击，在弹出的快捷菜单中选择一种颜色即可。

便笺不能保存为单独的文件，但是只要没有删除便笺，即使关闭了计算机，下次开机时便笺依然在桌面上显示，当不需要时单击右上角的“×”按钮即可删除便笺。

2.5.4 计算器

使用 Windows 7“计算器”可以完成任意的通常借助手持计算器来完成的标准运算。“计算器”可用于基本的算术运算，比如加、减、乘、除等运算。同时它还具有科学计算器的功能，比如对数运算和阶乘运算等。Windows 7 的计算器提供了标准型、科学型、程序员和统计信息 4 种计算模式，用户可从计算器的“查看”下拉菜单中单击选择自己需要的计算模式，如图 2-31 所示，也可以使用“Alt+1”～“Alt+4”组合键来快速切换。

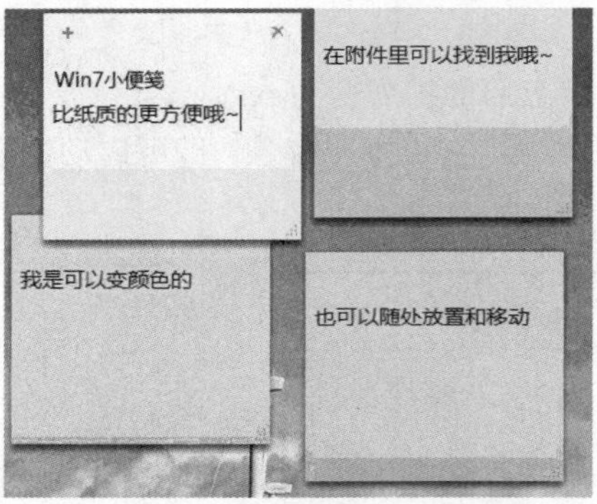

图 2-30　Windows 7“便笺”

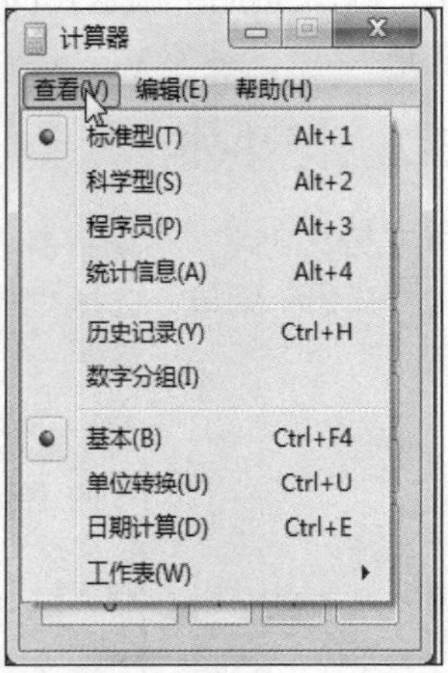

图 2-31　计算器“查看”菜单

单击“开始”菜单，选择“所有程序”→“附件”→“计算器”。打开“计算器”窗口，在“查看”下拉菜单中选择计算器模式，标准型计算器能够执行简单的计算。如果要使用计算机键盘上的小键盘来进行数据输入的话，需要先单击“NumLock”（数字锁定）键。另外，Windows 7 的计算器还具备单位转换、日期计算及工作表（抵押、汽车租赁、油耗）等实用功能，直接在“查看”菜单上单击选择所需功能，即可在计算器窗口的右边扩展打开。通过单位转换功能，用户可以对面积、角度、功率、重量、体积等不同度量单位进行相互转换；使用日期计算功能可以计算两个日期之差，或计算从一个日期开始增加或减少指定天数后的最终日期；使用抵押、汽车租赁以及油耗工作表可以计算贷款月供额、租金或燃料费用。

2.5.5 辅助工具

单击“开始”菜单，选择“所有程序”→“附件”→“轻松访问”。放大镜为有轻度视觉障碍的用户提供一些辅助功能，将跟踪位置的内容在屏幕的顶端进行一定比例的放大。“放大镜选项”窗口提供放大倍数的设置以及跟踪位置的设置，如跟随鼠标指针、跟随键盘焦点或者跟随文字编辑。屏幕键盘为日常行动有障碍的用户提供更强功能的屏幕键盘。“屏幕键盘”窗口是一个与实际键盘一样的窗口键盘。辅助工具管理器通过窗口界面来对其他几种辅助工具进行管理。辅助功能向导可以通过用户的视觉、听力和行动需求来调节 Windows 7 的一些属性，如文字大小等。

2.5.6 数字与娱乐功能

1. Windows Media Player

作为 Windows 组件的媒体播放程序，Windows Media Player 已经发展成为一个全功能的网络多媒体播放软件，提供了最广泛、最流畅的网络媒体播放方案。该软件支持目前流行的大多数文件格式，甚至内置了 Microsoft MPEG-4 READYBOOSTideo Coedec 插件程序，所以能够播放最新的 MPEG-4 格式的文件。在播放网络上的多媒体文件时，并不是下载完整个文件后再进行播放，而是采取边下载边播放的方法。该软件使用了许多新技术，能够智能监测网络的速度并调整播放窗口大小和播放速度，以求达到良好的播放效果。

单击“开始”菜单，选择“所有程序”→“Windows Media Player”，打开“Windows Media Player”窗口。可以使用 Windows Media Player 查找和播放用户计算机上的数字媒体文件、CD 和 DVD，以及来自 Internet 的数字媒体内容。此外，还可以从音频 CD 翻录音乐，刻录用户最喜欢的音乐 CD，将数字媒体文件同步到便携设备，并且可以在 Internet 上通过网上商店查找和购买数字媒体内容。

2. 录音机

单击“开始”菜单，选择“所有程序”→“附件”→“录音机”，即可打开“录音机”窗口。使用“录音机”可以录制、混合、播放和编辑声音；也可以将声音链接到或插入另一个文档中，但是要使用录音机功能，需要计算机带有麦克风设备。录音机使用波形文件（.waReadyBoost）。

使用录音机，可以将各种声音录制成音频文件保存在计算机中。“录音机”窗口的界面比较简洁，只需单击“开始录音”按钮，即可开始声音的录制，录制开始后，“开始录制”按钮将变为“停止录制”按钮，单击它可以结束录制，并打开“另存为”对话框，在对话框中选择保存的路径并输入名字即可将录制的声音保存为音频文件。

2.6 应用案例

2.6.1 应用案例 1——文件夹的使用

利用 Windows 的各种基本功能，建立自己的目录结构和文件夹。各类文件分别保存在不同的文件夹中以便于使用，还为将来可能会用到的各种文件预先建立好文件夹。文件夹效果如图 2-32 所示。

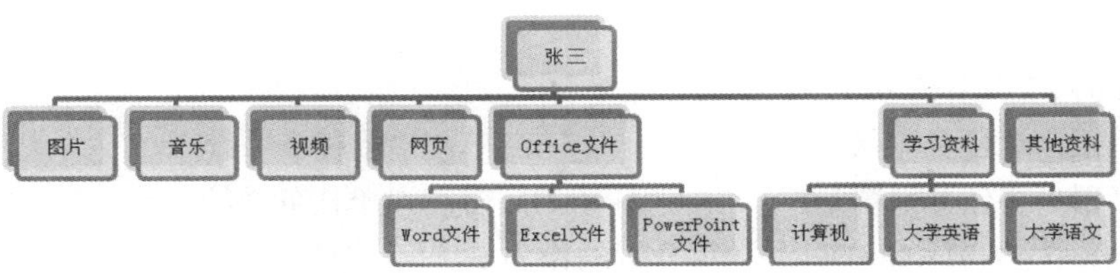

图 2-32 文件夹目录结构

1. 文件夹的建立

（1）选择某个磁盘，在空白处单击鼠标右键，选择“新建”→“文件夹”，输入“张三”，按 Enter 键。

（2）打开文件夹“张三”，单击鼠标右键，选择“新建”→“文件夹”，在“新建文件夹”的名字处输入“图片”，按 Enter 键。

（3）按以上步骤依次制作各个文件夹及其子文件夹：音乐、视频、网页、Office 文件（含子文件夹 Word 文件、Excel 文件、PowerPoint 文件）、学习资料（含子文件夹计算机、大学英语、大学语文）、其他资料。

2. 移动、改名和删除操作

（1）移动：把“Office 文件”文件夹移动到“学习资料”下的“计算机”文件夹中。具体步骤为：选定“Office 文件”文件夹，右击鼠标，选择“编辑”→“剪切”，打开“计算机”文件夹，右击鼠标，选择“编辑”→“粘贴”。

（2）改名：把“学习资料”文件夹的名字改成“我的学习资料”。具体步骤为：右击“学习资料”文件夹，在快捷菜单中选择“重命名”，输入“我的学习资料”，按 Enter 键。

（3）删除：删除文件夹“其他资料”。具体步骤为：右击“其他资料”文件夹，在快捷菜单中选择“删除”。

2.6.2 应用案例 2——设置桌面背景

设置桌面背景为“场景”中的第二个图片，图片位置为“填充”；将主题设置为“风景”；设置屏幕保护程序为“气泡”。

（1）右击桌面空白处，弹出快捷菜单，选择“个性化”，在打开的“个性化”窗口中单击“桌面背景”，打开“桌面背景”窗口，单击场景组中的第二个图片。图片位置选择“填充”，单击“保存修改”按钮。

（2）右击桌面空白处，弹出快捷菜单，选择“个性化”，在打开的“个性化”窗口中单击“Aero 主题”下的“风景”即可。

（3）右击桌面空白处，弹出快捷菜单，选择“个性化”，在打开的“个性化”窗口中单击“屏幕保护程序”，打开“屏幕保护程序设置”窗口，选择“屏幕保护程序”为“气泡”，还可设置等待时间，即计算机无任何操作多久后进入屏幕保护状态，以分钟为单位计时。单击“设置”按钮可以进一步设置“气泡”屏幕保护程序的细节，如气泡的个数、速度等。各项设置完毕返回“屏幕保护程序设置”窗口后，单击“确定”按钮。

习　题

1. 选择题

（1）Windows 7 操作系统是（　　）。

A. 单用户单任务系统　　B. 单用户多任务系统

C. 多用户多任务系统　　D. 多用户单任务系统

（2）同时按下“Ctrl+Alt+Delete”组合键的作用是（　　）。

A. 停止计算机工作　　B. 进行开机准备

C. 热启动计算机　　　　　　　　D. 冷启动计算机

（3）当一个文件更名后，则文件的内容（　　）。

A. 完全消失　　　　　　　　　　B. 完全不变

C. 部分改变　　　　　　　　　　D. 全部改变

（4）在 Windows 7 中，能弹出对话框的操作是（　　）。

A. 选择了带省略号的菜单项　　　B. 选择了带向右三角形箭头的菜单项

C. 选择了颜色变灰的菜单项　　　D. 运行了与对话框对应的应用程序

（5）在 Windows 7 中有两个管理系统资源的程序组，它们是（　　）。

A. “计算机”和“控制面板”　　　B. “资源管理器”和“控制面板”

C. “计算机”和“资源管理器”　　D. “控制面板”和“开始”菜单

（6）操作系统中的文件管理系统为用户提供的功能是（　　）。

A. 按文件作者存取文件　　　　　B. 按文件名管理文件

C. 按文件创建日期存取文件　　　D. 按文件大小存取文件

（7）在 Windows 7 中，使用软键盘可以快速输入各种特殊符号，为了撤消弹出的软键盘，正确的操作为（　　）。

A. 用鼠标左键单击软键盘上的 Esc 键

B. 用鼠标右键单击软键盘上的 Esc 键

C. 用鼠标右键单击中文输入法状态栏中的“开启/关闭软键盘”按钮

D. 用鼠标左键单击中文输入法状态栏中的“开启/关闭软键盘”按钮

（8）在 Windows 7 系统中，有关“回收站”的论述，正确的是（　　）。

A. “回收站”中的内容将被永久保留

B. “回收站”不占用磁盘空间

C. “回收站”中的内容可以删除

D. “回收站”只能在桌面上找到

（9）在 Windows 7 系统中，“任务栏”（　　）。

A. 只能改变位置不能改变大小　　B. 只能改变大小不能改变位置

C. 既不能改变位置也不能改变大小　D. 既能改变位置也能改变大小

（10）对于 Windows 7 操作系统，下列叙述中正确的是（　　）。

A. Windows 7 的操作只能用鼠标

B. Windows 7 为每一个任务自动建立一个显示窗口，其位置和大小不能改变

C. 在不同的磁盘空间不能用拖动文件名的方法实现文件的移动

D. Windows 7 打开的多个窗口中，既可平铺，又可重叠

2. 填空题

（1）操作系统是用户和__________之间的接口，即用户通过操作系统来使用计算机。

（2）在 Windows 7 系统中，为了将整个桌面的内容存入剪贴板，应按 Print Screen 键，为了将当前窗口的内容存入剪贴板，应按组合键__________。

（3）在 Windows 7 系统中，为了安装或删除一个应用程序，首先打开__________窗口，然后选择其中的“添加/删除程序”。

（4）在 Windows 7 系统中，中英文输入法的切换是由 ________ + ________组合键实现的。

（5）在 Windows 7 系统中，一个菜单项后面有一个指向右方的黑三角，则表示该项操作后面

还有______菜单。

（6）当一个应用程序窗口被最小化后，该应用程序________________。

（7）Windows 7 的“桌面”是指 ____________________________。

（8）在 Windows 7 的“回收站”中，存放的只能是 ______________上被删除的文件或文件夹。

（9）在 Windows 7 操作系统中，文件（夹）名中不能包含的 9 个字符是 __________。

（10）Windows 7 操作系统中，使用 ____________________组合键可以关闭应用窗口。

3. 简述题

（1）简述 Windows 7 中的剪贴板及操作。

（2）Windows 7 窗口有哪些基本组成部分?

（3）操作系统可为哪些对象创建快捷方式？方法是什么？

（4）什么是文件？什么是文件夹？

（5）简述 Windows 7 中用户账户的类型及区别。

4. 操作题

（1）启动 Windows 7 操作系统，观察桌面元素，识别系统图标和快捷图标；删除桌面上的一个快捷方式图标，并重新创建；打开多个同类型文件，观察任务栏显示；任意打开多个窗口（三个以上），用“Alt+Tab”组合键进行切换；掌握对计算机的注销操作（结束当前所有用户的进程，然后退出当前账户的桌面环境）。

（2）进行显示设置，修改主题、设置桌面、改变窗口外观等。修改系统日期和时间，添加多个时区时间。

（3）删除微软拼音、全拼等输入法，单击任务栏上的输入法按钮，观察效果，然后再把它们添加上去；分别用“Ctrl+Shift”和“Ctrl+Backspace”切换输入法，观察它们的不同。

（4）在 D 盘下建立一个以学号+姓名命名的文件夹，在该文件夹下建立一个以“操作系统”命名的子文件夹，在该子文件夹中创建一个文本文件，以学号+姓名.txt 命名，并输入内容，内容为所学专业简介；隐藏与显示学号+姓名文件夹；移动学号+姓名文件夹窗口位置，改变窗口大小（先还原窗口）；删除学号+姓名文件夹，打开回收站观察，然后将其还原。

第 3 章 Word 2010 文字处理软件

主要知识点：

- Microsoft Office 2010 软件及 Word 2010 简介
- Word 2010 的基本功能及应用界面
- 文档的创建、编辑及基本操作
- 文档的字体、段落、样式、页面布局等排版
- 插入表格、图片、艺术字、页眉页脚等各种对象
- 邮件合并功能及应用
- 应用案例

3.1 Word 2010 简介

3.1.1 Microsoft Office 2010 软件简介及安装

1. Microsoft Office 2010 软件简介

Microsoft Office 2010 是微软的一个庞大的办公软件的集合。该软件共有 6 个版本，分别是初级版、家庭及学生版、家庭及商业版、标准版、专业版和专业高级版。Office 2010 可支持 32 位和 64 位 Vista 及 Windows 7，仅支持 32 位 Windows XP，不支持 64 位 XP。

Office 2010 的公开测试版于 2009 年 11 月 19 日发布，在 2010 年 4 月完成了 RTM 版本。Office 2010 采用新界面主题，与 Office 2003 和 2007 相比，新界面干净整洁，清晰明了，没有丝毫混淆感。

Office 2010 包含的集成组件如下：

Microsoft Access 2010（数据库管理系统：用来创建数据库和程序以跟踪与管理信息）；

Microsoft Excel 2010（表格处理程序：用来执行计算、分析信息以及可视化电子表格中的数据）；

Microsoft InfoPath Designer 2010（用来设计动态表单，以便在整个组织中收集和重用信息）；

Microsoft；InfoPath Filler 2010（用来填写动态表单，以便在整个组织中收集和重用信息）；

Microsoft OneNote 2010（笔记程序：用来搜集、组织、查找和共享您的笔记和信息）；

Microsoft Outlook 2010（电子邮件客户端：用来发送和接收电子邮件，管理日程、联系人和任务，以及记录活动）；

Microsoft PowerPoint 2010（幻灯片制作程序：用来创建和编辑用于幻灯片播放、会议和网页的演示文稿）；

Microsoft Publisher 2010（出版物制作程序：用来创建新闻稿和小册子等专业品质出版物及营销素材）；

Microsoft SharePoint Workspace 2010；

Microsoft Word 2010（文字处理软件：用来创建和编辑具有专业外观的文档，如信函、论文、报告和小册子）；

Office Communicator 2007（统一通信客户端）等。

2. Microsoft Office 2010 软件安装

购买或下载 Microsoft Office 2010 软件，然后根据下面的安装步骤按钮操作。

单击 Setup 安装，勾选“我接受此协议的条款”，然后单击“继续”按钮，如图 3-1 所示。

在安装类型界面中选择“自定义”，选择需要的组件，如图 3-2 所示。

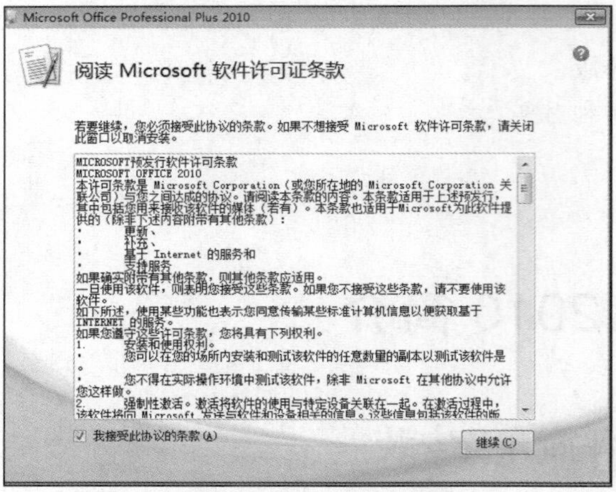

图 3-1　软件协议及条款

图 3-2　安装类型

根据个人需要，选择早期版本的保留或删除以及组件的选择，单击“升级”，如图 3-3 所示。

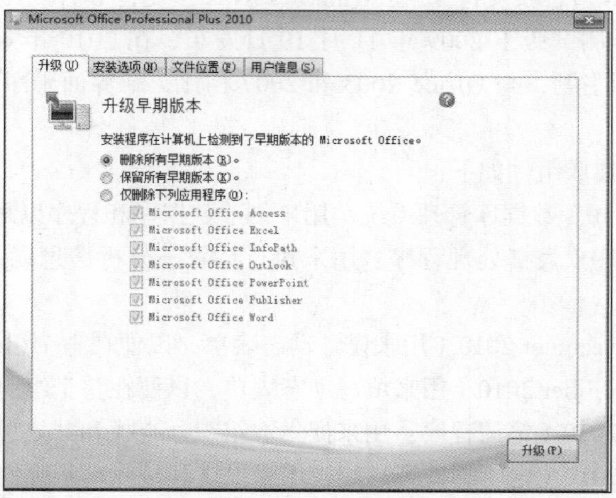

图 3-3　早期版本检查

进入安装进度界面，可以看到软件安装的进度，安装完成进入安装结束界面，单击“关闭”，安装结束。

3.1.2 Word 2010 的基本功能

Word 2010 是 Microsoft 公司开发的 Office 2010 办公组件之一，主要用于文字处理工作。Word 的最初版本是由 Richard Brodie 为运行 DOS 的 IBM 计算机而在 1983 年编写的。随后的版本可运行于 Apple Mac（1984 年）、UNIX 和 Microsoft Windows（1989 年）操作系统，并成为了 Microsoft Office 的一部分。

Word 2010 的每个功能区根据功能的不同又分为若干个组，每个功能区所拥有的功能如下：

1. “开始”功能区

“开始”功能区中包括剪贴板、字体、段落、样式和编辑 5 个组，对应 Word 2003 的“编辑”和“段落”菜单部分命令。该功能区主要用于帮助用户对 Word 2010 文档进行文字编辑和格式设置，是用户最常用的功能区。

2. “插入”功能区

“插入”功能区包括页、表格、插图、链接、页眉和页脚、文本、符号和特殊符号，对应 Word 2003 中“插入”菜单的部分命令，主要用于在 Word 2010 文档中插入各种元素。

3. “页面布局”功能区

“页面布局”功能区包括主题、页面设置、稿纸、页面背景、段落、排列，对应 Word 2003 的“页面设置”菜单命令和“段落”菜单中的部分命令，用于帮助用户设置 Word 2010 文档页面样式。

4. “引用”功能区

“引用”功能区包括目录、脚注、引文与书目、题注、索引和引文目录，用于实现在 Word 2010 文档中插入目录等比较高级的功能。

5. “邮件”功能区

“邮件”功能区包括创建、开始邮件合并、编写和插入域、预览结果和完成，该功能区的作用比较专一，专门用于在 Word 2010 文档中进行邮件合并方面的操作。

6. “审阅”功能区

“审阅”功能区包括校对、语言、中文简繁转换、批注、修订、更改、比较和保护几个组，主要用于对 Word 2010 文档进行校对和修订等操作，适用于多人协作处理 Word 2010 长文档。

7. “视图”功能区

“视图”功能区包括文档视图、显示、显示比例、窗口和宏，主要用于帮助用户设置 Word 2010 操作窗口的视图类型，以方便操作。

8. “加载项”功能区

“加载项”功能区包括菜单命令一个分组，加载项是可以为 Word 2010 安装的附加属性，如自定义的工具栏或其他命令扩展。“加载项”功能区可以在 Word 2010 中添加或删除加载项。

3.1.3 Word 2010 的应用界面

Word 2010 的工作界面主要由标题栏、“文件”按钮、快速访问工具栏、功能区、编辑区、应用视图控制区、缩放滑块和状态栏等部分组成，应用界面如图 3-4 所示。

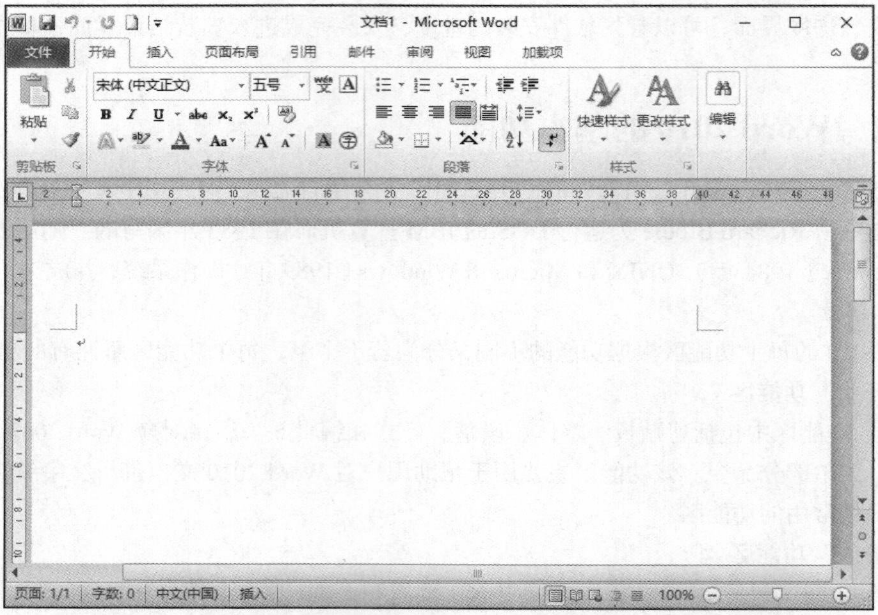

图 3-4 Word 2010 的工作界面

1. 标题栏

显示当前文档的文件名以及所使用的软件名，右侧是窗口控制按钮，包括“最大化”、“最小化”、“关闭”。

2. “文件”按钮

包括“新建”、“打开”、“关闭”、“另存为”和“打印”等基本命令。

3. 快速访问工具栏

默认的快速访问命令包括“保存”、“撤销”及“恢复”，单击右侧的下拉箭头，用户可以自定义快速访问工具栏。

4. 功能区

在功能区排列着多种功能选项卡，每个选项卡存放着功能或操作相似的命令。每个选项卡又进行了分类，为方便用户操作，某些选项卡命令只在需要时才显示。它与其他软件中的“菜单”或“工具栏”相同，用户可通过单击选项卡来切换显示的命令集。

5. 编辑区

Word 2010 编辑文档和浏览文档都在此区域。编辑区空白区域主要用于编辑文档，右侧有定位文本的滑动块，向上或向下拖动可以快速浏览文本内容；单击“滚动”按钮可以快速查看文档内容；单击“选择浏览对象”按钮，可以选择浏览文档的方式。

6. 应用视图控制区

应用视图控制区用于更改当前文档的显示模式，从左至右依次是页面视图、阅读版式视图、Web 版式视图、大纲视图和草稿视图方式。

7. 缩放滑块

缩放滑块用于快速更改当前文档的显示比例设置。

8. 状态栏

显示当前文档的相关信息，如当前页码、总页数、字数及设置不同语言等。

3.2 文档的创建与编辑

3.2.1 文档的基本操作

1. 新建空白文档

启动 Word 2010 应用程序，单击“文件”→“新建”→“空白文档”命令，单击“创建”，就可以成功创建一个空白文档，如图 3-5 所示。

图 3-5 新建空白文档

2. 使用模板新建文档

在 Word 2010 中内置有多种用途的模板（如书信模板、公文模板等），用户可以根据实际需要选择特定的模板新建 Word 文档。在 Word 2010 中可以使用内置模板，也可以通过 Microsoft Office Online 下载模板。

单击“文件”→“新建”命令，打开“新建”对话框，在右窗格“可用模板”列表中选择合适的模板，并单击“创建”新建文档，如图 3-6 所示。同时用户也可以在“Office.com 模板”区域选择合适的模板，并单击“下载”新建文档。

图 3-6 使用模板创建文档

3. 文档的保存

（1）文档编辑结束后，单击“文件”→“保存/另存为”命令，文档将以“.docx”为扩展名永久性存放在存储设备上。

（2）设置自动保存

Word 2010 在默认情况下每隔 10 分钟自动保存一次，也可以根据用户的需求设置自动保存的时间间隔。

启动 Word 2010，单击“文件”→“选项”命令，在“选项”对话框中选择“保存”，在“保存自动恢复信息时间间隔”编辑框中设置合适的数值，如图 3-7 所示。

图 3-7　设置 Word 自动保存选项

4. 文档加密

有些文档是机密性文档，这时需要用到 Word 加密功能。单击“文件”→“信息”→“保护文档”→“用密码进行加密”命令，如图 3-8 所示。

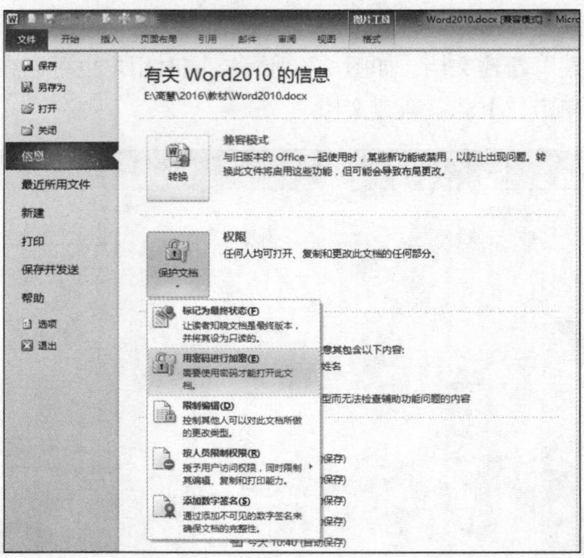

图 3-8　加密文档

然后在弹出的"加密文档"窗口中输入密码，如图 3-9 所示。

在下次启动该文档时只有输入密码才能正常打开，如图 3-10 所示。

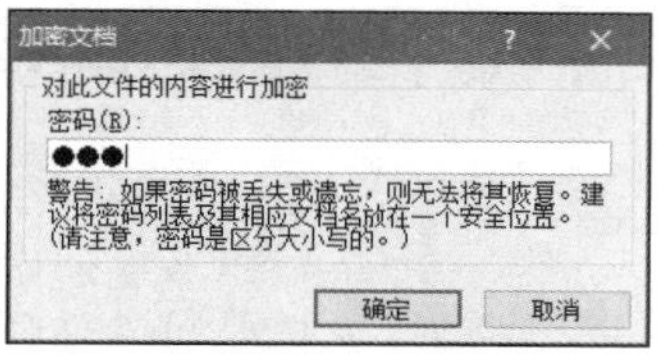

图 3-9 设置密码

图 3-10 输入密码

5. 关闭文档

（1）单击"文件"→"关闭"命令，即可关闭文档。

（2）单击文档右上方的"关闭"按钮，即可关闭文档并退出 Word 2010 应用程序。

（3）双击自定义快速访问工具栏的 Word 2010 的图标，即可关闭文档并退出 Word 2010 应用程序。

（4）单击"文件"→"退出"命令，即可关闭文档并退出 Word 2010 应用程序。

（5）单击 Word 2010 窗口右上方的"关闭"按钮，即可关闭文档并退出 Word 2010 应用程序。

3.2.2 文档的视图模式

Word 2010 中提供了多种视图模式供用户选择，这些视图模式包括"页面视图"、"阅读版式视图"、"Web 版式视图"、"大纲视图"和"草稿视图"等 5 种视图模式。用户可以在"视图"功能区中选择需要的文档视图模式，也可以在 Word 2010 文档窗口的右下方单击视图控制区中的按钮来选择视图。

1. 页面视图

"页面视图"可以显示 Word 2010 文档的打印结果外观，主要包括页眉、页脚、图形对象、分栏设置、页面边距等元素，是最接近打印结果的页面视图，如图 3-11 所示。

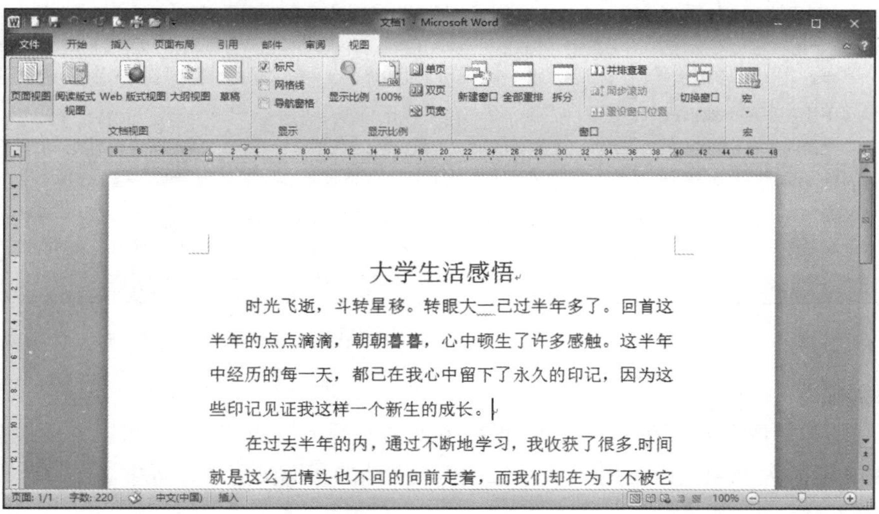

图 3-11 页面视图

2. 阅读版式视图

"阅读版式视图"以图书的分栏样式显示 Word 2010 文档，"文件"按钮、功能区等窗口元素被隐藏起来，如图 3-12 所示。在阅读版式视图中，用户还可以单击“工具”按钮选择各种阅读工具。

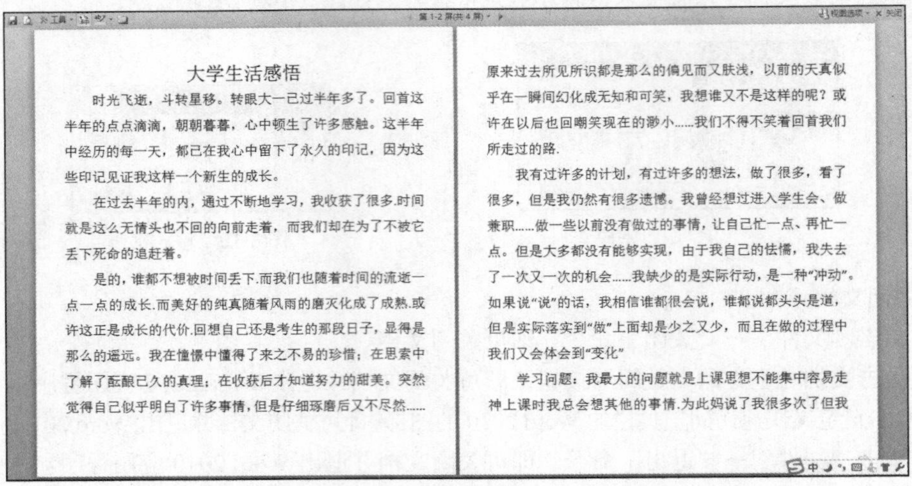

图 3-12　阅读版式视图

3. Web 版式视图

“Web 版式视图”以网页的形式显示 Word 2010 文档，Web 版式视图适用于发送电子邮件和创建网页，如图 3-13 所示。

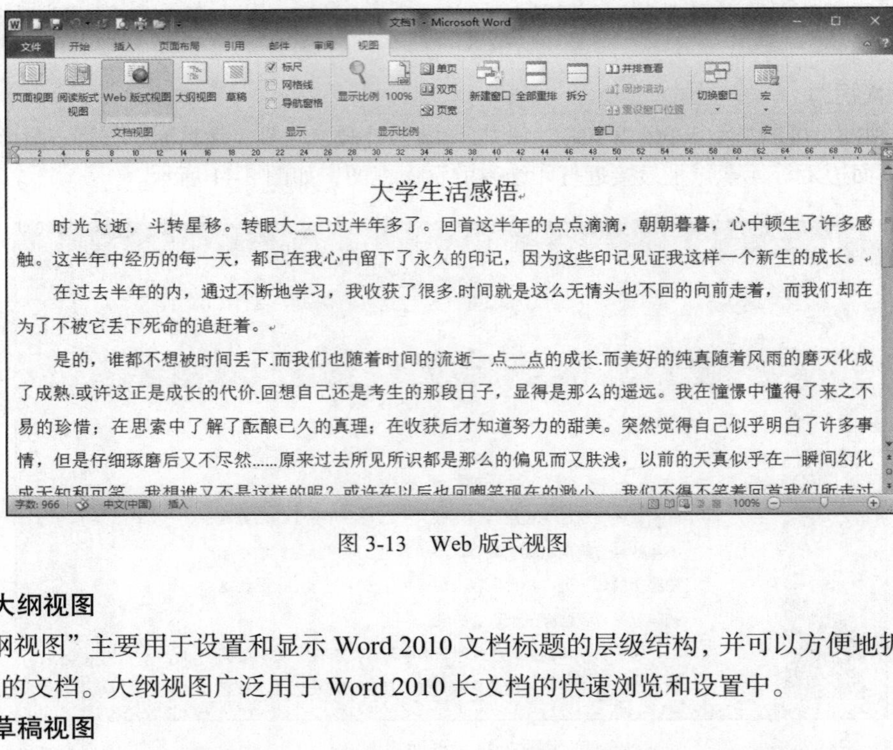

图 3-13　Web 版式视图

4. 大纲视图

“大纲视图”主要用于设置和显示 Word 2010 文档标题的层级结构，并可以方便地折叠和展开各种层级的文档。大纲视图广泛用于 Word 2010 长文档的快速浏览和设置中。

5. 草稿视图

“草稿视图”取消了页面边距、分栏、页眉、页脚和图片等元素，仅显示标题和正文，是最节省计算机系统硬件资源的视图方式。当然现在计算机系统的硬件配置都比较高，基本上不存在由于硬件配置偏低而使 Word 2010 运行遇到障碍的问题。

在使用 Word 2010 过程中，有时为了方便对文档的操作，会对视图的窗口，文档的显示比例进行调整。

6. 显示和隐藏窗口元素

Word 2010 默认显示窗口的标尺，方便用户将文档的内容沿标尺对齐，当窗口中没有标尺时，可以单击“视图”→“显示”组，选中“标尺”复选框，即可在窗口中显示标尺，如图 3-14 所示。

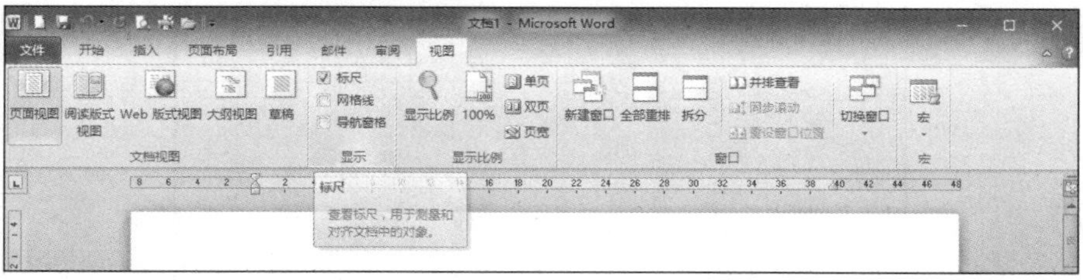

图 3-14　显示标尺

7. 调整文档的显示比例

在查看和编辑文档的过程中，为了查看页面中更多的内容或仔细查看文档内容，可以单击“视图”→“显示比例”，进行文档的缩小或放大，也可以拖动窗口右下角的“显示比例”滑块，调整合适的显示比例，如图 3-15 所示。

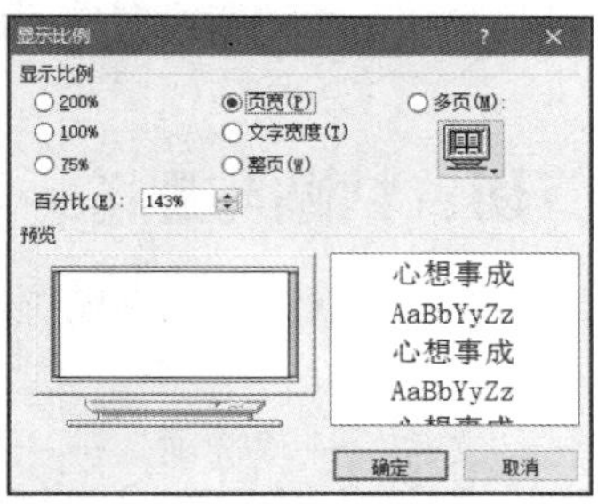

图 3-15　显示比例

3.2.3　转换格式

1. “.doc”格式转换成“.pdf”格式

在生活和工作中常常需要在移动设备上浏览阅读 Word 文档，但很多产品都不支持“.doc”或“.docx”格式，在 Word 2010 中可以将“.docx”格式的文件转换成“.pdf”格式的文件。单击“文件”→“另存为”命令，在“另存为”对话框的“保持类型”中选择“.pdf”格式，单击“保存”按钮后就可以将“.doc”格式转换成“.pdf”格式了，如图 3-16 所示。

2. “.doc”格式与“.docx”格式相互转换

如果用户自己安装了 Office 2010，但是别的用户还在用 Office 2003，这时会出现文件格式不兼容。比如 Word 2010 默认保存文件的格式为“.docx”，低版本的 Word 如果没有安装插件就打不开。如果需要，可以将 Word 2010 另存为“.doc”格式。

单击“文件”→“另存为”命令，在“另存为”窗口中，将“保存类型”设置为“Word97-2003 文档（*.doc）”即可。

采用同样的方法，可以将 Excel 2010 和 PowerPoint 2010 的文件另存为低版本的“.xls”和“.ppt”格式。

图 3-16 “.doc”格式转换成“.pdf”格式

3. “.doc”格式转换成“.txt”格式

Word 是目前个人电脑中使用最普遍的文字处理工具，但某些专业的排版软件却需要使用“.txt”格式。这样就需要将 Word 文档转换为“.txt”格式。

单击“文件”→“新建”→“其他文档”→“转换向导”命令，打开“转换向导”窗口，按提示进行转换。

3.2.4 文本的复制、剪切、粘贴与删除

在 Word 2010 文档中，粘贴选项很多，设置好默认粘贴选项，可以适应在各种条件下的粘贴需要，操作步骤如下：

打开 Word 2010 文档窗口，单击“文件”→“选项”→“高级”命令，在“剪切、复制和粘贴”区域可以针对粘贴选项进行设置。设置好后单击“确定”保存设置，如图 3-17 所示。

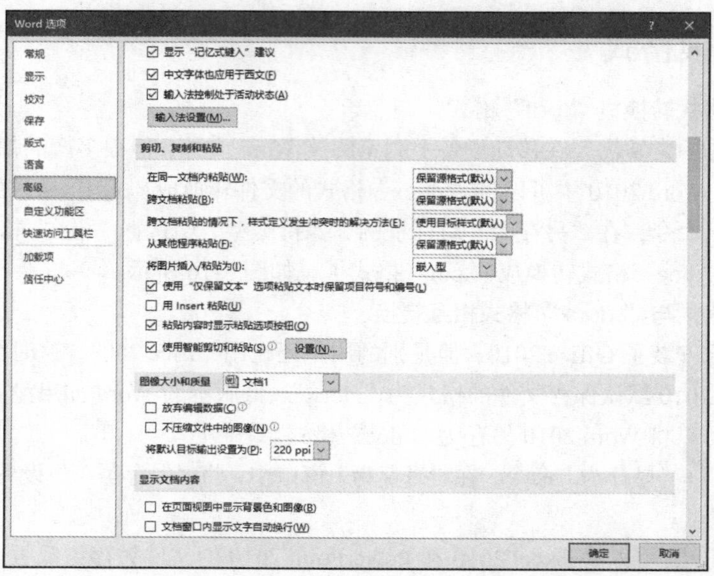

图 3-17 剪切、复制和粘贴设置

1. 剪切

有三种方法可以实现文字剪切功能，选中要剪切的文字，单击“开始”→“剪贴板”命令，选择剪切图标；或单击鼠标右键在快捷菜单中选择“剪切”；或使用“Ctrl+X”组合键，所选文字就被剪切到剪贴板中了。

2. 复制

选中要复制的文字，单击“开始”→“剪贴板”命令，选择复制图标；或单击鼠标右键在快捷菜单中选择“复制”；或使用“Ctrl+C”组合键，所选文字就被复制到剪贴板中了。

3. 粘贴

将光标移动到需要粘贴的位置，单击“开始”→“剪贴板”命令，选择粘贴图标；或单击鼠标右键在快捷菜单中选择“粘贴”；或使用 “Ctrl+V”组合键，可实现将剪切和复制后保存在剪贴板中的内容粘贴到光标位置处。

4. 删除

选中要删除的文字，按下“Delete”键或“Backspace”键删除。

3.2.5 查找与替换

在 Word 2010 中对文本内容进行查找和替换时，单击“开始”→“编辑”→“查找”命令，将出现“导航”窗口，在搜索输入框中输入要查找的内容，如输入“Office”后，文本中所有“Office”都会以黄色凸显出来，如图 3-18 所示。

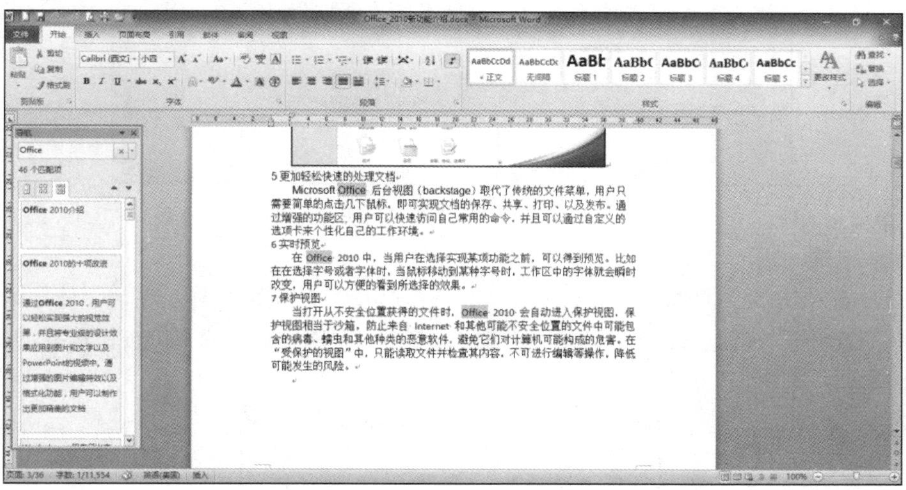

图 3-18 查找结果显示窗口

单击“编辑”→“替换”命令，将打开“查找和替换”对话框，或者使用“Ctrl+H” 组合键打开“查找和替换”对话框，如图 3-19 所示，单击“查找下一处”进行查找和定位。

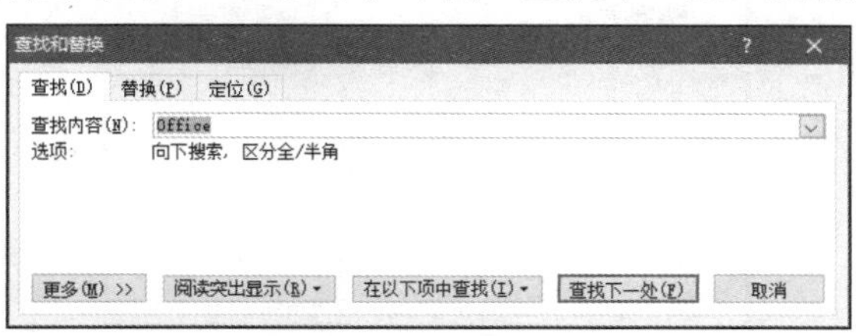

图 3-19 查找

替换操作时只需要在“查找和替换”对话框中选择“替换”选项卡，在“查找内容”和“替换为”中输入相应的内容，即可替换某一处或全部相匹配的内容。

3.3 文档的排版

3.3.1 字体

1. 字体颜色

在使用 Word 2010 编辑文档的过程中，经常需要为字体设置各种各样的颜色，使文档更富表现力。

打开 Word 2010 文档窗口，选中需要设置字体颜色的文字。单击“开始”→“字体”命令，单击“字体颜色”下拉按钮。在字体颜色列表中选择“主题颜色”或“标准色”中符合要求的颜色即可，如图 3-20 所示。为了设置更加丰富的字体颜色，还可以选择“其他颜色”命令。

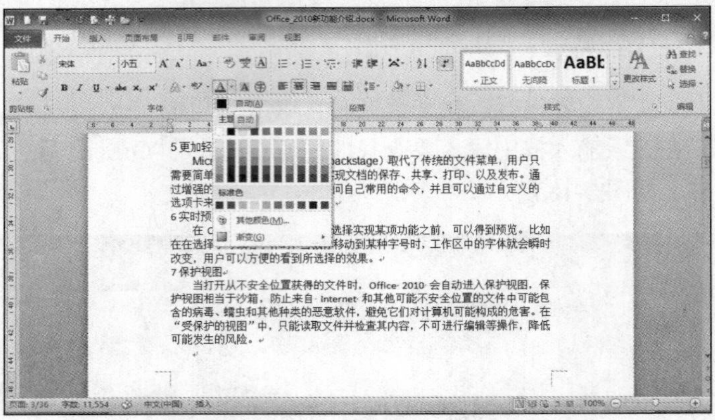

图 3-20 设置字体颜色

2. 字体格式

打开 Word 2010 文档页面，首先选中需要设置字体颜色的文字。然后在“字体”区域中单击“显示‘字体’对话框”按钮。打开“字体”对话框，单击“字体颜色”的下拉按钮选择需要的颜色，如图 3-21 所示。

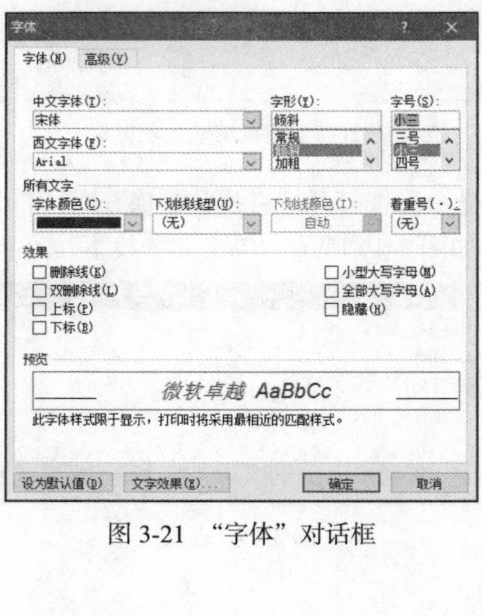

图 3-21 “字体”对话框

3. 字体和大小

首先选中想要更改的文字，单击“开始”→“字体”命令，在“字体”和“字号”的下拉按钮中选择字体和字号，如图 3-22 所示。

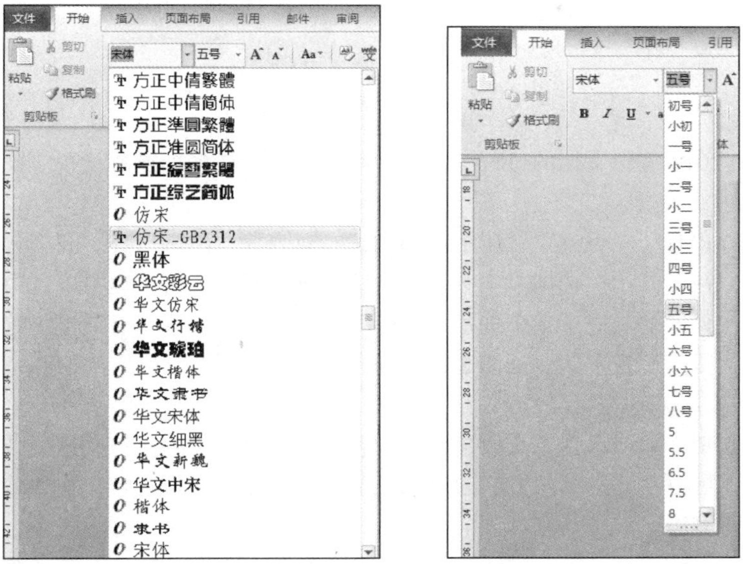

图 3-22 选择字体和字号

4. 格式刷

Word 2010 中的格式刷工具可以将特定文本的格式复制到其他文本中，当用户需要为不同文本重复设置相同格式时，可使用格式刷工具提高工作效率。

打开 Word 2010 文档窗口，选中已经设置好格式的文本块，单击“开始”→“剪贴板”→“格式刷”命令，如果单击“格式刷”按钮，则格式刷记录的文本格式只能被复制一次，如果双击“格式刷”按钮，则可以将同一种格式多次复制，如图 3-23 所示。

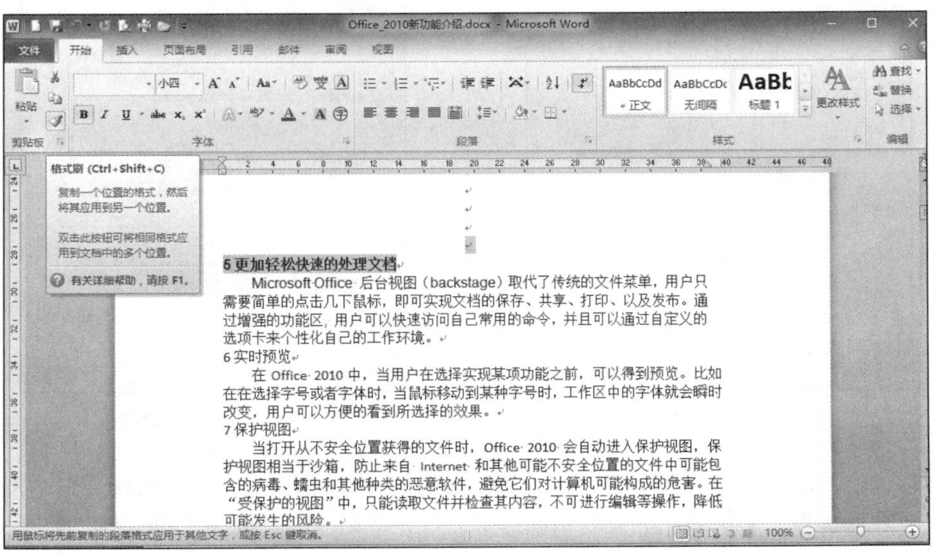

图 3-23 “格式刷”按钮

将鼠标指针移动至 Word 文档目标区域，此时鼠标指针变为刷子形状。按住鼠标左键拖选需要设置格式的文本，格式刷刷过的文本将应用格式刷记录的格式。释放鼠标左键，完成一次格式复制，再次拖选其他文本实现同一种格式的多次复制。完成格式的多次复制后，再次单击“格式刷”按钮关闭格式刷。

3.3.2 段落

1. 对齐方式

在使用 Word 2010 编辑文档的过程中，经常需要为一个或多个段落设置该段文字在页面中的对齐方式。

段落的对齐方式有“左对齐”、“居中对齐”、“右对齐”、“两端对齐”和“分散对齐”等。选中要设置的段落，在“开始”选项卡中“段落”区域选择对齐方式；也可以选中要设置的段落，单击鼠标右键，在弹出的快捷菜单中选择“段落”命令，在“段落”对话框中选择对齐方式，单击“确定”按钮，段落设置生效，如图 3-24 所示。

2. 段落缩进

在 Word 2010 中，可以设置整个段落向左或者向右缩进一定的字符，这一技巧在排版时经常会使用到，例如，可以在缩进的位置，通过插入文本框来布局文本内容，在 Word 中，可以通过两种方法设置段落缩进。

选中要设置缩进的段落，单击鼠标右键，在快捷菜单中选择“段落”，在“缩进和间距”选项卡中设置段落缩进。在缩进区域通过微调控件调整“右侧”或者“左侧”的缩进值，然后单击“特殊格式”下拉按钮，在下拉列表中选择“首行缩进”或“悬挂缩进”选项并设置缩进值（通常情况下缩进值设置为 2 字符），设置完成后单击“确定”按钮，如图 3-25 所示。

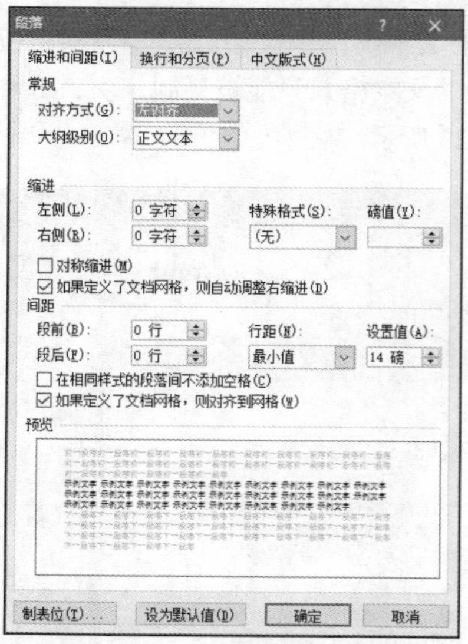

图 3-24 段落的对齐方式

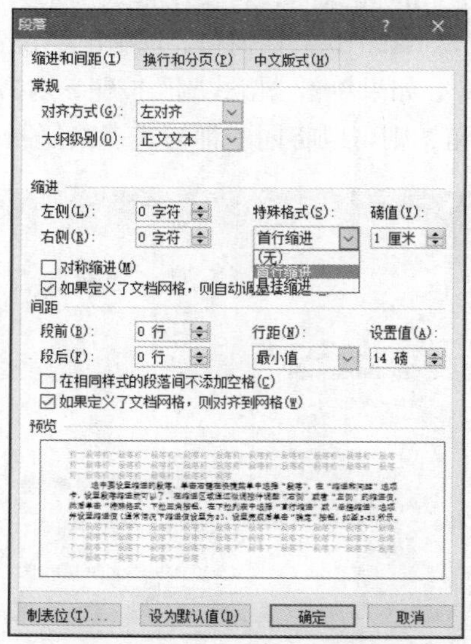

图 3-25 段落设置对话框

也可以通过拖动水平标尺上的滑块来设置段落缩进，水平标尺上的 4 个滑块分别是首行缩进、悬挂缩进、左缩进以及右缩进。如果要精确缩进，可在拖动的同时按住“Alt”键，此时标尺上会出现刻度。

3. 行间距、段间距

为增强 Word 文档长段落的可读性及美观性，可以调整行间距及段间距。打开 Word 2010 文档窗口，选中要调整行间距的文字、段落或全部文档，单击鼠标右键，在快捷菜单中选择“段落”，打开“段落”对话框并选择“缩进和间距”选项卡，在“间距”下单击“段前”和“段后”的三角按钮来调整段落之间的间距；通过“行距”中的 1.5 倍行距、2 倍行距、最小值、固定值、多倍行距数值来调整行间距，或者单击“段落”区域中的“显示‘段落’对话框”按钮，打开段落对话框进行设置。

也可以在 Word 2010 窗口中，通过“开始”选项卡和“页面布局”选项卡调整行间距、段落间距。单击“开始”→“段落”→“行与段落间距”命令，在列表中选择“增加段前间距”或“增加段后间距”命令，以使段落间距变大或变小，如图 3-26 所示。

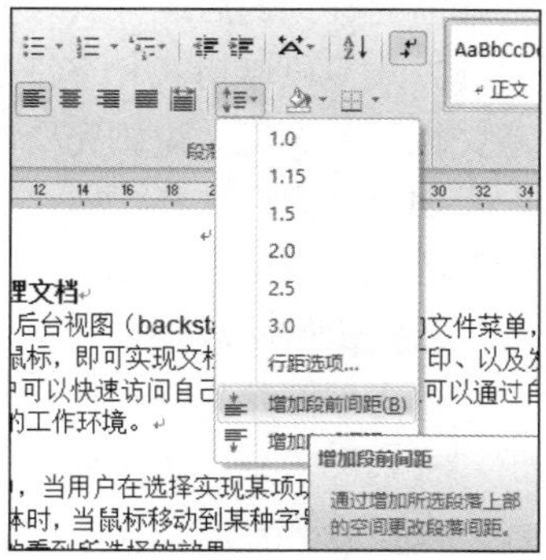

图 3-26　行间距、段间距设置

3.3.3　样式和主题

1. 新建样式

在 Word 2010 的空白文档窗口中，用户可以新建一种全新的样式。例如，新的表格样式、新的列表样式等，操作步骤如下。

打开 Word 2010 文档窗口，单击“开始”→“样式”组中的“启动器”按钮，打开“样式”窗口，如图 3-27 所示。

单击“”新建样式，打开“根据格式设置创建新样式”对话框，如图 3-28 所示。在“名称”编辑框中输入新建样式的名称，然后单击“样式类型”下拉按钮，在“样式类型”下拉列表中包含 5 种类型。

图 3-27　“样式”窗口

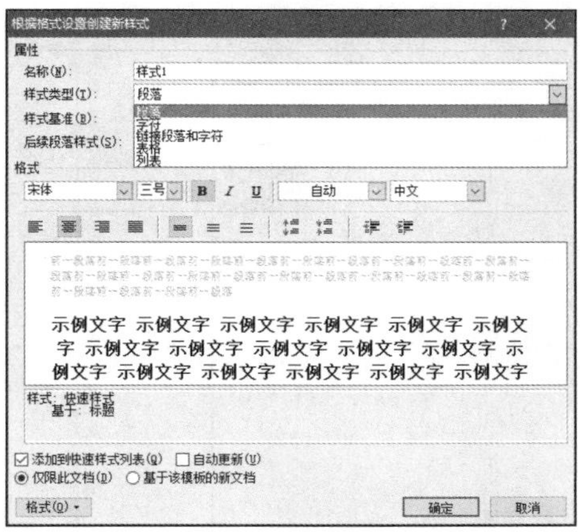

图 3-28　选择样式类型

（1）段落：新建的样式将应用于段落级别。

（2）字符：新建的样式仅用于字符级别。

（3）链接段落和字符：新建的样式将用于段落和字符两种级别。

（4）表格：新建的样式主要用于表格。

（5）列表：新建的样式主要用于项目符号和编号列表。

选择一种样式类型，例如“段落”。

单击“样式基准”下拉按钮，在“样式基准”下拉列表中选择 Word 2010 中的某一种内置样式作为新建样式的基准样式。单击“后续段落样式”下拉按钮，在“后续段落样式”下拉列表中选择新建样式的后续样式。在“格式”区域，根据实际需要设置字体、字号、颜色、段落间距、对齐方式等段落格式和字符格式。如果希望该样式应用于所有文档，则需要选中“基于该模板的新文档”单选框。设置完毕后单击“确定”按钮即可。

如果用户在选择“样式类型”的时候选择“列表”选项，则不再显示“样式基准”，且格式设置仅限于项目符号和编号列表相关的格式选项。

2. 修改默认样式

单击“开始”→“样式”组中的“启动器”按钮，或者使用“Ctrl+Alt+Shift+S”组合键，调出“样式”窗格，单击底部的“管理样式”按钮。

在“管理样式”窗口中，切换到“设置默认值”选项卡。可以在这里重新设置文档的默认格式，包括中文字体、西文字体、字号、段落位置、段落间距等。完成设置后，选择新样式的适用范围，最后单击“确定”按钮保存设置，如图 3-29 所示。

3. 标题编号

在 Word 2010 的编号格式库中内置有多种编号格式，用户还可以根据实际需要定义新的编号格式。打开 Word 2010 文档窗口，单击“开始”“段落”→“编号”，在打开的下拉列表中选择“定义新编号格式”选项，如图 3-30 所示。

在打开的“定义新编号格式”对话框中设置编号样式、字体、编号格式、对齐方式等，格式设置结束后单击“确定”按钮，设置生效，如图 3-31 所示。在打开的编号下拉列表中可以看到定义的新编号格式。

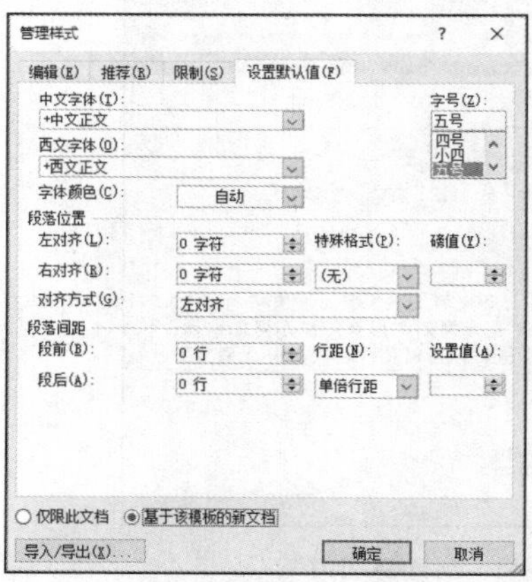

图 3-29 管理样式

图 3-30 选择“定义新编号格式”选项

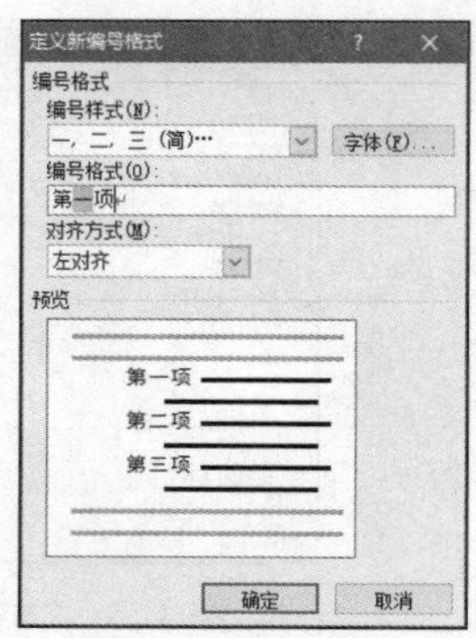

图 3-31 设置新编号格式

3.3.4 页面布局

1. 页眉、页脚

在写论文、说明书等 Word 长文档时，经常需要对封面、目录、正文设置不同的页眉和页脚，例如，正文页码从“1”开始，或不同章节设置不同的页眉格式显示章节名称。解决此类问题的关键是插入“分节符”，将 Word 长文档分成多节分别编辑页眉和页脚。

（1）插入分隔符

最简单的分节，就是插入 1 个分节符区分封面、目录与正文，设置正文页码从“1”开始。将光标定位于目录后的空白位置，单击“页面布局”→“页面设置“→“分隔符”下拉按钮，单击“分节符”→“下一页”插入分节符，如图 3-32 所示。

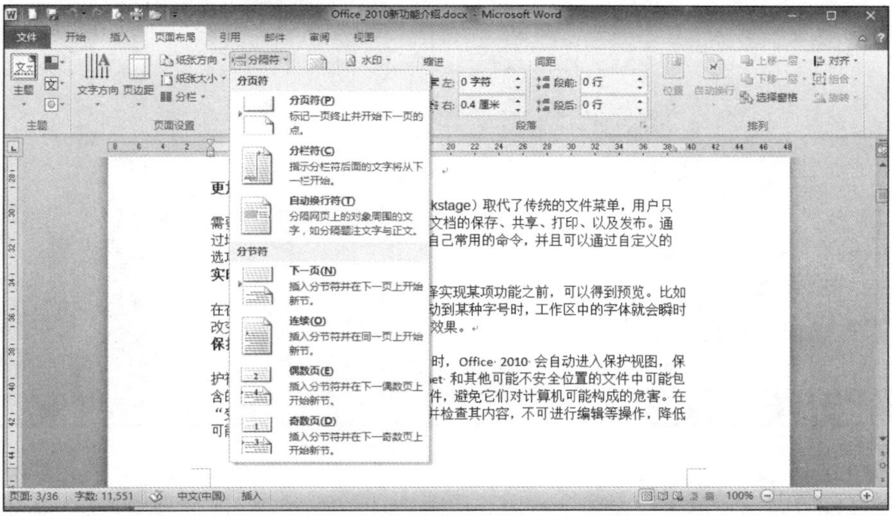

图 3-32　插入分隔符

（2）插入页码

将光标定位于正文第一页，单击“插入”→“页眉和页脚”→“页码”→“页面底端”命令，在页码列表中选择合适的页码样式插入页码，同时，在“页眉和页脚工具”选项卡被激活，如图 3-33 所示。

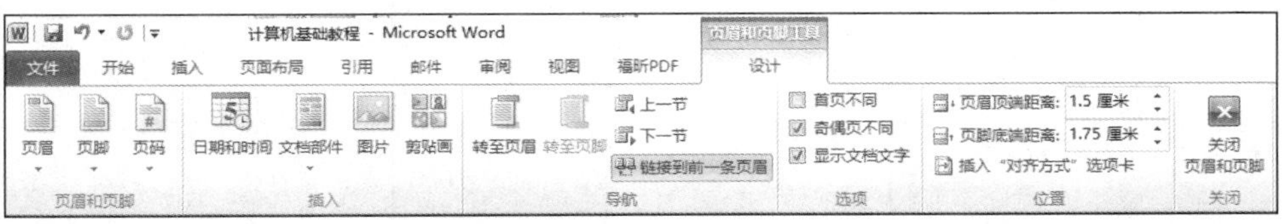

图 3-33　“页眉和页脚工具”选项卡

单击“页码”→“设置页码格式...”命令，在弹出的对话框中，在“起始页码”后的输入框中输入相应起始数字“1”，如图 3-34 所示。

设置较复杂的分章节页眉与页脚时，需在目录及每章后面均插入“分节符”。设置“页码格式”时，正文第 1 章“起始页码”设置为“1”，其他章节均需选择“续前节”；设置“页眉”时，务必单击“页眉和页脚工具”→“链接到前一条页眉”按钮，断开同前一节的链接再输入本节页眉内容，设置完毕，单击“关闭页眉和页脚”。

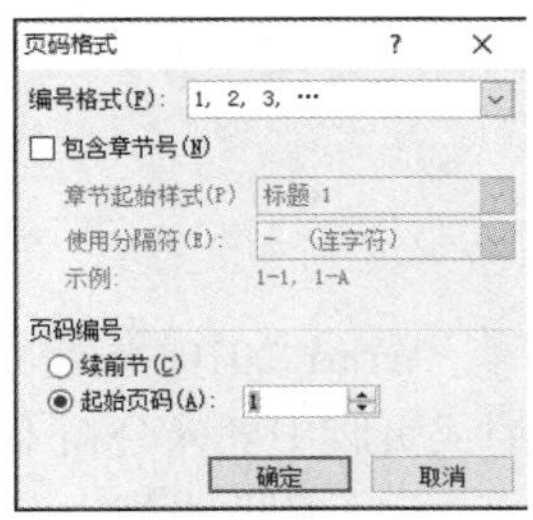

图 3-34　设置页码格式

对新手而言，复杂“页眉”、“页脚”的设置不好控制，设置的关键是从前往后，逐“节”完成设置。

（3）设置页眉和页脚的首页不同、奇偶页不同以设置“页眉”为例，打开 Word 2010 文档，单击“插入”→“页眉页脚”→“页眉”命令，在菜单中选择“编辑页眉”命令，如图 3-35 所示。

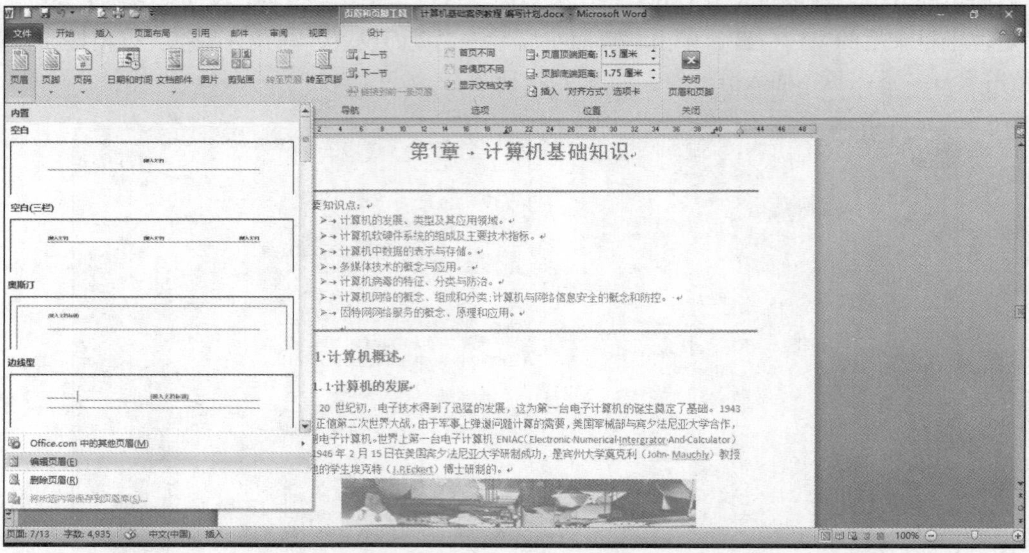

图 3-35 编辑页眉

设置奇偶页不同，可以直接单击“页眉和页脚工具”选项卡“首页不同”和“奇偶页不同”的复选框设置；也可以单击“页面布局”组中的“启动器”按钮，打开“页面设置”对话框，单击“版式”，选中“首页不同”和“奇偶页不同”的复选框设置，如图 3-36 所示。

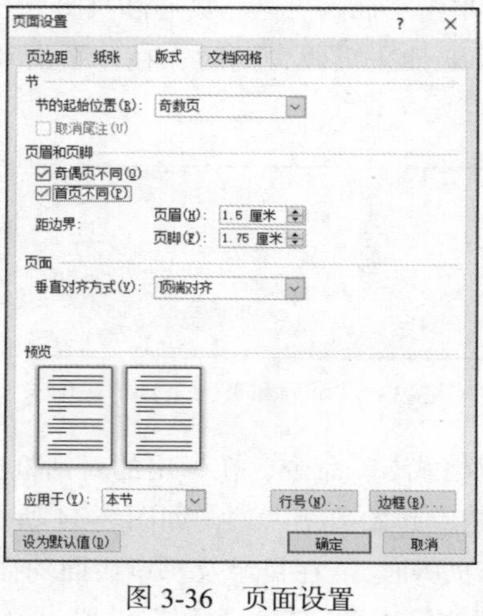

图 3-36 页面设置

Word 2010 文档的页眉或页脚不仅支持文本内容，还可以在其中插入图片，例如，可以在页眉或页脚中插入公司 Logo、单位徽标、个人标识等，使 Word 文档更加正规。

（4）删除页眉

使用 Word 时，只要插入了页眉，页眉文字下方就会出现一条横线。删除页眉时，即使删除了页眉文字，横线仍会留在页眉位置。因此，在删除页眉文字后，需要再删除页眉横线。双击页眉位置打开“页眉页脚工具”，进入页眉编辑状态，单击“开始”→“样式”命令，选择“正文”

或“清除格式”即可清除页眉横线，返回“页眉页脚工具”，单击“关闭页眉和页脚”完成设置。

2. 页面背景

Word 2010 文档的页面背景不仅可以使用单色或渐变色背景，还可以使用图片或纹理作为背景，其中纹理背景主要使用 Word 2010 内置纹理，而图片背景则可以由用户使用自定义图片进行设置，在 Word 2010 文档中设置纹理或图片背景的步骤如下：

（1）打开 Word 2010 文档窗口，单击“页面布局”→“页面背景”→“页面颜色”命令，并在打开的页面颜色面板中选择“填充效果”命令，如图 3-37 所示。

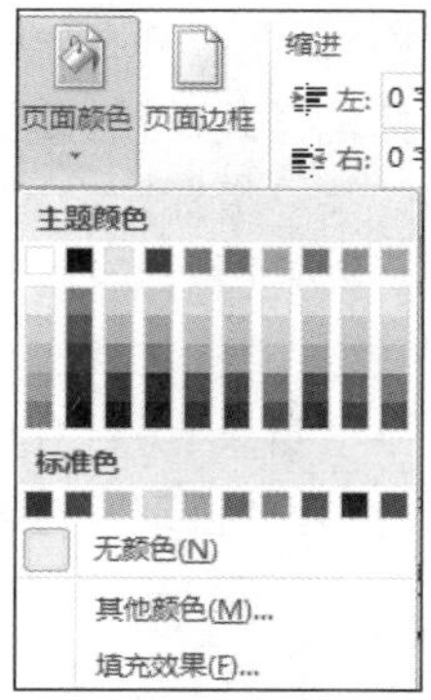

图 3-37　选择“填充效果”命令

（2）在打开的“填充效果”对话框中切换到“纹理”选项卡，在纹理列表中选择合适的纹理样式，单击“确定”按钮即可。

如果需要使用自定义的图片作为背景，可以在“填充效果”对话框中切换到“图片”选项卡，单击“选择图片”按钮选择图片，单击“确定”按钮。

通过插入水印，可以在 Word 2010 文档背景中显示半透明的标示（如“机密”、“草稿”等文字），水印既可以是图片，也可以是文字，Word 2010 内置有多种水印样式。单击“页面布局”→“页面背景”→“水印”命令，在打开的水印面板中选择合适的水印进行设置，如图 3-38 所示。

要删除已经插入的水印，需再次单击水印面板，单击“删除水印”按钮。

例如，在使用 Word 2010 制作贺卡的时候，为使贺卡更好看，可以加入边框和底纹。打开 Word 文档，单击“页面布局”→“页眉设置”→“页边距”命令，在“页面设置”对话框中选择“版式”，再选择“边框”设置边框和底纹，也可以直接单击“页面布局”→“页面背景”→“页面边框”命令，同样打开“边框和底纹”对话框，如图 3-39 所示。

图 3-38　选择要插入的水印

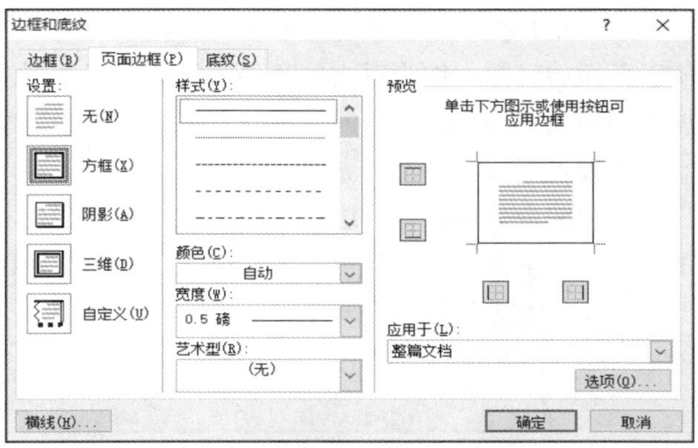

图 3-39　“边框与底纹”对话框

3.3.5　引用

1. 插入目录

要使 Word 能自动生成目录，首先要对文章标题设置对应的标题样式。只有设置标题样式后，方可通过“引用”→“目录”自动生成目录。操作步骤如下：

（1）选择一级标题文字，单击“开始”→“样式”→“标题 1”命令，可将选定的一级标题文字设置为“标题 1”样式。同理，设置二级、三级标题文字。单击“视图”→“显示”，选中“导航窗格”，在左侧“导航”窗格中可浏览文档中的标题，也可单击标题快速切换到某一章节。

标题样式设置好后，同样可使用“字体”或“段落”工具调整标题格式。为确保标题风格的统一，某一级标题设置好后可用“格式刷”功能修改其他相同标题。也可单击“样式”启动器，打开“样式”对话框，按标题级别统一修改样式格式，如图 3-40 所示。

（2）一级、二级、三级标题都设置好后，把光标移到文档开头要插入目录的位置。单击“引用”→“目录”→“自动目录 1”即可快速插入目录；也可单击“引用”→“目录”→“插入目录”，打开“目录”对话框，单击“确定”按钮，自动生成目录，如图 3-41 所示。

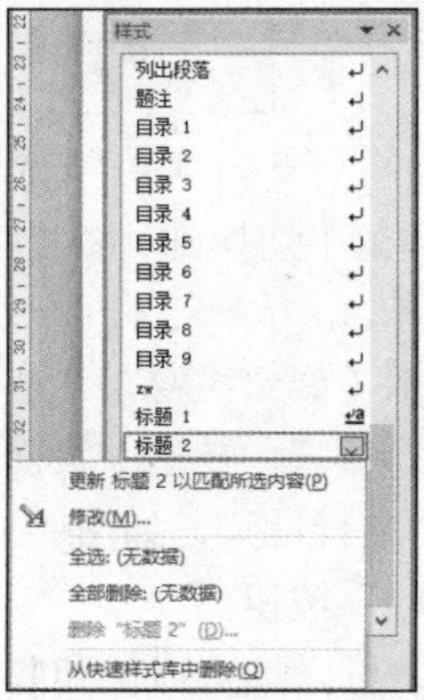

图 3-40　修改样式

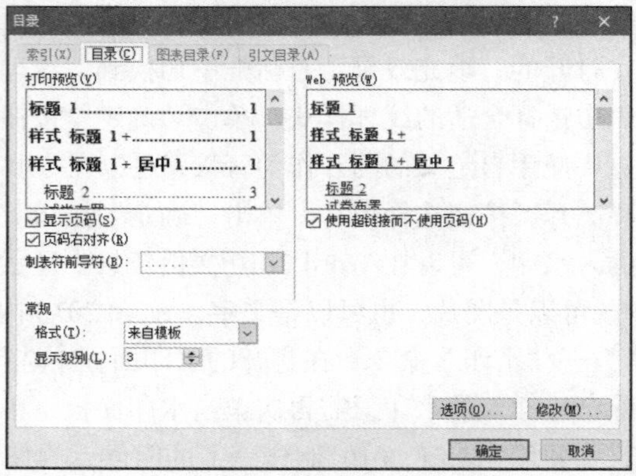

图 3-41　插入目录

目录插入以后，如对正文进一步修改，需更新目录。更新时，在生成的目录上单击鼠标右键，选择“更新域”，在弹出的“更新目录”对话框中选择“只更新页码”或“更新整个目录”。生成的目录，如首页页码，不从“1”开始，请检查“页眉与页脚”设置。

2. 插入脚注尾注

Word 2010 提供了脚注与尾注工具，用于对文本内容进一步补充说明。尾注和脚注相似，脚注位于页面的底部，作为对文档某处内容的注释；尾注位于文档的末尾，列出引文的出处等。在添加、删除或移动自动编号的注释时，注释引用会自动重新编号。

（1）插入脚注

脚注由两个关联的部分组成，包括注释引用标记和其对应的注释文本，选定需要插入脚注的文字和位置，单击“引用”→“插入脚注”命令，如图 3-42 所示。

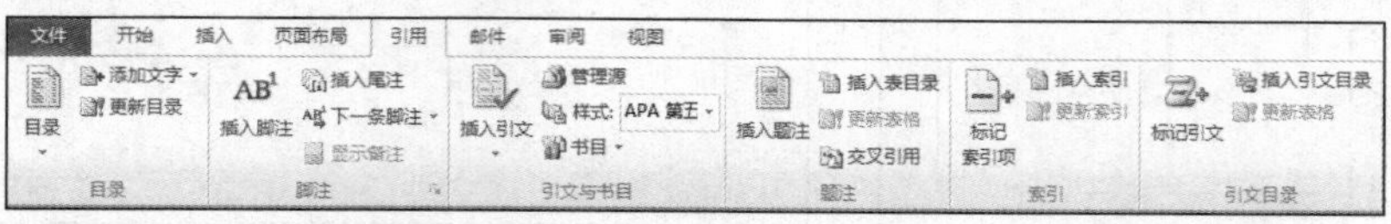

图 3-42　“引用”选项卡

可以看到该位置出现一个脚注序号，在页面的底部有一个同样的脚注序号，可以在脚注序号后书写具体的注释内容，如图 3-43 所示。

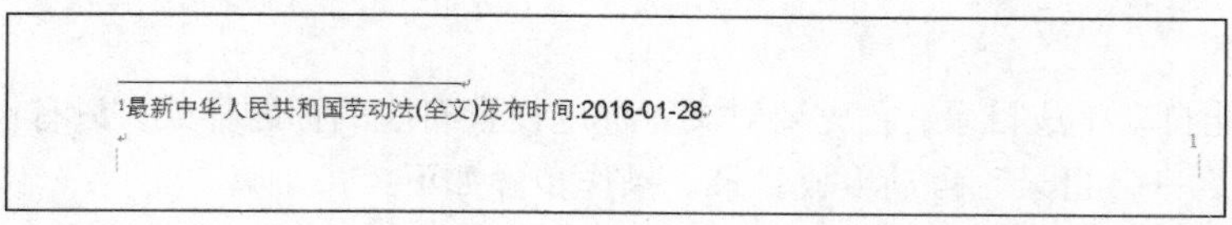

图 3-43　输入脚注的内容

成功插入脚注后，当鼠标指向文档中脚注的脚注序号时就可以看到对该文字的注释，如图 3-44 所示。

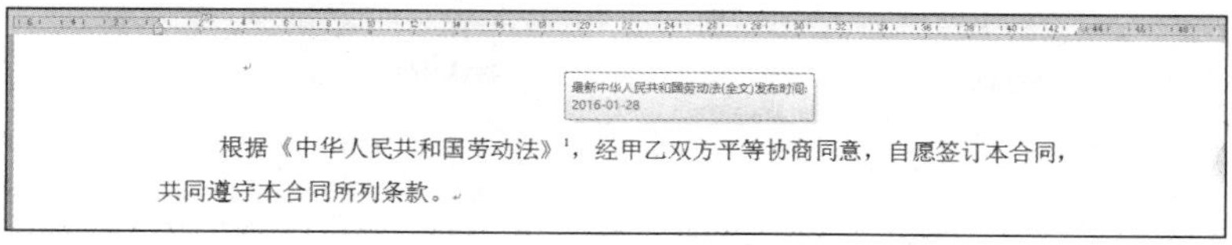

图 3-44　脚注的效果

（2）插入尾注

尾注也是由两个关联的部分组成，包括注释引用标记和其对应的注释文本。单击“引用”→“插入尾注”命令，在注释文本插入光标处输入注释部分。需要修改脚注或者尾注，其方法和 Word 编辑方法一样。

脚注与尾注也可以相互转换，单击“脚注”功能区右下方的小箭头，打开“脚注和尾注”对话框，单击“转换”。除此之外，还可以在“格式”中修改脚注和尾注的格式。如图 3-45 所示。

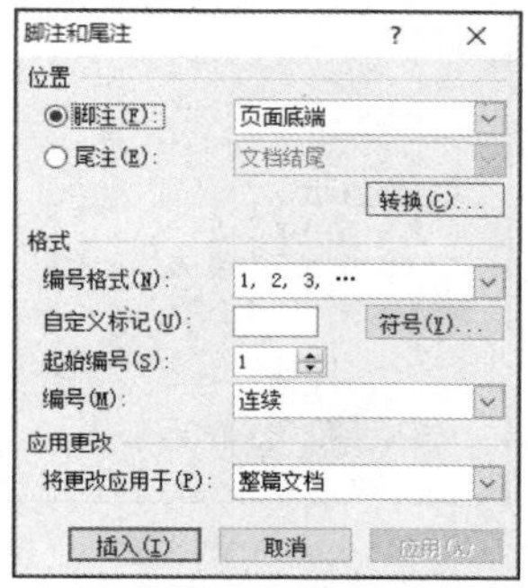

图 3-45　“脚注和尾注”对话框

（3）编辑尾注

把 Word 切换到草稿视图，然后单击在快速访问栏上的插入尾注图标，会把窗口分割为两部分，其中下部分为“尾注编辑栏”，在此可以编辑尾注内容，如图 3-46 所示。

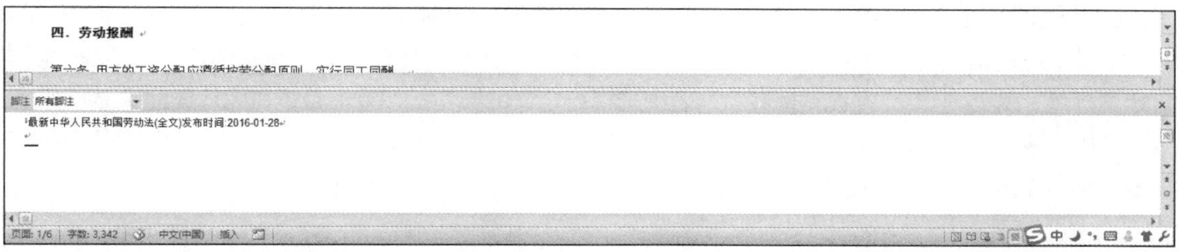

图 3-46　尾注编辑区

（4）给脚注和尾注序号加方括号

单击“开始”→“编辑”命令，单击“替换”，打开“查找和替换”对话框，在“查找”编辑框中输入“^f”，在“替换为”编辑框中输入“^&”，单击“全部替换”；删除尾注只需在“查找”编辑框中输入“^e”，在“替换为”编辑框中输入“^&”，单击“全部替换”，如图 3-47 所示，执行以上操作时要保证“不限定格式”按钮为灰色。

（5）删除脚注和尾注

删除脚注只需要删除文中的脚注序号即可，这样下方的脚注序号和脚注内容就会自动删除。当然也可以先删除页面底部的脚注内容，再删除文中的脚注序号。删除尾注的方法和删除脚注的方法一样。

3. 插入题注

如果 Word 2010 文档中含有大量图片，为了能更好地管理这些图片，可以为图片添加题注。添加了题注的图片会获得一个编号，并且在删除或添加图片时，所有的图片编号会自动改变，以保持编号的连续性。在 Word 2010 文档中添加图片题注的步骤如下：

（1）打开 Word 2010 文档窗口，单击“引用”→“题注”→“插入题注”命令，单击需要添加题注的图片，或者单击鼠标右键并在打开的快捷菜单中选择“插入题注”命令。

（2）打开“题注”对话框，单击“编号”按钮，如图 3-48 所示。

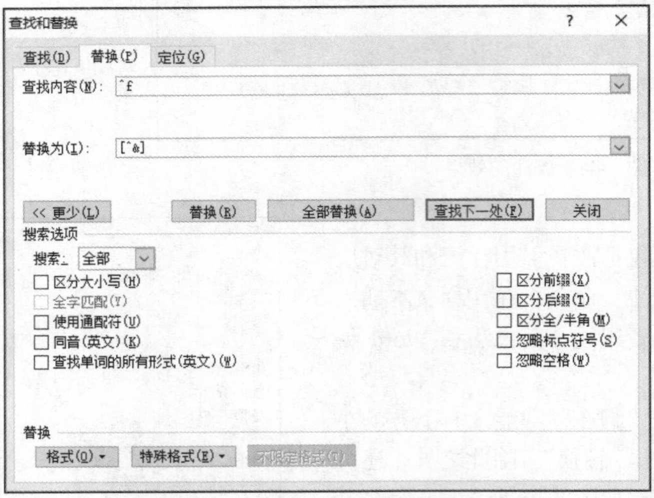

图 3-47 “查找和替换”对话框

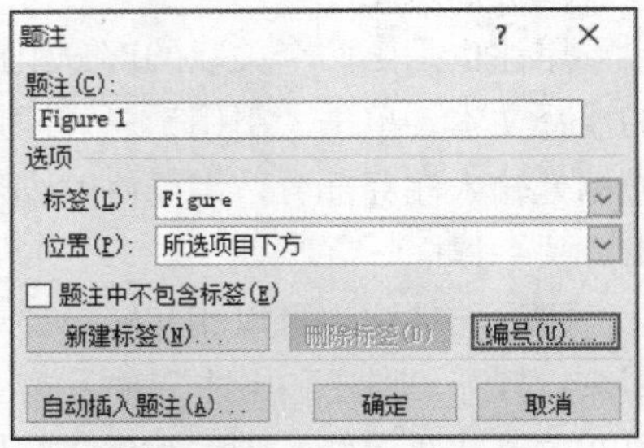

图 3-48 “题注”对话框

（3）打开“题注编号”对话框，单击“格式”下拉按钮，在打开的格式列表中选择合适的编号格式。如果希望在题注中包含 Word 2010 文档章节号，则需要选中“包含章节号”复选框。设置完成后单击“确定”按钮，如图 3-49 所示。

（4）返回“题注”对话框，在“标签”下拉列表中选择“Figure”（图表）标签。如果希望在 Word 2010 文档中使用自定义的标签，则可以单击“新建标签”按钮，在打开的“新建标签”对话框中创建自定义标签，例如“图”，并在“标签”列表中选择自定义的标签。如果不希望在图片题注中显示标签，可以选中“题注中不包含标签”复选框。单击“位置”下拉按钮选择题注的位置，例如“所选项目下方”，设置完毕后单击“确定”按钮即可在 Word 2010 文档中添加图片题注，如图 3-50 所示。

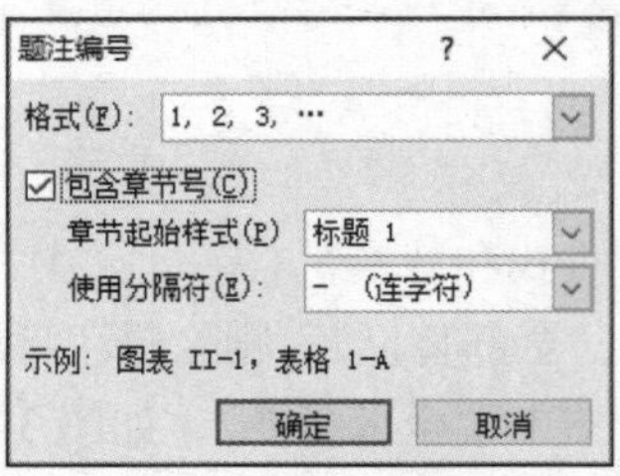

图 3-49 “题注编号”对话框

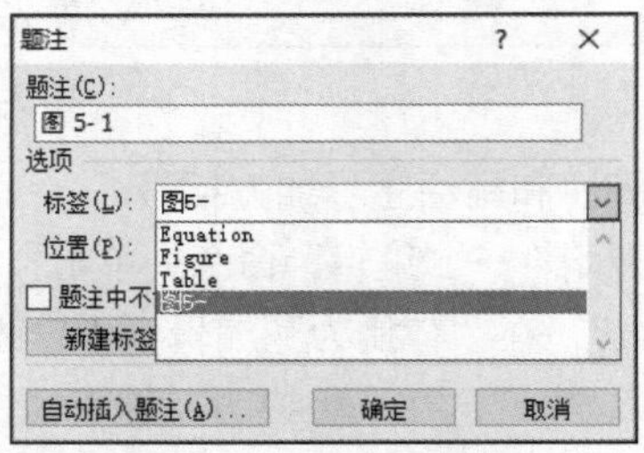

图 3-50 选择标签

（5）在 Word 2010 文档中添加图片题注后，可以单击题注右边部分的文字进入编辑状态，并输入图片的描述性内容。

3.3.6 打印

1. 打印设置

单击“文件”→“打印”命令，可以进行打印份数的设置，选择已安装的打印机，设置打印页数范围，根据打印机的性能设置“单面打印”或“双面打印”如图 3-51 所示，选择实际需要的纸张方向为“横向”或者“纵向”，也可进行页面设置。

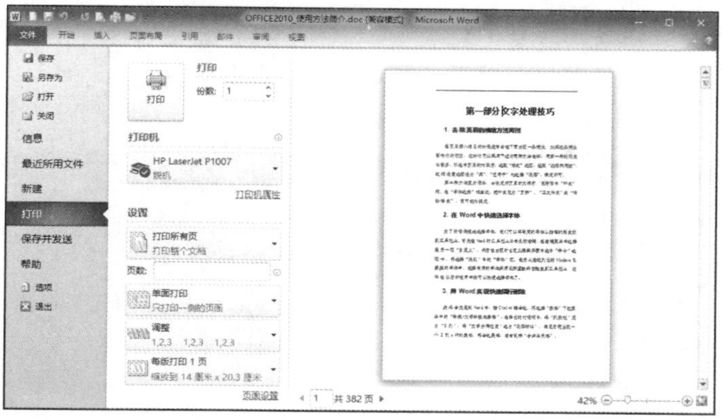

图 3-51　打印

2. 页面设置

在使用 Word 2010 编辑文档的时候，常常需要为文档设置页边距、纸张方向、纸张大小、分栏显示等。打开 Word 2010 文档，单击“页面布局”选项卡，例如，要对文档进行页边距的设置，只需在“页面设置”区域中单击“页边距”按钮，在下拉列表中选择 Word 预设的页边距，如图 3-52 所示。

也可以选择“自定义页边距（A）...”，在弹出的“页面设置”对话框中根据实际需求进行设置，如图 3-53 所示。

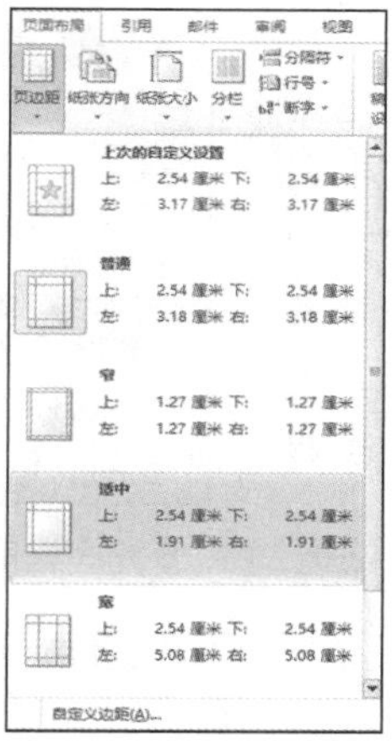

图 3-52　预设页边距

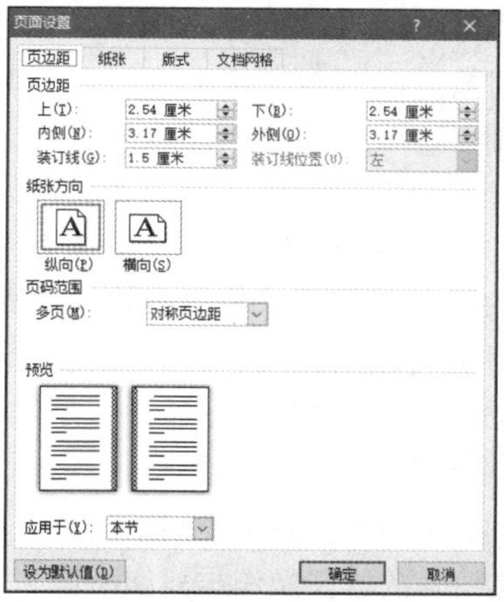

图 3-53　自定义页边距

3. 打印预览

在日常工作当中，打印文件之前我们都会使用打印预览这一功能，看一下打印的效果如何。可以单击快捷访问工具栏的打印预览，也可以单击“文件”，选择“打印”来看打印效果，如图 3-51 所示。

3.4　插入对象

3.4.1　表格

1. 插入表格

在 Word 2010 文档中，可以使用“插入表格”对话框插入指定行列的表格，并调整表格尺寸和自动调整列宽等属性，操作步骤如下：

（1）打开 Word 2010 文档窗口，单击“插入”→“表格”命令，并在打开的表格菜单中选择“插入表格”命令，如图 3-54 所示。

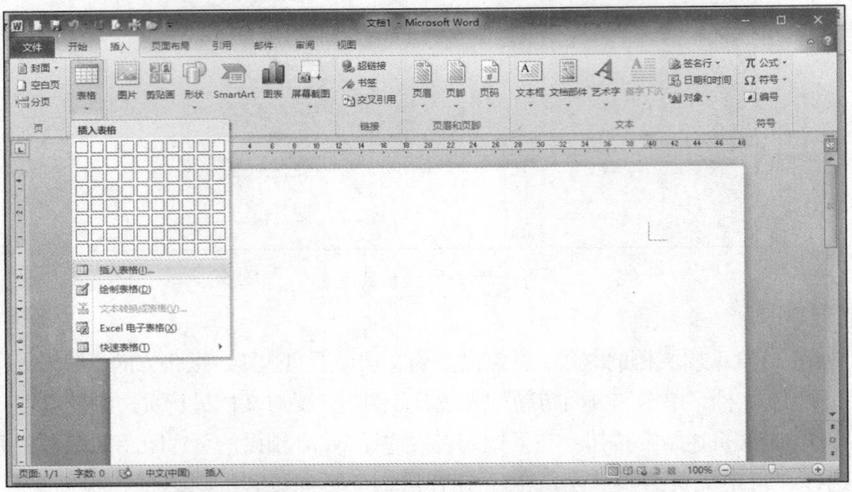

图 3-54　选择“插入表格”命令

（2）打开“插入表格”对话框，在“表格尺寸”区域分别设置表格的行数和列数。在“‘自动调整’操作”区域如果选中“固定列宽”单选框，则可以设置表格的固定列宽尺寸；如果选中“根据内容调整表格”单选框，则单元格宽度会根据输入的内容自动调整；如果选中“根据窗口调整表格”单选框，则所插入的表格将充满当前页面的宽度；选中“为新表格记忆此尺寸”复选框，则再次创建表格时将使用当前尺寸。设置完成后单击“确定”按钮即可，如图 3-55 所示。

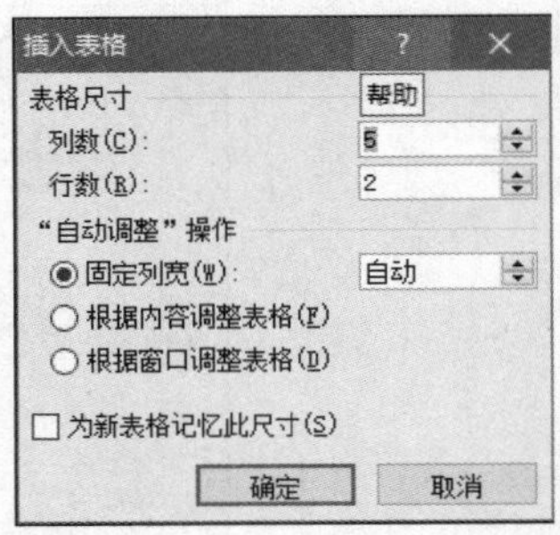

图 3-55　“插入表格”对话框

2. 设置行高和列宽

在 Word 2010 文档的表格中，如果用户需要精确设置行的高度和列的宽度，可以在“表格工具”功能区设置精确数值，操作步骤如下：

（1）打开 Word 2010 文档窗口，在表格中选中需要设置高度的行或需要设置宽度的列；

（2）单击“表格工具”→“布局”→“单元格大小”命令，直接调整“表格行高”数值或“表格列宽”数值，以设置表格行的高度或列的宽度，如图 3-56 所示。

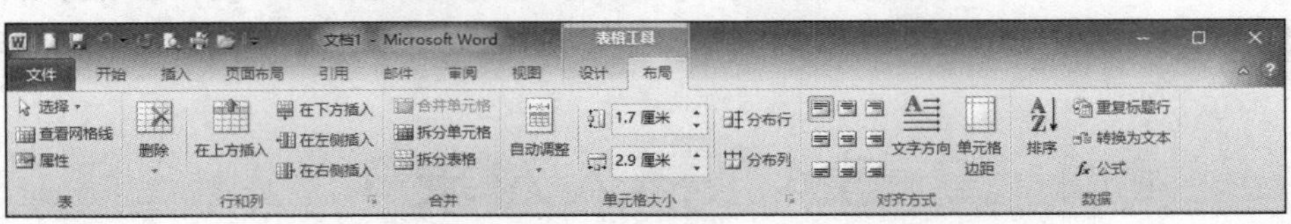

图 3-56　“单元格大小”分组

3. 绘制表格

打开 Word 文档页面，单击“插入”→“表格”→“绘制表格”命令，鼠标指针变成铅笔形状，拖动鼠标左键绘制表格边框、列、行。绘制表格完成后，按 Esc 键或者在“设计”选项卡中单击“绘制表格”按钮，取消绘制表格状态，在绘制表格时如果需要删除行或列，可以单击“设计”选项卡中的“擦除”按钮，当指针变成橡皮擦形状时拖动鼠标左键即可删除行或列。

4. 快速表格

在 Word 2010 中有一个“快速表格”的功能，在这里可以找到许多已经设计好的表格样式，只需要挑选需要的样式，就可以轻松插入一张表格，如图 3-57 所示。

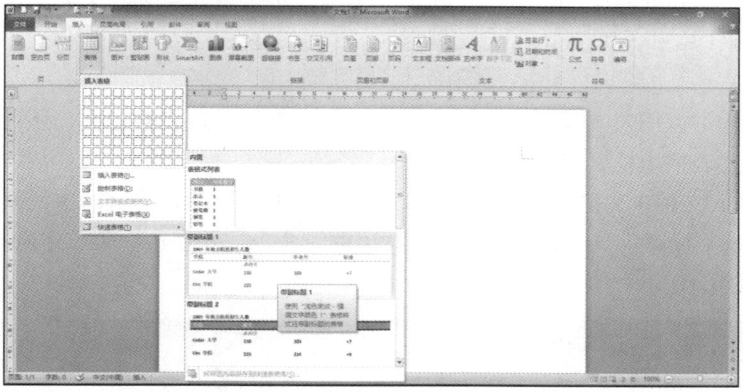

图 3-57　快速表格

5. 合并单元格

在 Word 2010 中，可以将表格中两个或两个以上的单元格合并成一个单元格，以便符合制作表格的要求。

打开 Word 2010 文档页面，选择表格中需要合并的两个或两个以上的单元格，单击鼠标右键并在快捷菜单中选择“合并单元格”菜单命令即可；或者单击“布局”选项卡，在“合并”区域中单击“合并单元格”按钮即可，如图 3-58 所示。

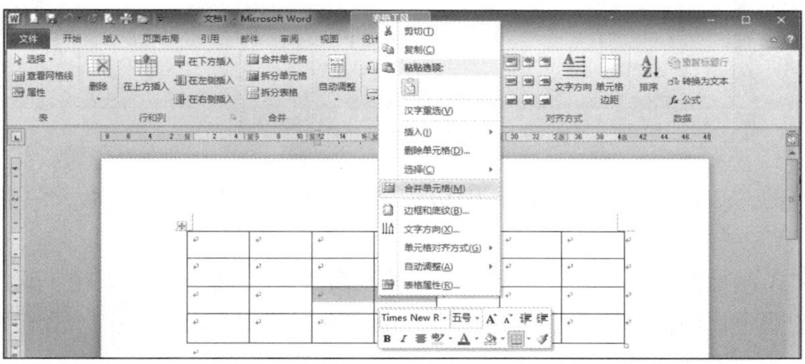

图 3-58　合并单元格

6. 拆分单元格

可以根据需要将 Word 2010 中表格的一个单元格拆分成两个或多个单元格，从而制作出较为复杂的表格。

打开 Word 2010 文档，右键单击需要拆分的单元格。在打开的菜单中选择“拆分单元格”命令，打开“拆分单元格”对话框，分别设置需要拆分成的“列数”和“行数”，单击“确定”按钮完成拆分，如图 3-59 所示。

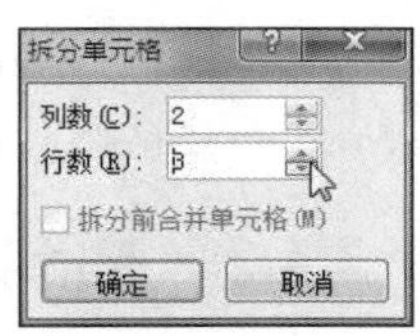

图 3-59　拆分单元格设置

或者打开 Word 2010 文档，单击左键选择需要拆分的单元格，单击“布局”选项卡，单击“拆分单元格”按钮。打开“拆分单元格”对话框，分别设置需要拆分成的“列数”和“行数”，单击

“确定”按钮完成拆分。

7. 表格自动编号

在 Word 中插入表格，通常需要在表格中加入编号。打开 Word 2010，单击“插入”→“绘制表格”命令，表格绘制完成后，将鼠标定位在第一单元格，单击“开始”→“段落”→“编号库”命令，然后选择“剪贴板”中的格式刷，在第二个单元格处按住鼠标左键向下拖动，直到最后一个单元格处松开鼠标，此列就插入了自动编号。

8. 边框底纹

在 Word 2010 中，用户不仅可以在“表格工具”功能区设置表格边框，还可以在“边框和底纹”对话框中设置表格边框，操作步骤如下：

（1）打开 Word 2010 文档窗口，在 Word 表格中选中需要设置边框的单元格或整个表格。单击“表格工具”→“设计”→“表格样式”→“边框”命令，并在边框菜单中选择“边框和底纹”命令，如图 3-60 所示。

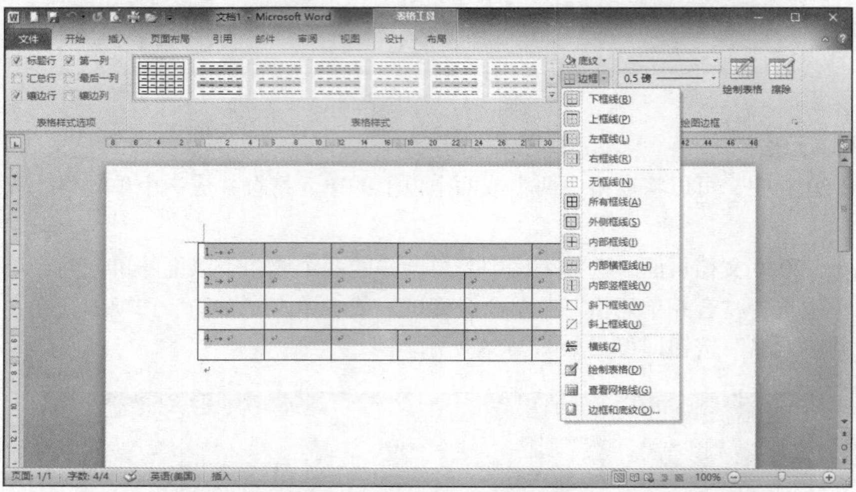

图 3-60　选择“边框和底纹”命令

（2）在打开的“边框和底纹”对话框中切换到“边框”选项卡，在“设置”区域选择边框显示位置。

（3）在“样式”列表中选择边框的样式（例如双横线、点线等样式）；在“颜色”下拉菜单中选择边框使用的颜色；单击“宽度”下拉按钮，选择边框的宽度尺寸。在“预览”区域，可以通过单击某个方向的边框按钮来确定是否显示该边框。设置完成后，单击“确定”按钮。

9. 粘贴 Excel 电子表格

打开 Excel 软件，选中需要复制到 Word 2010 中的表格。单击“开始”→“剪贴板”→“复制”命令。打开 Word 2010 文档，在“剪贴板”中单击“粘贴”，即可将 Excel 表格中的表格粘贴到 Word 中，粘贴后再对粘贴的内容进行调整和设置。

3.4.2 插图

1. 插入图片

（1）更新图片链接

在 Word 2010 文档中插入图片以后，如果原始图片发生了变化，用户需要向 Word 2010 文档中重新插入该图片。借助 Word 2010 提供的“插入和链接”功能，用户不仅可以将图片插入到 Word 2010 文档中，而且在原始图片发生变化时，Word 2010 文档中的图片可以进行更新，操作步骤如下：

① 打开 Word 2010 文档窗口，单击“插入”→“插图”→“图片”命令。

② 在打开的“插入图片”对话框中选中准备插入到 Word 2010 文档中的图片，然后单击“插入”按钮右侧的下拉按钮，并选择“插入和链接”命令，如图 3-61 所示。

图 3-61　插入图片

③ 选中的图片将被插入到 Word 2010 文档中，当原始图片内容发生变化（文件未被移动或重命名）时，重新打开 Word 2010 文档将看到图片已经更新（必须在关闭所有 Word 2010 文档后重新打开插入图片的 Word 2010 文档）。如果原始图片位置被移动或图片被重命名，则 Word 2010 文档中将保留最近的图片版本。

④ 如果单击“插入”→“链接到文件”命令，则当原始图片位置被移动或图片被重命名时，Word 2010 文档中将不显示图片。

（2）压缩图片

在 Word 2010 文档中插入图片后，如果图片的尺寸很大，则会使 Word 文档的文件变得很大。即使在 Word 文档中改变图片的尺寸或对图片进行裁剪，图片的大小也不会改变。不过用户可以对 Word 2010 文档中的所有图片或选中的图片进行压缩，这样可以有效减小图片的大小，同时也会有效减小 Word 2010 文件的大小。压缩图片的操作步骤如下：

① 打开 Word 2010 文档窗口，选中需要压缩的图片。如果有多个图片需要压缩，则可以在按住“Ctrl”键的同时单击多个图片。

② 打开“图片工具”功能区，在“格式”功能区“调整”项目组中单击“压缩图片”按钮。

③ 打开“压缩图片”对话框，选中“仅应用于此图片”复选框，并根据需要更改分辨率（例如选中“Web/屏幕”单选按钮）。设置完毕后单击“确定”按钮即可对 Word 2010 文档中的选中图片进行压缩，如图 3-62 所示。

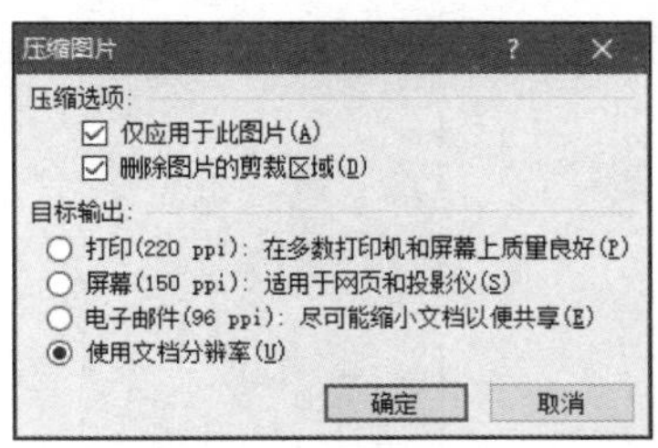

图 3-62　“压缩图片”对话框

（3）设置艺术效果

在 Word 2010 文档中，用户可以为图片设置艺术效果，这些艺术效果包括铅笔素描、影印、图样等多种效果，操作步骤如下：

① 打开 Word 2010 文档窗口，选中准备设置艺术效果的图片。单击“图片工具”→“格式”→“调整”→“艺术效果”命令。

② 在打开的艺术效果面板中，单击选中合适的艺术效果选项（本例选中“影印”效果），即可预览艺术效果，如图 3-63 所示。

图 3-63　为图片重新着色

（4）去除图片背景

为了快速从图片中获得有用的内容，Word 2010 提供了一个非常实用的图片处理工具——删除背景。使用删除背景功能可以轻松去除图片的背景，具体操作如下：

① 选择 Word 文档中准备去除背景的图片，然后单击“格式”→“删除背景”命令。

② 进入图片编辑状态，拖动矩形边框四周的控制点，以便圈出最终要保留的图片区域，如图 3-64 所示。

图 3-64　选择图片区域

③完成图片区域的选定后，单击“背景清除”→“关闭”→“保留更改”命令，或直接单击图片范围以外的区域，即可去除图片背景并保留矩形圈起的部分，如图 3-65 所示。

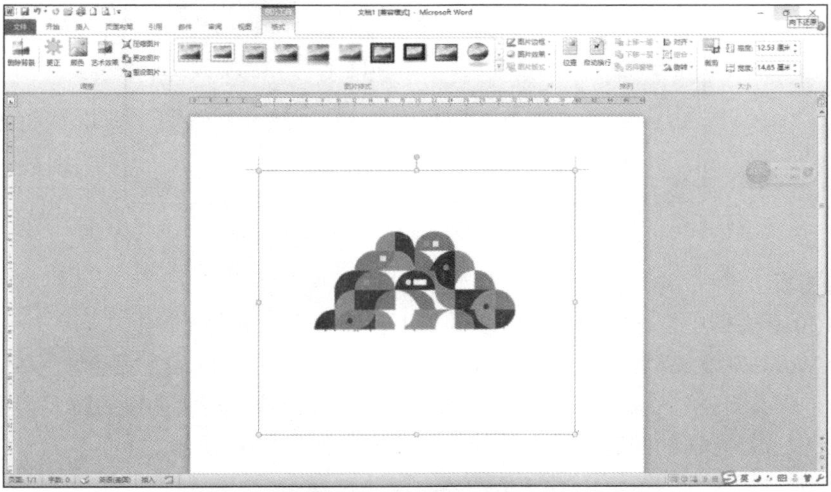

图 3-65　去除背景后的图片

2. 插入形状

在 Word 2010 文档中，利用自选图形库提供的丰富的流程图形状和连接符可以制作各种用途的流程图，制作步骤如下：

① 打开 Word 2010 文档窗口，单击“插入”→“插图”→“形状”命令，并在打开的菜单中选择“新建绘图画布”命令，如图 3-66 所示。

② 选中绘图画布，单击“插入”→“插图”→“形状”→“流程图”命令，选择插入合适的流程图。

③ 在 Word 2010 中单击“插入”→“插图”→“形状”→“线条”命令，选择合适的连接符。

④ 将鼠标指针指向第一个流程图图形（不必选中），则该图形四周将出现 4 个红色的连接点。鼠标指针指向其中一个连接点，然后按下鼠标左键拖动箭头至第二个流程图图形，则第二个流程图图形也将出现红色的连接点。定位到其中一个连接点并释放左键，则完成两个流程图图形的连接。

重复③、④，并根据实际需要在流程图图形中添加文字，从而完成流程图的制作。

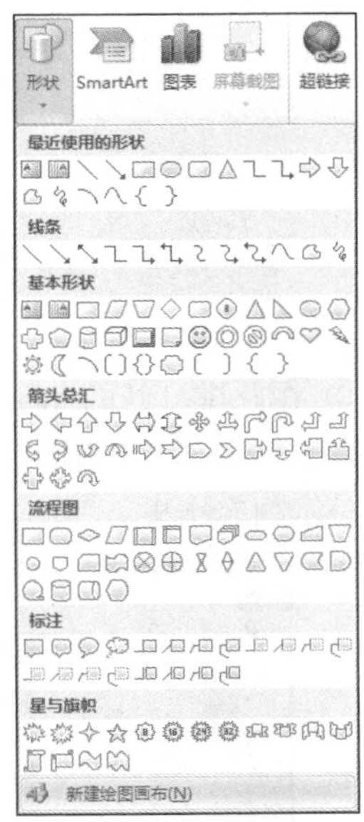

图 3-66　选择“新建绘图画布”命令

3. SmartArt 图形

借助于 Word 2010 提供的 SmartArt 功能，可以在 Word 2010 文档中插入丰富多彩、表现力丰富的 SmartArt 示意图，操作步骤如下：

① 打开 Word 2010 文档窗口，单击“插入”→“插图”→“SmartArt”命令。

② 在打开的“选择 SmartArt 图形”对话框中，单击左侧的类别名称来选择合适的类别，然后在对话框右侧单击选择需要的 SmartArt 图形，并单击“确定”按钮，如图 3-67 所示。

③ 返回 Word 2010 文档窗口，在插入的 SmartArt 图形中单击文本占位符输入合适的文字即可。

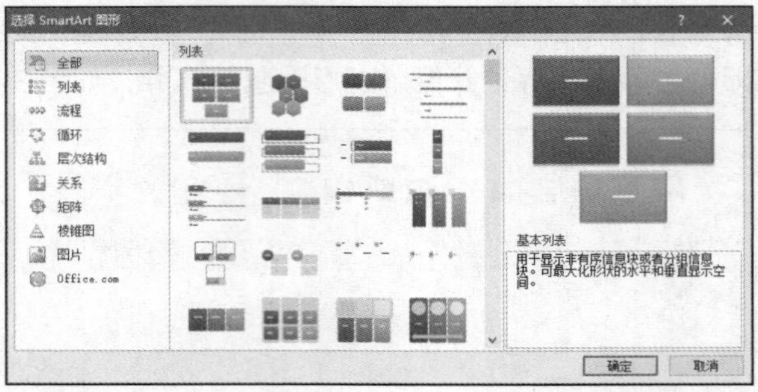

图 3-67 “选择 SmartArt 图形”对话框

4．插入图表

在 Word 2010 文档中创建图表的操作步骤如下：

① 打开 Word 2010 文档窗口，单击“插入”→“插图”→“图表”命令。

② 打开“插入图表”对话框，在左侧的图表类型列表中选择需要创建的图表类型，在右侧图表子类型列表中选择合适的图表，单击“确定”按钮，如图 3-68 所示。

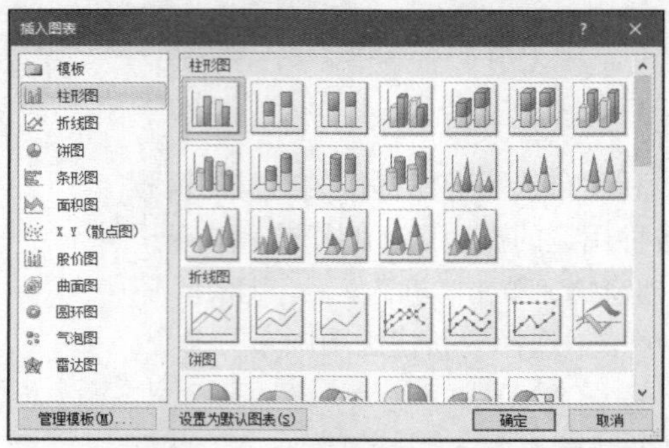

图 3-68 选择图表类型

③ 在并排打开的 Word 窗口和 Excel 窗口中，用户首先需要在 Excel 窗口中编辑图表数据。例如修改系列名称和类别名称，并编辑具体数值。在编辑 Excel 表格数据的同时，Word 窗口中将同步显示图表结果，如图 3-69 所示。

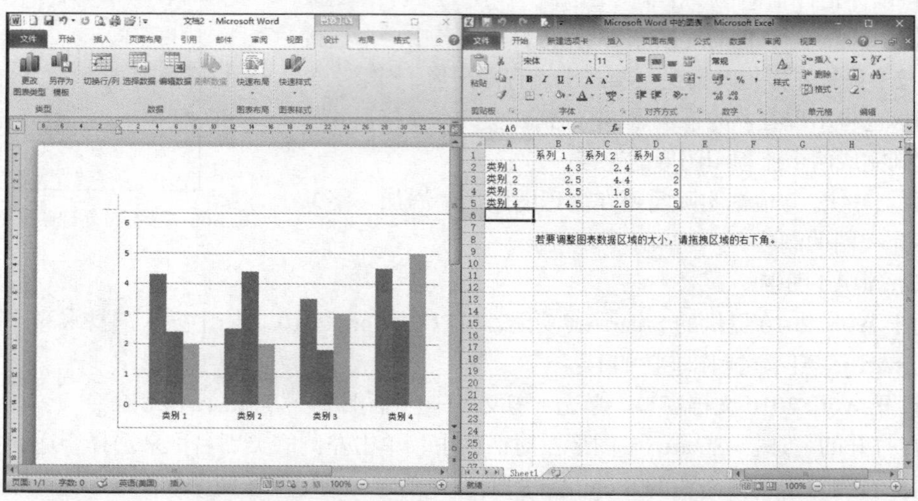

图 3-69 编辑 Excel 数据

④ 完成 Excel 表格数据的编辑后关闭 Excel 窗口，在 Word 窗口中可以看到创建完成的图表。

3.4.3 艺术字

Office 中的艺术字（英文名称为 WordArt）结合了文本和图形的特点，能够使文本具有图形的某些属性，如设置旋转、三维、映像等效果，在 Word、Excel、PowerPoint 等 Office 组件中都可以使用艺术字功能。

打开 Word 2010 文档窗口，将插入点光标移动到准备插入艺术字的位置。单击“插入”→“文本”→“艺术字”命令，并在打开的艺术字预设样式面板中选择合适的艺术字样式。打开艺术字文字编辑框，直接输入艺术字文本即可。用户可以对输入的艺术字分别设置字体和字号，如图 3-70 所示。

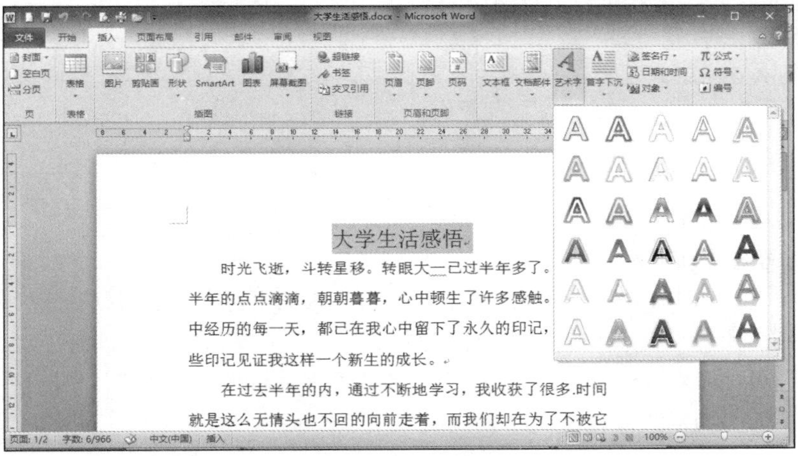

图 3-70 插入艺术字

3.4.4 文本框

通过使用 Word 2010 文本框，用户可以将 Word 文本很方便地放置到 Word 文档页面的指定位置，灵活地在页面中布局内容，不必受段落格式、页面设置等因素的影响，如报纸的编辑排版。Word 2010 内置有多种样式的文本框供用户选择使用，在 Word 2010 文档中插入文本框的操作步骤如下：

打开 Word 2010 文档窗口，单击“插入”→“文本”→“文本框”下拉按钮，在打开的内置文本框面板中选择合适的文本框类型，或单击“绘制文本框”进行绘制，如图 3-71 所示。

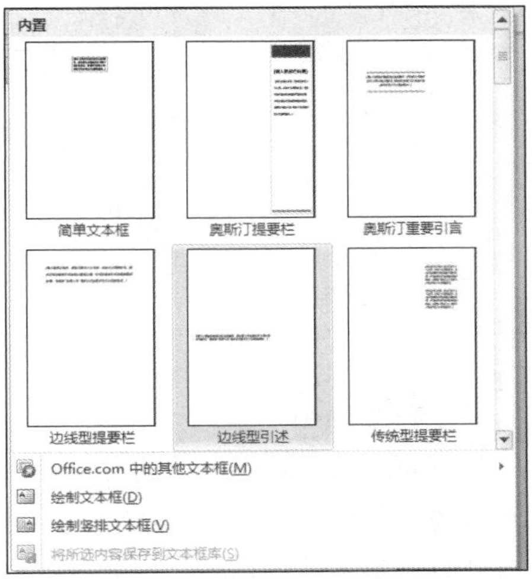

图 3-71 设置文本框面板

插入文本框后，文本框处于编辑状态，用户可直接输入文本内容进行编辑。单击文本框后，用鼠标拖动四周的小方块即可调整文本框的大小；鼠标移动到文本框边缘位置，变为十字箭头，即可移动文本框；在文本框边缘单击鼠标右键，选择“设置形状格式”即可设置边框样式、填充背景等。

3.4.5 符号

1. 插入带圈字符

在编辑 Word 文档时，常常需要给比较重要的文字加上各种各样的标记，从而使文档更加清晰。可单击“开始”→“带圈字符”命令，在弹出的“带圈字符”对话框中选择要加圈的文字、样式及其圈号，单击“确认”按钮，返回 Word 2010，就可以看到编辑框中出现了带圈的字符，如图 3-72 所示。

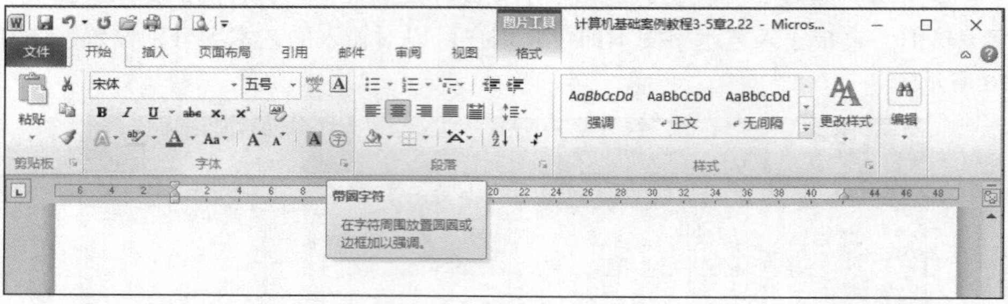

图 3-72 带圈字符

2. 插入符号与特殊字符

在编辑 Word 文档时有时需要输入一些直径符号、人民币符号、小圆点、分割符等特殊符号。首先将鼠标放到需要插入圆点处单击，单击“插入”→“符号”命令，常用符号会在此列出，单击需要的符号即可。如果这里没有需要的符号，单击菜单底部的“其他符号”链接，打开“符号”对话框，如图 3-73 所示。

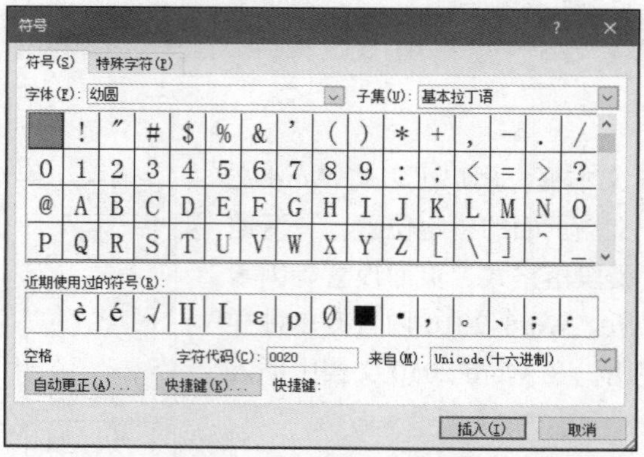

图 3-73 “符号”对话框

3.4.6 公式

在 Word 2010 文档中，可以借助 Word 2010 提供的数学公式运算功能对表格中的数据进行数学运算，包括加、减、乘、除以及求和、求平均值等常见运算。可以使用运算符号和 Word 2010 提供的函数进行上述运算。

单击“插入”→“公式”命令，下拉列表中列出了各种常用公式，如需要输入一个二次公式和创建一个自定义公式，只要单击“二次公式”即可加入 Word 文档，如图 3-74 所示。

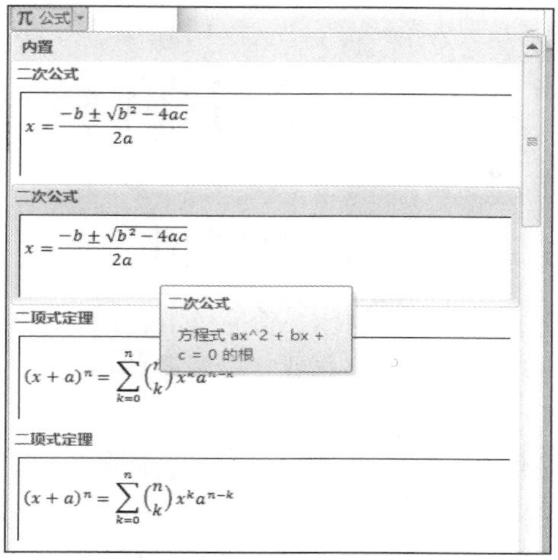

图 3-74 插入二次公式

若要创建自定义公式，单击“插入”→“公式”→“插入新公式”命令，这时在窗口菜单中将出现“公式工具设计选项卡”，可选择相应的选项自定义创建公式。单击“公式”控件右侧的下拉箭头，可选择“另存为新公式”。以后再插入公式时，保存过的公式即可出现在下拉列表中。

3.5 邮件合并

“邮件合并”就是在邮件文档（主文档）的固定内容中，合并与发送信息相关的一组通信资料（数据源，如 Excel 表和 Access 数据表等），从而批量生成需要的邮件文档。

在日常办公中，可以通过 Word 所提供的“邮件合并”功能轻松实现批量制作学生成绩单、信封、工资条、请帖等文档，该类文档明显的特征是数据量大，内容明显可区分为固定不变的内容和变化的内容两部分。邮件合并的操作步骤如下：

1. 建立主文档

“主文档”就是固定不变的主体内容，比如信封中的落款、信函中的对每个收信人都不变的内容等。使用邮件合并之前先建立主文档，是一个很好的习惯。一方面可以考查预计中的工作是否适合使用邮件合并，另一方面是主文档的建立为数据源的建立或选择提供了标准和思路。

2. 准备数据源

数据源就是包含字段和记录的二维表。数据源表格可以是 Word、Excel、Access 或 Outlook 中的联系人。

在实际工作中，通常数据源是已经存在的，比如要制作大量客户信封，多数情况下，客户信息可能早已被客户经理制成了 Excel 表格，其中含有制作信封需要的“姓名”、“地址”、“邮编”等字段。在这种情况下，直接拿过来使用就可以了，不必重新制作。如果没有现成的数据表，则要根据主文档对数据源的要求来建立，根据个人习惯使用 Word、Excel、Access 都可以，实际工作时，常常使用 Excel 制作。

3. 把数据源合并到主文档中

完成前两步，就可以将数据源中的相应字段合并到主文档的固定内容中了，表格中的记录行数，决定着主文档生成的份数。整个合并操作过程将利用“邮件合并向导”进行，使用非常轻松容易。

3.6 应用案例

3.6.1 应用案例 1——劳动合同的制作

利用 Word 2010 的格式化文档功能来制作一份完整的合同，制作文档可以分为以下几个步骤：创建和保存文档；输入协议内容；设置文字格式；设置段落格式等。

1. 输入劳动合同的内容

在 Word 2010 中编辑和制作合同时，首先应该输入合同的内容。注意按照前面介绍的输入方法，只输入内容，不用考虑格式，具体的操作步骤如下：

① 启动 Word 2010 应用程序，单击“开始”→“所有程序”→“Microsoft Word 2010”命令。

② 保存文档。新建名为“文档 1”的文档，单击“文件”→“保存”命令，弹出“另存为”对话框，在对话框中选择保存位置，如“我的文档”；文本框中输入保存的文件名“劳动合同”；单击“保存”按钮。

③ 输入劳动合同文本，将输入法切换到一种常用的中文输入法，输入标题“劳动合同书”，按下 Enter 键，插入点定位到下一段，继续输入文本。

④ 复制劳动合同正文内容，打开包含有正文内容的 TXT 文本文件，选择文件中的内容，单击“编辑”→“复制”命令，返回 Word 文档，在文档中定位插入点，单击“开始”→“剪贴板”→“粘贴”命令，将选择的内容插入到当前文档中。

⑤ 插入日期和时间，定位插入点，单击“插入”→“文本”→“日期和时间”命令，弹出“日期和时间”对话框，如图 3-75 所示，在“可用格式”列表中单击要插入的时间格式；单击“确定”按钮。

经过以上操作，插入日期后全文的效果如图 3-76 所示。

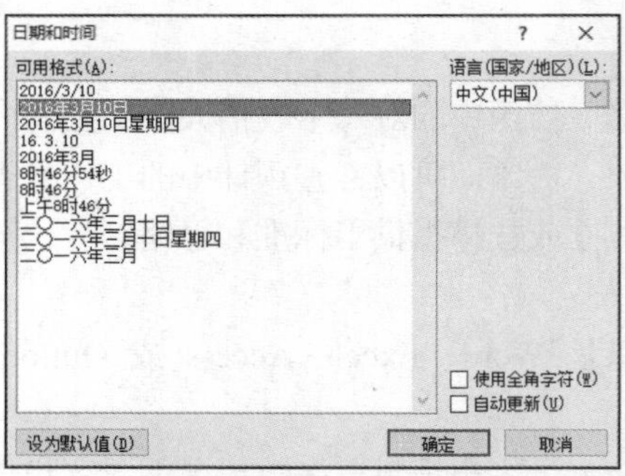

图 3-75 “日期和时间”对话框

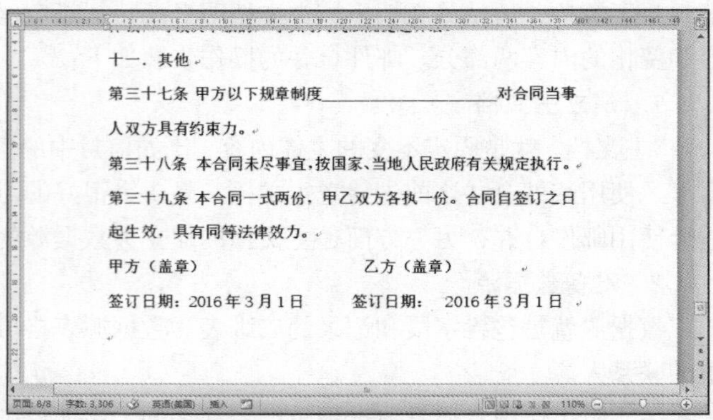

图 3-76 插入日期

2. 编排劳动合同的版式

文档格式这一功能是 Word 中的重要部分，必须熟练掌握文档格式化的方法以美化文档。文档内容录入完成后，接下来就要对协议进行格式的编排。本例主要对协议中文字进行字符格式、段落格式和页面格式的设置。

（1）设置文本格式

文本的格式设置包括设置字体、字形、颜色、字符间距等，现将打开的文档中的标题文本设置为：黑体、二号、加粗、黑色。具体操作步骤如下：

① 设置文本字体，单击“开始”→“字体”→“黑体”。

② 设置文本字号，单击“字体”→“字号”→“二号”。

③ 设置文本加粗与颜色，单击“字体”→“加粗”→“字体颜色”，单击“黑色，文字 1，淡色 5%”。

④ 设置正文文本格式，选择正文文本，根据上面所讲的方法，设置正文文本为华文仿宋、小四号、加粗。

（2）设置段落格式

设置文档中的标题文字为居中、设置段落为首行缩进 2 字符、设置段间距为段前段后 0.2 行、设置行间距为固定值 20 磅，具体的操作步骤如下：

① 设置标题“居中”操作，选中文档中的标题，单击“开始”→“段落”→“居中”。

② 设置段落格式，选中文档中的正文段落，单击“段落”右下角的对话框开启按钮，打开“段落”对话框，在“特殊格式”列表中选择“首行缩进”选项，在“间距”选项组中设置行间距值，单击“确定”按钮，如图 3-77 所示。

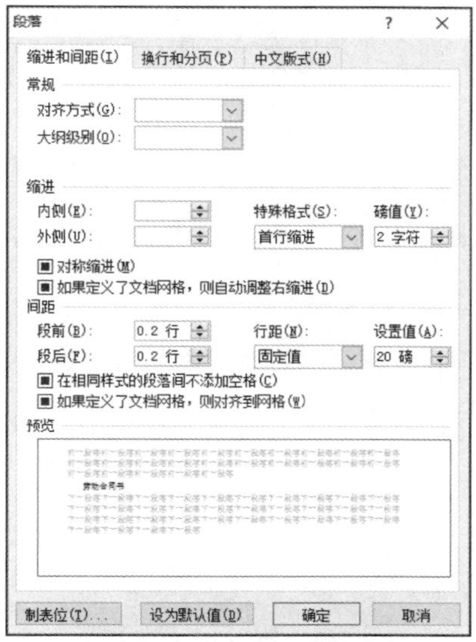

图 3-77　“段落”对话框

（3）设置页面格式

为文档添加页眉和页脚，设置页边距上下为 2 厘米、左右为 3 厘米，具体操作步骤如下：

① 插入页眉，单击“插入”→“页眉和页脚”→“页眉”命令，在弹出的列表中选择页眉样式，如“空白”。

② 输入页眉内容，单击页眉文本框，在其中输入页眉文本“劳动合同书”，单击“设计”→“导航”→“转至页脚”命令，如图 3-78 所示。

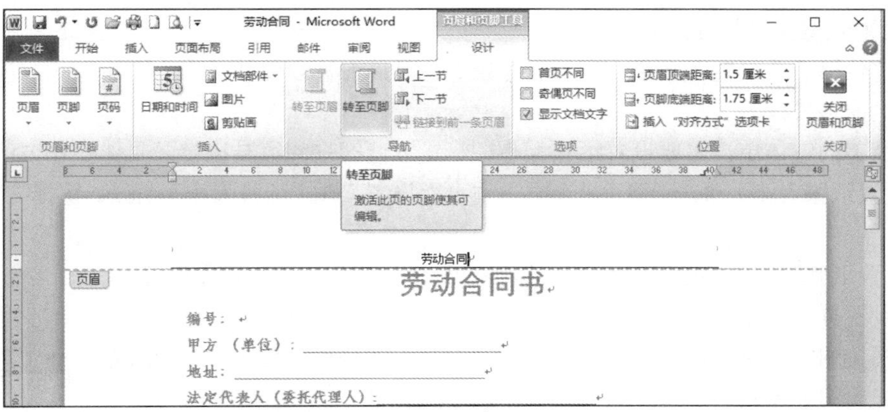

图 3-78　输入页眉内容

③ 插入页码，进入页眉页脚编辑区域，单击“页眉页脚”→“页码”→“页面底端”命令，在下级列表中单击页码样式，如“普通数字 2”。

④ 退出页眉页脚操作，在文档中插入指定样式的页码效果，单击“关闭页眉和页脚”按钮，或者双击编辑区，退出页眉页脚编辑状态。

⑤ 页面格式的设置，单击“页面布局”→“页面设置”命令，单击对话框开启按钮，打开“页面设置”对话框，设置页边距上下为 2 厘米、左右为 3 厘米，单击“确定”按钮。

（4）打印预览，可以看到整体效果，如图 3-79 所示。

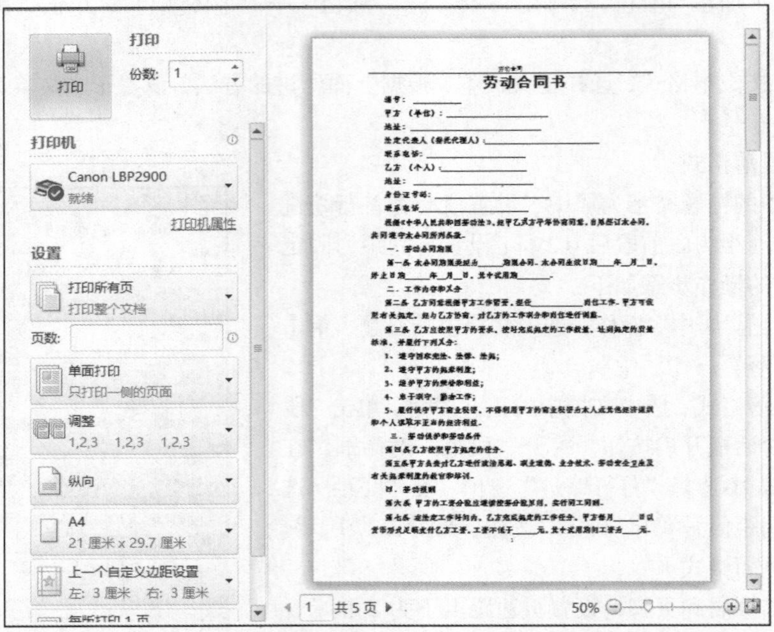

图 3-79 打印预览

3.6.2 应用案例 2——制作公司宣传单

在日常工作中，Word 软件的应用范围非常广泛，不仅用于行政和财务方面，在企划宣传方面也被广泛使用。

1. 设置公司宣传单页面格式

制作宣传单需要设置页面格式和页面背景等，具体操作步骤如下：

（1）页面格式设置

制作精美的宣传单，需要设置纸张大小，尽量方便客户阅读与携带。具体操作方法如下：

① 设置纸张大小，单击“页面布局”→“页面设置”→“纸张大小”命令，选择需要的纸张，如 A5 纸。

② 设置纸张边距，单击“页面布局”→“页面设置”→“页边距”命令，如“普通”。

（2）设置页面背景

制作精美的宣传单，可以应用填充背景的方法添加颜色。单击“页面背景”→“页面颜色”命令，在弹出的下拉列表中选择颜色，如“白色，背景 1，深色 15%”。

2. 添加公司宣传单的组成元素

宣传单由图片、形状、文本框、文字、艺术字等基本元素构成，可以制作各式各样的宣传单，下面制作一个由图片、形状、文本框、文字、艺术字组成的宣传单。

（1）插入形状

为使整个版面看起来效果更好，需要插入形状，使宣传单更具有层次感，具体操作步骤如下：

① 选择形状样式，单击“插入”→“插图”→“形状”命令，在下拉列表中选择插入的形状，如“爆炸型 2”。

② 创建形状，确定插入形状的位置，按下鼠标左键拖动，直至适合的形状大小释放鼠标即可。

③ 填充颜色，选择形状，单击“格式”→“形状样式”→“形状填充”命令，在下拉列表中选择填充颜色，如“红色”。

④ 输入文字，选择形状，单击鼠标右键并在快捷菜单中选择“添加文字”，在插入光标处输入“热销路线”，根据需要设置文字的字体格式。

（2）插入图片

这使宣传单更具有说服力，在制作时需要插入图片，具体操作步骤如下：

① 插入图片。单击“插入”→“插图”→“图片”命令，在弹出的“插入图片”对话框中，在“查找范围”中选择图片所在的位置，在列表中单击需要插入的图片，单击“插入”按钮。

② 图片的排版方式。选择图片，单击“格式”→“排列”→“自动换行”命令，在下拉列表中单击“浮于文字上方”命令，还可以根据需要调整图片的大小和位置。

（3）插入文本框

需要在图片上输入文字，可以使用文本框对文本进行定位。具体操作步骤如下：

① 绘制文本框。单击“插入”→“文本”→“文本框”命令，在下拉列表中单击“绘制文本框”命令。

② 在文本框中输入文字。插入文本框后，单击鼠标，确定位置，输入文字。

③ 设置形状格式。选择文本框，单击鼠标右键，在弹出的快捷菜单中单击“设置形状格式”命令，在弹出的“设置形状格式”对话框中，单击“线条颜色”选项，单击“无线条”单选项，并设置“填充”为“无填充”，单击“关闭”按钮。

根据需要按以上步骤再添加其他文本框，在文本框中输入文字并设置文本框的格式。

（4）插入艺术字

制作宣传单标题时，可以使用艺术字来设置，使普通的文字变得更美观，具体操作方法如下：

① 插入艺术字。单击“插入”→“文本”→“艺术字”命令，在弹出列表中选择艺术字样式，如“填充—白色，渐变轮廓—强调文字颜色 1”。

② 输入文字。在文本框中，输入文字内容，编辑结束后的效果如图 3-80 所示。

图 3-80 效果图

3.6.3 应用案例 3——用邮件合并功能制作通家书信封

向多人发送格式统一而标签不同的文档，如每学期结束，学校要给每位同学发通家书，填写信封就可以应用邮件合并功能来完成。具体操作步骤如下：

1. 创建数据源

数据源又叫收件人列表，可以由 Word、Excel 或 Access 制作，以表格的形式显示，表格的每一列对应一个列标题，如姓名。这个列标题由表格的首行来表示，这一行称为域，以下的每一行称为一条数据记录。表格的首行必须包含标题行，其他行必须包含要合并的记录。使用 Word 制作数据源时，表头不能留空。输入所有数据源的数据后，选定保存位置，保存“信息表 1”文件，如图 3-81 所示。

学号	姓名	性别	政治面貌	家庭地址	邮政编码
201192130139	徐倩	女	团员	甘肃省兰州市七里河区	730000
201192130141	张吉平	男	团员	甘肃省平凉市崇信县柏树乡	744200
201192130135	刘红兵	男	团员	甘肃省陇南市宕昌县理川镇	748500
201192130140	杨江秀	女	团员	甘肃宕昌韩院乡杨那村	748500
201192110106	王秀娟	女	团员	甘肃省定西市安定飞符家川镇罗家每村	743000
201192130126	陈峰	男	团员	甘肃省张掖市高台县城关镇	734300
201192120112	方重亮	男	团员	甘肃省兰州市张掖路130号301室	730000
201192120114	贾广儒	男	群众	甘肃省兰州市皋兰县西岔镇	730100
201192120115	任鹏龙	男	团员	甘肃省兰州市城关区	730000
201192130128	范璇钰	女	团员	甘肃省兰州市西固区	730000
	王丹	女	团员	甘肃省永登县苦水镇	730000

图 3-81　信息表

2. 创建信封

① 单击“创建”→“中文信封”，打开“信封制作向导”对话框，单击“下一步”，选择信封样式。

② 单击“下一步”，信封数量选择“基于地址簿文件，生成批量信封”。

③ 单击“下一步”，在“收件人信息”窗口，单击“选择地址簿”，打开“打开”对话框中，在“查找范围”中选择信息表所在的位置，单击“信息表 1.xlsx”文件，单击“打开”按钮。

④ 单击“下一步”按钮，输入寄件人的地址。

⑤ 单击“完成”按钮，即可完成信封的制作，如图 3-82 所示。

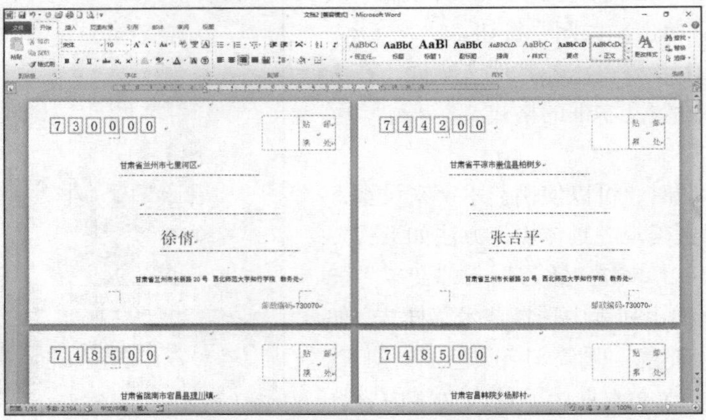

图 3-82　批量生产的信封

习　题

1. 某高校为了使学生更好地进行职场定位和职业准备，提高就业能力，该校学生处将于 2016 年 4 月 29 日 19:30～21:30 在校国际会议中心举办题为“领慧讲堂——大学生人生规划”就业讲座，特别邀请资深媒体人、著名艺术评论家赵蕈先生担任演讲嘉宾。

请根据上述活动的描述，利用 Microsoft Word 制作一份宣传海报（宣传海报的参考样式请参考“Word 素材 1-海报参考样式.docx”文件），要求如下：

（1）调整文档版面，要求页面高度 35 厘米，页面宽度 27 厘米，页边距（上、下）为 5 厘米，页边距（左、右）为 3 厘米，并将考生文件夹下的图片“Word-海报背景图片.jpg”设置为海报背景。

（2）根据“Word 素材 1-海报参考样式.docx”文件，调整海报内容文字的字号、字体和颜色。

（3）根据页面布局的需要，调整海报内容中“报告题目”、“报告人”、“报告日期”、“报告时间”、“报告地点”信息的段落间距。

（4）在“报告人:”位置后面输入报告人姓名（赵蕈）。

（5）在“主办：校学生处”位置后另起一页，并设置第 2 页的页面纸张大小为 A4 篇幅，纸张方向设置为“横向”，页边距为“普通”页边距定义。

（6）在新页面的“日程安排”段落下面，复制本次活动的日程安排表（请参考“Word-活动日程安排.xlsx”文件），要求表格内容引用 Excel 文件中的内容，如若 Excel 文件中的内容发生变化，Word 文档中的日程安排信息随之发生变化。

（7）在新页面的“报名流程”段落下面，利用 SmartArt，制作本次活动的报名流程（学生处报名、确认坐席、领取资料、领取门票）。

（8）设置“报告人介绍”段落下面的文字排版布局为参考示例文件中所示的样式。

（9）更换报告人照片为文件夹下的 Pic 2.jpg 照片，将该照片调整到适当位置，且不要遮挡文档中的文字内容。

（10）保存宣传海报设计。

（源自上机考试题库第二套）

2. 打开文档“Word 素材 2.docx”，按照要求完成下列操作并以文件名“Word 文档 2.docx”保存文档。

（1）调整纸张大小为 B5，页边距的左边距为 2cm，右边距为 2cm，装订线 1cm，对称页边距。

（2）将文档中第一行“黑客技术”设置为 1 级标题，文档中黑体字的段落设置为 2 级标题，斜体字段落设置为 3 级标题。

（3）将正文部分内容设置为四号字，每个段落设置为 1.2 倍行距且首行缩进 2 字符。

（4）将正文第一段落的首字“很”下沉 2 行。

（5）在文档的开始位置插入只显示 2 级和 3 级标题的目录，并用分节方式令其独占一页。

（6）文档除目录页外均显示页码，正文开始为第 1 页，奇数页码显示在文档的底部靠右，偶数页码显示在文档的底部靠左。文档偶数页加入页眉，页眉中显示文档标题“黑客技术”，奇数页页眉没有内容。

（7）将文档最后 5 行转换为 2 列 5 行的表格，倒数第 6 行的内容“中英文对照”作为该表格的标题，将表格及标题居中。

（8）为文档应用一种合适的主题。

（源自上机考试题库第七套）

3. 某出版社的编辑小刘手中有一篇有关财务软件应用的书稿“Word 素材 3——会计电算化节节高升.docx”，打开该文档，按下列要求帮助小刘对书稿进行排版，并按原文件名进行保存：

（1）按下列要求进行页面设置：纸张大小 16 开，对称页边距，上边距 2.5 厘米、下边距 2 厘米，内侧边距 2.5 厘米、外侧边距 2 厘米，装订线 1 厘米，页脚距边界 1.0 厘米。

（2）书稿中包含三个级别的标题，分别用“(一级标题)”、“(二级标题)”、“(三级标题)”字样标出。对书稿应用样式、多级列表并对样式格式进行相应修改。

（3）样式应用结束后，将书稿中各级标题文字后面括号中的提示文字及括号“(一级标题)”、“(二级标题)”、“(三级标题)”全部删除。

（4）书稿的有若干表格及图片，分别在表格上方和图片下方的说明文字左侧添加形如“表 1-1”、“表 2-1”、“图 1-1”、“图 2-1”的题注，其中连字符“-”前面的数字代表章号、“-”后面的数字代表图表的序号，各章节图和表分别连续编号。添加完毕，将样式“题注”的格式修改为仿宋、小五号字、居中。

（5）在书稿中用红色标出的文字的适当位置，为前两个表格和前三个图片设置自动引用其题注号。为第 2 张表格“表 1-2 好朋友财务软件版本及功能简表”套用一个合适的表格样式，保证表格第 1 行在跨页时能够自动重复，且表格上方的题注与表格总在一页上。

（6）在书稿的最前面插入目录，要求包含标题第 1～第 3 级及对应页号。目录、书稿的每一章均为独立的一节，每一节的页码均以奇数页为起始页码。

（7）目录与书稿的页码分别独立编排，目录页码使用大写罗马数字（Ⅰ、Ⅱ、Ⅲ……），书稿页码使用阿拉伯数字（1、2、3……）且各章节间连续编码。除目录首页和每章首页不显示页码外，其余页面要求奇数页页码显示在页脚右侧，偶数页页码显示在页脚左侧。

（8）将图片“Tulips.jpg”设置为本文稿的水印，水印处于书稿页面的中间位置、图片增加“冲蚀”效果。

（源自上机考试题库第十套）

第 4 章 Excel 2010 电子表格软件

主要知识点：

- Excel 的基本功能，工作簿和工作表的基本操作，工作视图的控制
- 工作表数据的输入、编辑和修改
- 单元格格式化操作、数据格式的设置
- 工作簿和工作表的保护、共享及修订
- 单元格的引用、公式和函数的使用
- 多个工作表的联动操作
- 迷你图和图表的创建、编辑与修饰
- 数据的排序、筛选、分类汇总、分组显示和合并计算
- 数据透视表和数据透视图的使用
- 数据模拟分析和运算
- 宏功能的简单使用
- 获取外部数据并分析处理

4.1 Excel 2010 简介

4.1.1 Excel 2010 的基本功能

Excel 软件是 Office 办公自动化软件的重要组件之一，是一款功能非常强大的电子表格处理软件。使用 Excel 可以快速创建电子表格，可以进行复杂的数据组织、计算、分析和统计，还可以快速生成图表及数据透视表。Excel 广泛应用于财务、统计、金融、学生管理、人事管理、行政管理等领域。

Excel 2010 新增了迷你图和智能粘贴功能。迷你图是 Excel 中加入的一种全新的图表制作工具，它以单元格为绘图区域，可绘制出简明的数据小图表，从而快速查看数据模型。智能粘贴功能是在选择性粘贴上方增加粘贴选项，包括粘贴、值、公式、转置、格式、粘贴链接等，如图 4-1 所示。

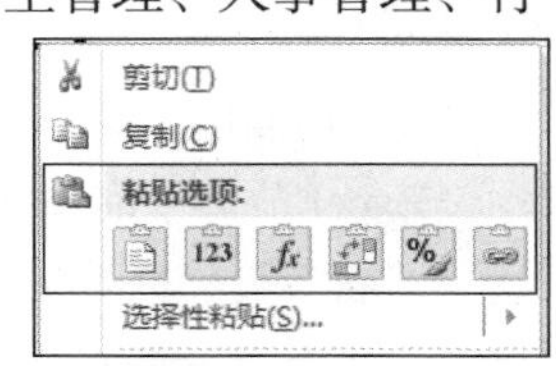

图 4-1　Excel 2010 的智能粘贴功能

4.1.2 Excel 2010 的工作界面

Excel 2010 的工作界面主要由标题栏、“文件”按钮、功能区、名称框、编辑栏、工作区和滚动条等部分组成，如图 4-2 所示。

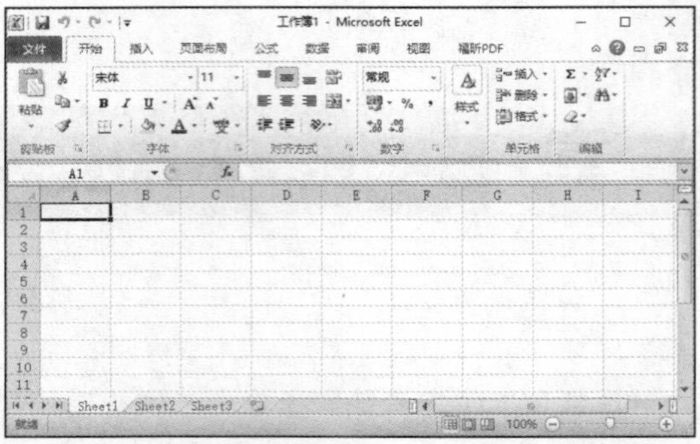

图 4-2　Excel 2010 的工作界面

1. 标题栏

标题栏位于 Excel 窗口的最上方，用于显示当前工作簿和窗口的名称，标题栏从左到右依次为控制菜单图标、快速访问工具栏、工作簿名称和控制按钮。

快速访问工具栏包含“保存”按钮、“撤消”按钮和“恢复”按钮等，单击快速访问工具栏右侧的“自定义快速访问工具栏”按钮，可添加自定义快速访问工具，也可将快速访问工具栏显示在功能区下方。

2. “文件”按钮

Excel 中用新增的“文件”按钮取代了传统的“文件”菜单，“文件”按钮包含保存、另存为、打开、关闭、信息、最近所用文件、新建、打印、保存并发送、帮助、选项、退出等功能，如图 4-3 所示。

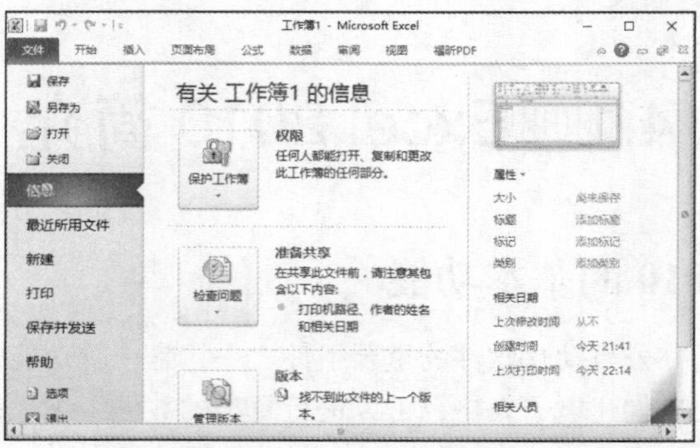

图 4-3　Excel 2010“文件”按钮

3. 功能区

Excel 放弃了沿用多年的下拉菜单，采用选项卡模式组织命令按钮。默认情况下，功能区由“开始”、“插入”、“页面布局”、“公式”、“数据”、“审阅”、“视图”和“加载项”组成，如图 4-4 所示。

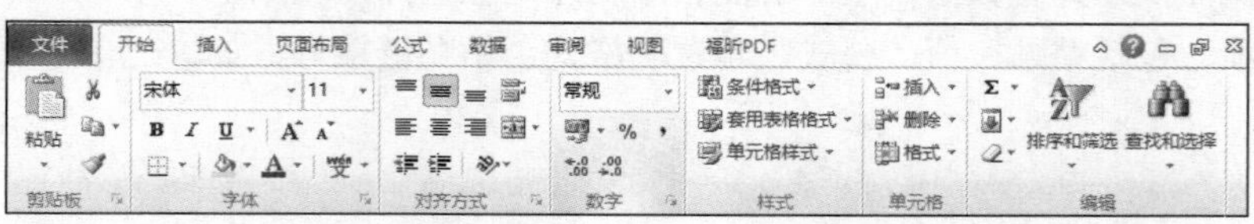

图 4-4　Excel 2010 功能区

每个选项卡中，以“组”的方式将功能相近的命令按钮组织在一起，使用功能区，只需单击该选项卡，再单击需要使用的命令按钮即可。鼠标指向按钮，停留片刻，即可显示该按钮的功能说明。按钮右侧含有下拉箭头 ▾ ，代表含有下拉库，可以选择该功能的子功能。“组”右侧含有启动器按钮 ，单击启动器按钮可以打开对应“组”的对话框或任务窗格。

4. 名称框和编辑栏

名称框和编辑栏位于功能区下方，如图 4-5 所示。名称框用于显示当前活动单元格的地址，编辑栏用于编辑当前活动单元格的数据和公式。

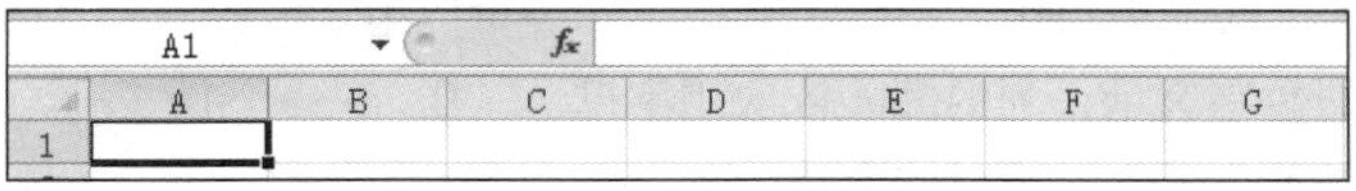

图 4-5　Excel 2010 名称框和编辑栏

5. 工作区

工作区是由行列组成的二维表，是 Excel 用于记录和显示数据的区域。工作区下方 Sheet1、Sheet2、Sheet3 代表“工作表”标签，用于显示工作表的名称。

6. 滚动条

滚动条位于工作表区域右下方和右侧，用于改变工作表的可见区域。在制作 Excel 表格时，如果数据行较多时，一旦向下滚屏，上面的标题行也跟着滚动，在处理数据时往往难以分清各列数据对应的标题，采用“冻结窗格”功能可以很好地解决这一问题。具体方法是将光标定位在要冻结的标题行（可以是一行或多行）的下一行，然后单击“视图”→“窗口”→“冻结窗格”→“冻结拆分窗格”命令，也可选择“冻结首行”或“冻结首列”来固定显示首行或首列。上下滚屏时，被冻结的标题行总是显示在最上面，大大增强了表格编辑的直观性，如图 4-6 所示。

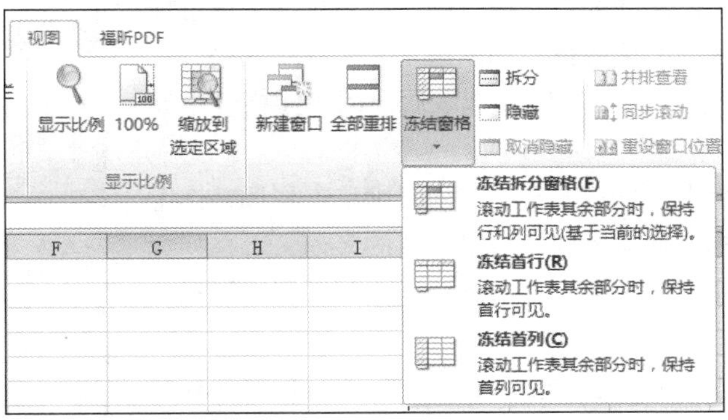

图 4-6　冻结窗格

4.2　工作表的建立与编辑

4.2.1　工作簿和工作表的基本操作

1. 工作簿

Excel 工作簿是计算和存储数据的文件，新建 Excel 文件默认为“工作簿 1”，扩展名为“.xlsx”。

每个工作簿都包含多张工作表，因此，可在一个工作簿中管理多张相关工作表。

工作簿的基本操作包含创建工作簿、保存工作簿、打开工作簿。

启动 Excel 2010，Excel 将自动创建一个空白工作簿；单击"文件"→"保存/另存为"命令，选择保存位置，在文件名组合框中输入文件名称，单击"保存"，即可完成保存操作。

单击"文件"→"打开"命令，在弹出的对话框中选择所需的工作簿，单击"打开"按钮即可打开工作簿；也可通过双击方式打开已存储的 Excel 文件。

2. 工作表

工作表是显示在工作簿窗口中的表格。一个工作表可以由 65536 行和 256 列构成。行的编号依次用 1 到 65536 的数字表示，列的编号依次用字母 A、B、……、IV 表示。行号显示在工作簿窗口的左边，列号显示在工作簿窗口的上边。

工作表标签显示了系统默认的三个工作表名：Sheet1、Sheet2、Sheet3，用户可以根据需要添加工作表。其中白色的工作表标签表示活动工作表，单击某个工作表标签，可以选择该工作表为活动工作表。

工作表的基本操作包括插入工作表、删除工作表、重命名工作表、移动或复制工作表。

3. 单元格

单元格是组成 Excel 工作簿的最小单位，是表格中行与列的交叉部分。数据的输入和修改都是在单元格中进行的。单元格按所在的行列位置来命名，例如，地址"B5"指的是"B"列与第 5 行交叉位置上的单元格。一个工作表由许多单元格构成，其中带有黑色粗框的单元格是当前活动单元格，用于数据的输入与编辑。

单元格的基本操作包括选定单元格、编辑单元格。

在单元格上单击鼠标，即可选定一个单元格。如需选定一定范围的连续单元格，可单击该范围内的第一个单元格，按住"Shift"键，再单击该范围内的最后一个单元格，则两次单击之间的单元格范围就会被选定；也可拖动鼠标，选定某一范围内的单元格。如需选定非连续单元格，可单击第一个单元格，按住"Ctrl"键，选取后面的单元格或单元格范围。

要选定一行，则单击行标；要选定一列，则单击列标；选定连续的多行，可在行标上拖动鼠标；选定连续的多列，可在列标上拖动鼠标。全选可用"Ctrl+A"组合键，也可单击位于行标 1 上方，列标 A 左侧的全选符号。

在 Excel 中，选定一行（列）或多行（列），在行标或列标上单击鼠标右键，即可在弹出的快捷菜单中选择插入、复制、粘贴、删除行或列等操作，如图 4-7 所示。

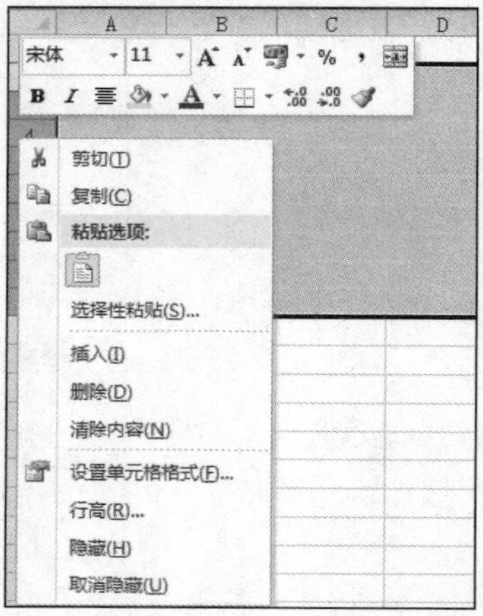

图 4-7 行操作

4.2.2 数字格式与数据输入

Excel 工作表的创建需在单元格中输入数据。单击选中目标单元格后，即可开始输入数据；双击目标单元格，单元格中就会插入光标，即可开始修改、删除数据。

Excel 本质上是一个二维表，输入单元格的数据需根据数据类型进行格式设置。选择需要设置格式的单元格或单元格区域，单击"开始"→"单元格"→"格式"→"设置单元格格式"命令，或单击鼠标右键选择"设置单元格格式"，均可打开"设置单元格格式"对话框。数字分类包括常规、数值、货币、会计专用、日期、时间、百分比、分数、科学记数、文本、特殊、自定义等格式类型。在一个单元格中，输入的数字并非都是数值，可以是日期，可以是“特殊”格式中的“邮政编码、中文小写数字”，可以是以文本格式存放的编号、银行卡号或身份证号，用好“数字”格式，可以增加单元格数据的可读性。

在 Excel 中，不同类型的数据需要不同的输入技巧。

1. 输入文本

文本包括汉字、英文字母、特殊符号、数字、空格以及其他符号。在 Excel 中，文本默认的对齐方式是左对齐，一个单元格内最多可容纳 32 767 个字符。如果相邻单元格中没有数据，Excel 允许长文本覆盖其右边相邻的单元格。

连续输入数据时，按“Tab”键可激活右侧相邻单元格，按“Enter”键，可激活下方相邻单元格。如需在一个选定范围内连续输入数据，可按“Tab”键水平方向连续输入，按“Enter”键垂直方向连续输入。

Excel 中，经常需输入账号、身份证号、邮政编码及以“0”开头的序号等以文本格式存放的特殊数字，该类数据的最大特点是不参与运算，可输入英文“'”号为前导符，再输入数字。或单击“设置单元格格式”→“数字”→“分类”命令，设置单元格格式为“文本”类型，再输入数字，如图 4-8 所示。否则，以“0”开头时“0”会自动省略，数字超过 11 位会自动识别为科学记数，如输入 620105 开头的身份证号码，单元格内会显示“6.20105E+17”。

图 4-8 设置单元格格式

2. 输入数字

输入数字和输入文本是一致的，区别在于数字的默认对齐方式是右对齐。

如需输入分数，需在分数前输入“0”，并且“0”和分子之间用空格间隔，否则会被识别为日期型数据，例如，要输入分数“4/5”，需输入“0 4/5”。

如需输入负数，可在数字前加“-”号，也可将数字置于“( )”中，例如，“-1”和“(1)”均表示-1。

3. 输入日期和时间

日期和时间实际上是一种特殊的数字。输入日期时，可以用“/”或“-”间隔年、月、日，尽量采用 4 位的年份。为避免输入错误，可单击“设置单元格格式”→“数字”→“分类”命令，设置单元格格式为“日期”，并选择一种日期格式再输入，如图 4-9 所示。输入时间时，分 12 小时制和 24 小时制。按 12 小时制输入时，需在时间数字后加一空格，然后输入 a 或 p 代表上午或下午；按 24 小时制输入时，直接输入时间。如需同时输入日期和时间，日期、时间之间要用空格间隔。

快速输入当前日期，可使用“Ctrl+;”组合键，快速输入当前时间，可使用“Ctrl+Shift+;”组合键。

货币型、百分比、科学记数、特殊类型数据的输入同理。

4. 输入公式、符号

Excel 中，输入公式可通过单击“插入”→“符号”→“公式”命令完成，如图 4-10 所示。

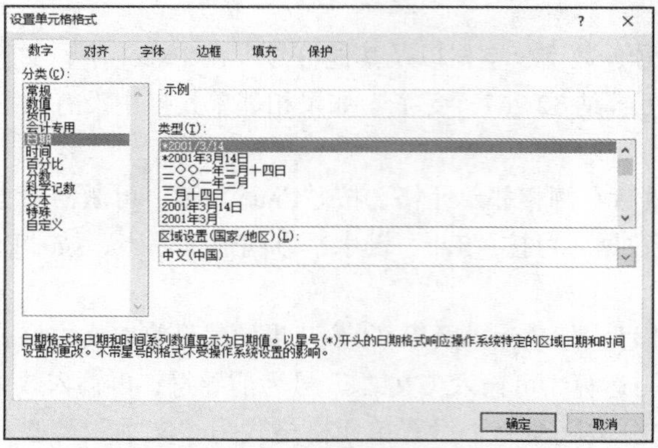

图 4-9　设置单元格格式-日期

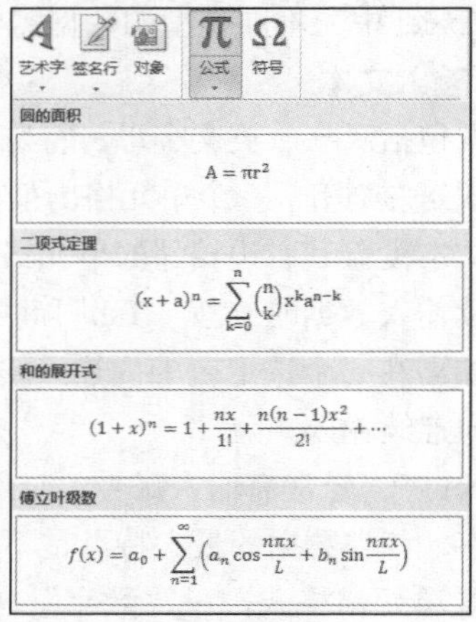

图 4-10　插入公式

Excel 中，输入符号可通过“插入”→“符号”→“符号”完成。符号又分为“符号”和“特殊字符”，如图 4-11 所示。

5. 输入多行数据

Excel 中，单元格内数据换行，需勾选“设置单元格格式”→“对齐”→“自动换行”，如图 4-12 所示。也可在需换行的位置按住“Alt+Enter”组合键强制换行。

图 4-11　插入符号

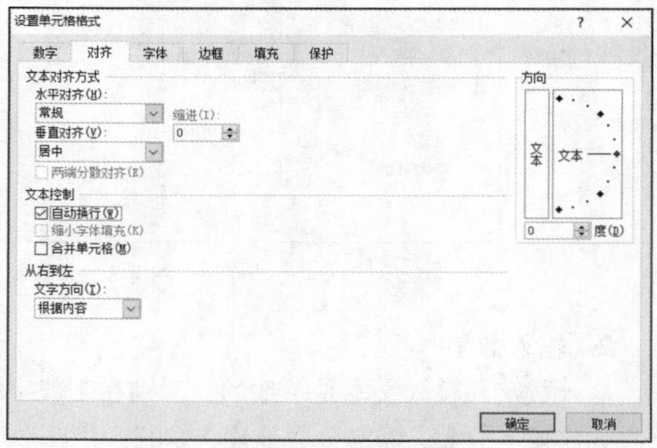

图 4-12　文本控制

6. 多个单元格输入相同数据

Excel 中，如需在多个单元格输入相同的数据，可选中多个单元格，在第一个单元格内输入数据，按住“Ctrl+Enter”组合键完成选中单元格的数据输入。如学籍数据中会重复出现多个相同的性别、政治面貌等信息，首先按住“Ctrl”键，不连续选中需输入性别为“女”的单元格，然后在第一个单元格输入“女”，按住“Ctrl+Enter”组合键完成选中单元格值为“女”的数据录入。

4.2.3　数据填充

Excel 中，有规律的数据可采用自动填充方式输入，当前单元格▭右下角黑色的小点称作填充柄，鼠标移动到该点，变为实心十字光标，按住鼠标左键下拉，完成数据的自动填充。填充区域的右下角出现填充选项，单击展开选项，可选择复制单元格或其他填充方式，如图 4-13 所示。

采用 Excel 的自动填充可完成序号、日期、星期、月份、季度等数据的自动填充输入；也可单击“开始”→“编辑”→“填充”→“系列”命令，在“序列”对话框中设置步长，选择等差序列、等比序列填充，如图 4-14 所示。

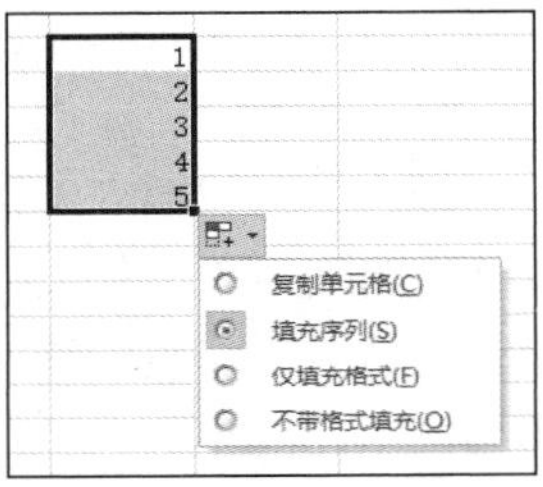

图 4-13　自动填充

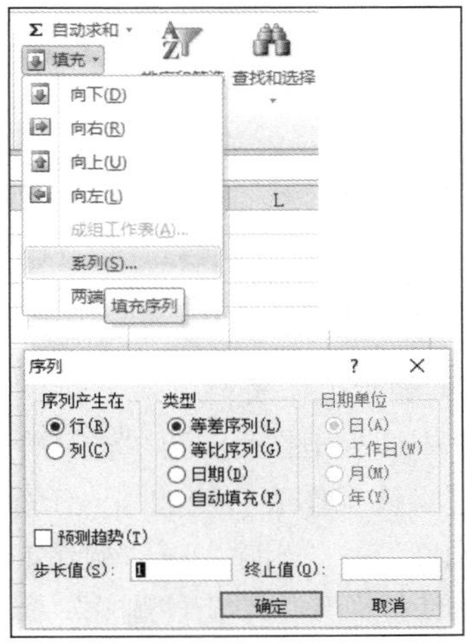

图 4-14　序列

除采用默认的填充序列，用户也可自定义序列来填充，如在按职称排序或数据填充时，我们可设置“教授、副教授、讲师、助教”为自定义序列。在 Excel 中单击“文件”→“选项”命令，打开“Excel 选项”对话框，如图 4-15 所示。

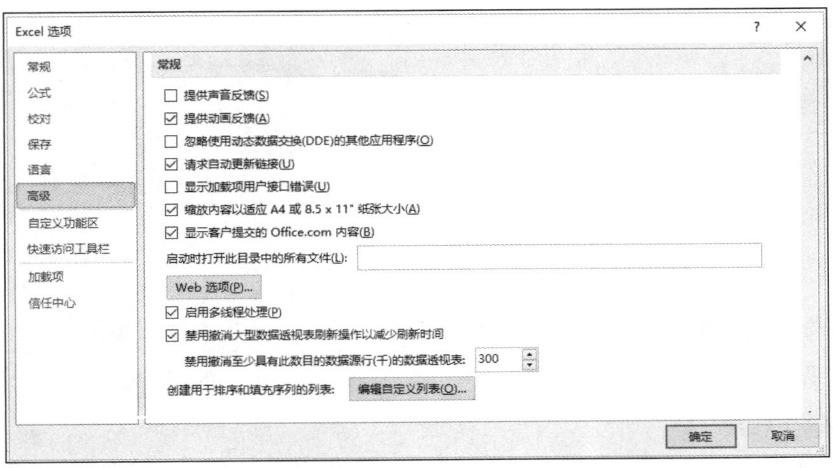

图 4-15　Excel 选项

单击“高级”→“常规”→“编辑自定义列表”命令，打开“自定义序列”选项，如图 4-16 所示。建立自定义序列有两种方法，一是在“输入序列”窗口中输入数据，以“Enter”键分隔序列条目，单击“添加”完成自定义序列；二是从 Excel 表格中选择需自定义序列的数据区，单击“导入”完成自定义序列。

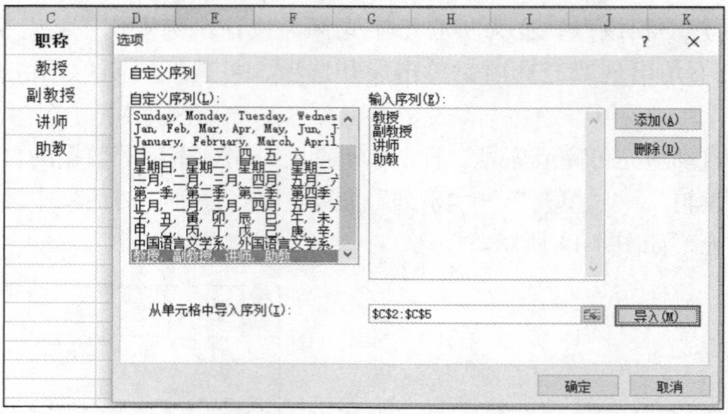

图 4-16　自定义序列

4.2.4　编辑工作表

1. 插入和删除工作表

在 Excel 中插入工作表，可单击“开始”→“单元格”→“插入”→“插入工作表”命令完成，也可通过默认工作表右侧的插入工作表按钮完成。如果要删除某个工作表，可单击“开始”→“单元格”→“删除”→“删除工作表”命令完成；也可通过在工作表标签上单击鼠标右键，在弹出的快捷菜单上单击“删除”命令完成，如图 4-17 所示。

2. 移动和复制工作表

Excel 工作表可以在一个或多个工作簿中移动或复制。如果需将工作表复制或移动到不同的工作簿，需同时打开目标工作簿。复制或移动工作表时，需选中一个或多个工作表，在工作表标签上单击鼠标右键，在弹出的快捷菜单上单击“移动或复制”命令，打开“移动或复制工作表”对话框，选择目标工作簿名称，选择工作表插入的位置，单击“确定”按钮完成工作表移动。如需复制工作表，选中“建立副本”，如图 4-18 所示。

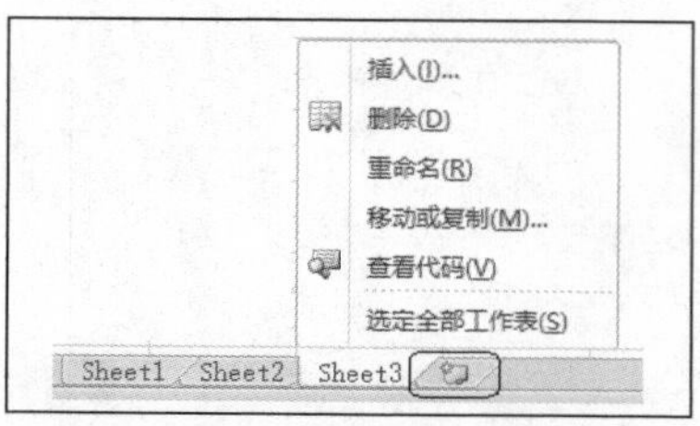

图 4-17　工作表的基本操作

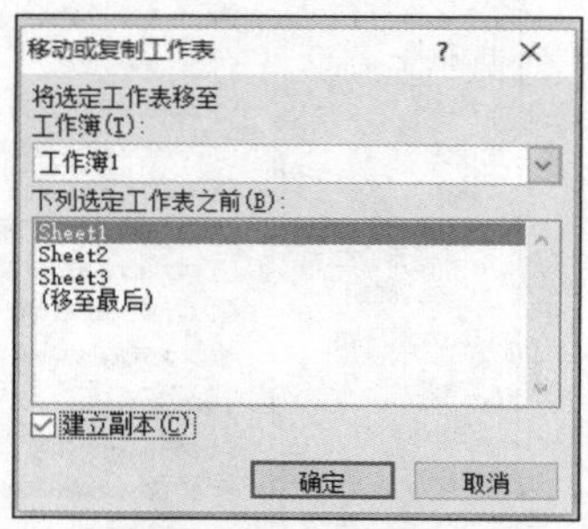

图 4-18　复制或移动工作表

3. 重命名工作表

同一工作簿中存放的多是相关的多张工作表，为方便用户辨认、查找和使用，需为每张工作表起一个有意义的名字。重命名工作表可单击“格式”→“工作表”→“重命名”命令，在工作表标签颜色变黑后，输入新的名称完成；也可通过在工作表标签上单击鼠标右键，在弹出的快捷菜单上单击“重命名”命令，在工作表标签颜色变黑后，输入新的工作表名称完成。

4. 隐藏工作表

Excel 有隐藏工作表功能。如果某些工作表不希望被他人看到，可以将工作表隐藏起来。隐藏工作表可通过在希望隐藏的工作表标签上单击鼠标右键，在弹出的快捷菜单上单击“隐藏”命令完成。如需取消隐藏，在工作表标签上单击鼠标右键，在弹出的快捷菜单上单击“取消隐藏”，在弹出的“取消隐藏”对话框中选择需取消隐藏的工作表，然后单击“确定”按钮来完成。

5. 保护工作表和工作簿

Excel 的保护工作表功能可保护工作表及锁定的单元格内容，单击“审阅”→“保护工作表”命令可设置工作表的单元格权限，如图 4-19 所示。

Excel 的保护工作簿功能可保护工作簿的结构和窗口，单击“审阅”→“保护工作簿”命令可设置工作簿的权限，如图 4-20 所示。

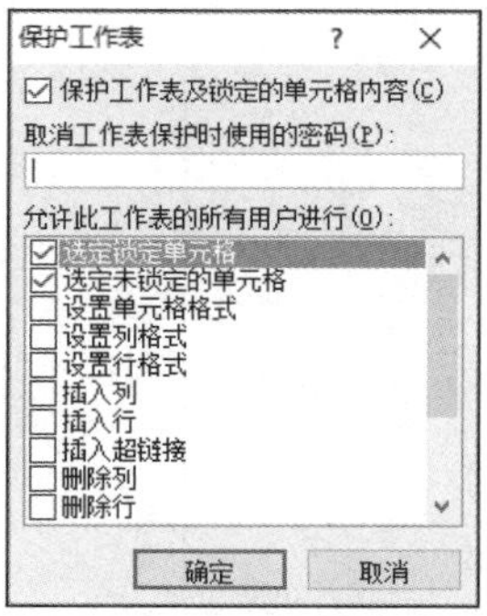

图 4-19　保护工作表

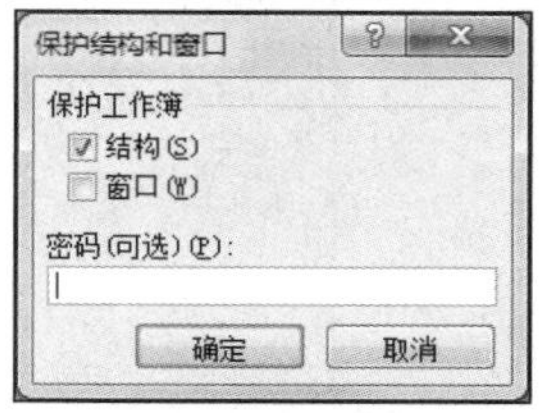

图 4-20　保护工作簿

Excel 中，有时需要对一些数据或者表格进行加密，使其在有限的范围内传送，可设置工作簿的“打开文件”权限和“编辑文件”权限，只有输入密码才能打开或者编辑 Excel 工作簿。设置方法如下：

单击“文件”→“另存为”命令，打开“另存为”对话框，如图 4-21 所示。

单击“工具”→“常规选项”命令，打开“常规选项”对话框，即可设置打开权限密码和修改权限密码，如图 4-22 所示。

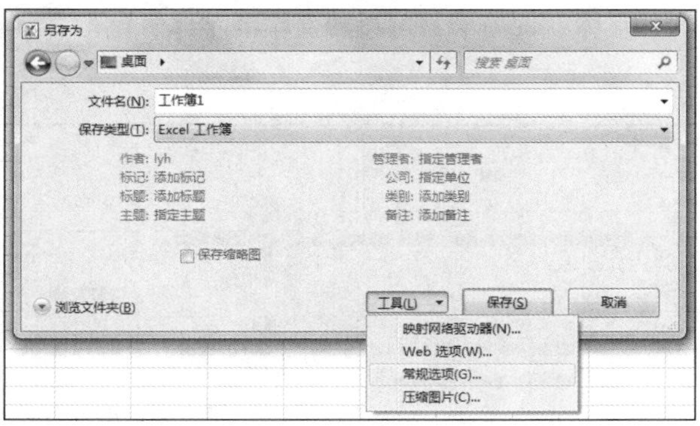

图 4-21　“另存为”对话框

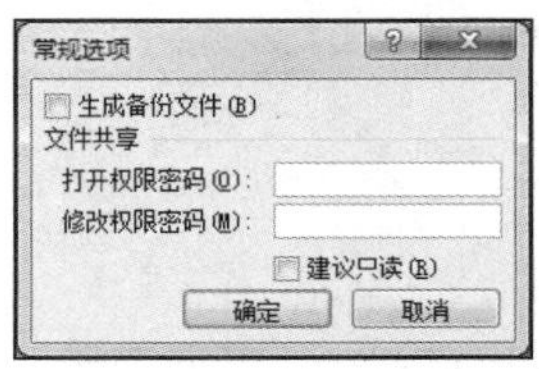

图 4-22　设置密码

4.2.5　修饰工作表

专业的表格样式与合理的美化可增强表格的可读性。本节将着重学习表格的外观设计与美化。

1. 设置单元格格式

Excel 单元格中的数字类型、文本对齐方式、字体、边框、填充和保护均可以通过“设置单元格格式”对话框完成。选择需要设置格式的单元格或单元格区域，单击“开始”→“单元格”→“格式”→“设置单元格格式”命令，或单击鼠标右键，在弹出的快捷菜单上单击“设置单元格格式”，均可打开“设置单元格格式”对话框。

（1）设置对齐方式

默认情况下，单元格中的文本是左对齐的，数字是右对齐的，为了排版整齐，可单击“设置单元格格式”→“对齐”标签设置文本的对齐方式，如图 4-23 所示。同时，“开始”→“对齐方式”选项卡提供了常用的单元格对齐方式工具按钮，可方便进行对齐方式设置。一般情况下，单元格内容较少时可选择居中对齐，内容较多时，选择左对齐。

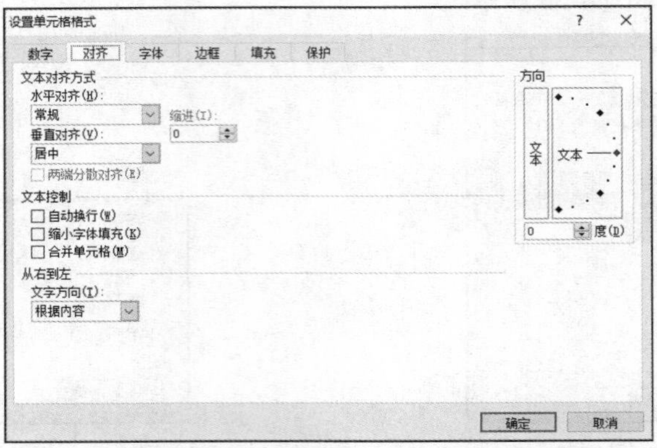

图 4-23　设置单元格格式——对齐

“文本控制”可设置自动换行、缩小字体填充和合并单元格。“文字方向”可设置内容从左到右显示还是从右到左显示。“方向”可设置内容在单元格内水平、垂直或以任意角度显示。

（2）设置单元格字体

“开始”→“字体”选项卡提供了常用的单元格字体格式设置工具按钮，可方便进行字体格式设置，如图 4-24 所示。

将“设置单元格格式”对话框切换到“字体”选项卡，可设置文本的字体、字形、字号、下划线、颜色和特殊效果，如图 4-25 所示。

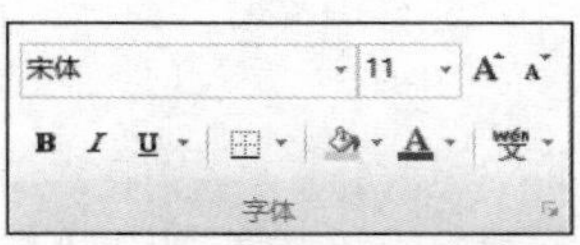

图 4-24　设置字体

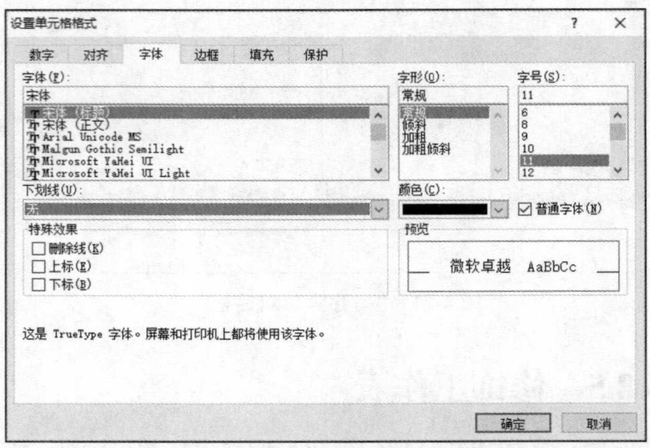

图 4-25　设置单元格格式——字体

单击“下划线”右侧的下拉箭头，可选择下划线类型；“特殊效果”可设置删除线、上标、下标效果。

（3）设置单元格边框

“开始”→“字体”选项卡提供了边框工具按钮 ，可方便进行简单边框设置。如需设置复杂边框效果，将“设置单元格格式”对话框切换到“边框”选项卡，选择“线条”栏样式、颜色，“边框”栏边框类型进行设置，如图 4-26 所示

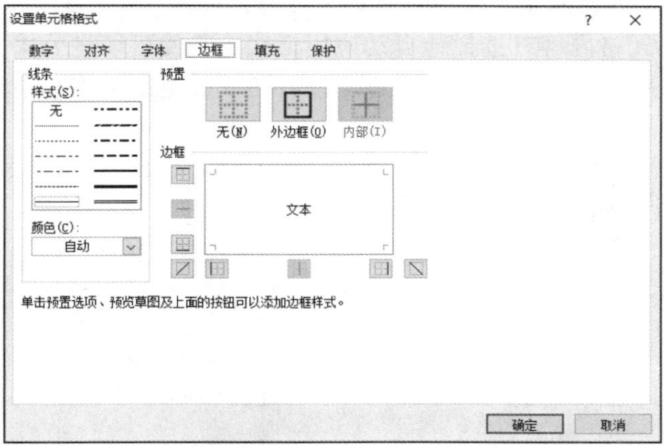

图 4-26　设置单元格格式——边框

（4）设置单元格填充效果

将“设置单元格格式”对话框切换到“填充”选项卡，选择背景色、图案颜色、图案样式，设置填充效果。如图 4-27 所示。

（5）单元格保护

将“设置单元格格式”对话框切换到“保护”选项卡，可以为单元格设置保护，防止非法修改，如图 4-28 所示。

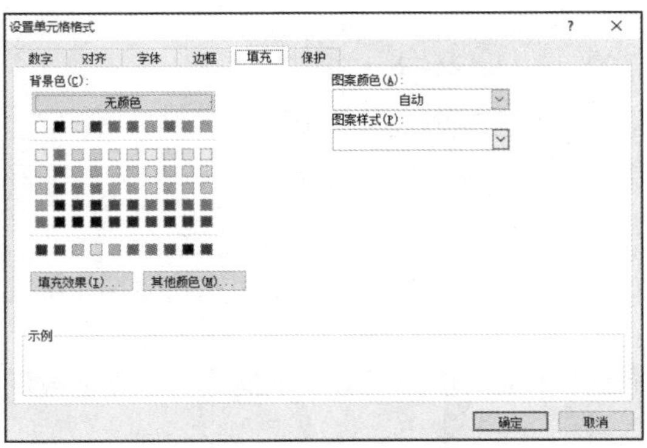

图 4-27　设置单元格格式——填充

图 4-28　设置单元格格式——保护

2. 设置行高、列宽

Excel 中，工作表默认行高为 14.25，列宽为 8.28，适当调整工作表的行高和列宽，可以使表格的打印效果更加美观，增加表格内容的可读性。

设置行高时，选定需设置的一行或多行，鼠标移动到行号数字间的边框上，变为上下双向箭头，拖动鼠标调整行高；或单击鼠标右键，在弹出的快捷菜单上选择“行高”，输入行高值来调整。

单击“开始”→“单元格”→“格式”→“自动调整列宽”命令，或全选表格，鼠标移动到列标字母间的边框上，变为左右双向箭头，双击鼠标，自动调整列宽。

3. 使用样式

Excel 为用户提供了“条件格式”、“套用表格格式”与“单元格样式”等多种样式。单击“开始”→“样式”命令，可设置与修改样式，如图 4-29 所示。

（1）条件格式

条件格式就是当单元格满足某种或某几种条件时，显示为设定的单元格格式。简单来说，条件格式就是根据单元格内容有选择地自动应用格式。条件可以是公式、文本或数值。在有大量数据需要观察分析时，条件格式的设置可以方便我们更简单直观地对数据做出比较，得出结果。

选中需要设定条件格式的单元格区域，单击“开始”→“样式”→“条件格式”命令，弹出“条件格式”下拉菜单，如图 4-30 所示。

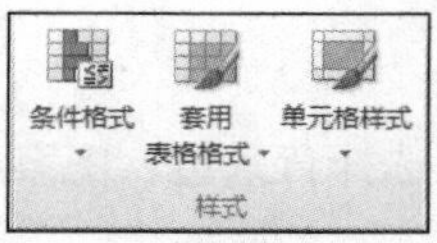

图 4-29　样式

图 4-30　条件格式样式

选择条件格式样式，设置条件值和“设置为”格式，单击“确定”按钮即可完成。如图 4-31 所示。

图 4-31　设置条件值

条件格式样式说明如下：

- 突出显示单元格规则：通过使用“大于”“小于”“介于”“等于”比较运算符限定数据范围，对属于该数据范围内的单元格设定格式。
- 项目选取规则：可以对选定区域的前若干个最高值或后若干个最低值、高于或低于该区域的平均值的单元格设定特殊格式。
- 数据条：数据条可帮助读者查看某个单元格相对于其他单元格的值，数据条的长度代表单元格中的值。在比较各个项目的多少时，数据条尤为有用。
- 色阶：通过颜色渐变来直观地比较单元格中的数据分布和数据变化。
- 图标集：使用图标集对数据进行注释，每个图标代表一个值的范围。

（2）套用表格样式

打开需要套用格式的工作表，单击“开始”→“样式”→“套用表格样式”命令，选择表格样式，打开“套用表格式”对话框，设置“表数据的来源”区域，设置是否包含标题，单击“确定”按钮即可完成表格样式套用，如图 4-32 所示。

（3）单元格样式

选中目标单元格，单击“开始”→“样式”→“单元格样式”命令，弹出“单元格样式”下拉菜单，选择单元格样式，即可完成。如图 4-33 所示。

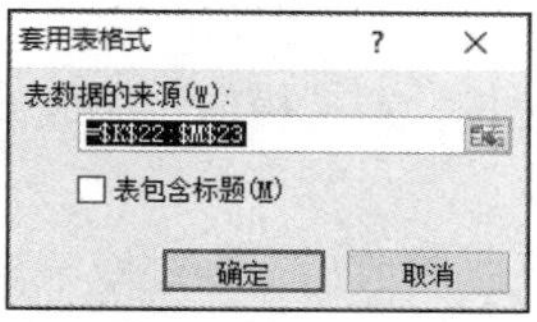

图 4-32　套用表格样式

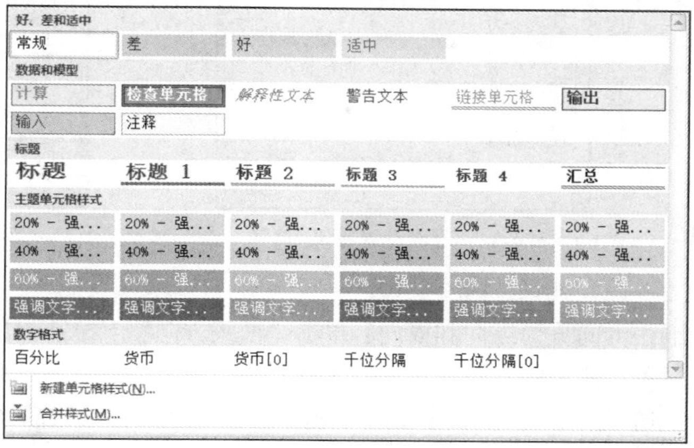

图 4-33　单元格样式

4.2.6　打印工作表

1. 打印设置

Excel 并不是“所见即所得”的，因此，在准备打印和输出工作表之前，需进行相应的设置。可单击“页面布局”选项卡，在“页面设置”和“调整为合适大小”组中进行设置，如图 4-34 所示。

（1）设置页边距

页边距是指工作表中的打印内容与页面上、下、左、右页边的距离。单击“页面设置”组中的“启动器”按钮，弹出“页面设置”对话框，在“页边距”选项卡中，可设置上、下、左、右页边距。如图 4-35 所示。

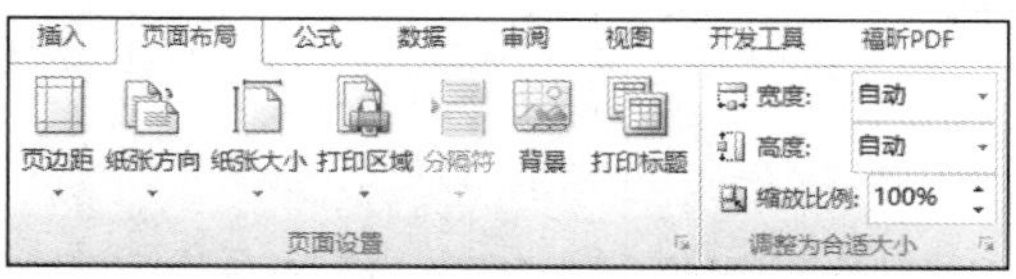

图 4-34　打印设置

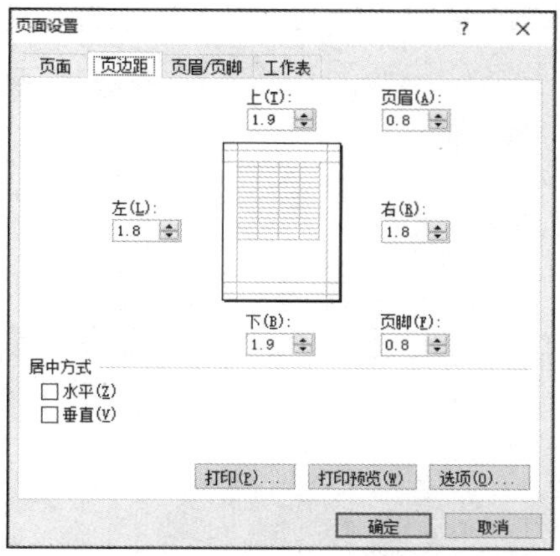

图 4-35　页面设置-页边距

切换到“页眉/页脚”选项卡，单击页眉、页脚右侧的下拉箭头可设置页眉和页脚，也可单击“自定义页眉”、“自定义页脚”来自定义页眉和页脚，如图 4-36 所示。

切换到“工作表”选项卡，可设置打印区域、顶端标题行、左端标题行。如图 4-37 所示。

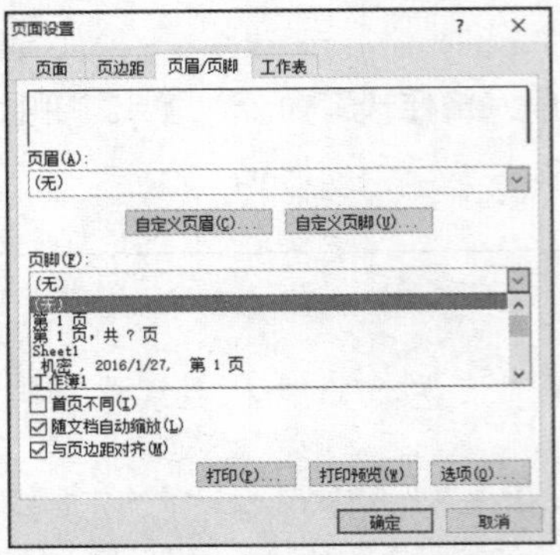

图 4-36　页面设置-页眉/页脚

图 4-37　页面设置-工作表

（2）设置纸张方向

纸张方向分为纵向和横向，单击“纸张方向”下拉箭头，选择“纵向”或“横向”完成设置。

（3）设置纸张大小

单击“纸张大小”下拉箭头，可选择纸张大小。纸张的规格是指纸张制成后，经过修整切边，裁制成的尺寸。过去是以“开”来表示纸张的大小，如 8 开或 16 开等。现在多采用国际标准，把幅面规格分为 A 型、B 型，如 A4 纸就是将 A 型基本尺寸的纸折叠 4 次裁制成的尺寸。A4 是最常用的纸张大小。

（4）设置缩放比例

单击“页面布局”→“调整为合适大小”→“缩放比例”右侧的微调按钮，或者在“缩放比例”右侧的小方框内输入数字，可设置放大和缩小 Excel 的工作表比例。Excel 可设置工作表缩小到正常尺寸的 10%，也可放大到正常尺寸的 400%。

通过设置缩放比例，可不用调整工作表格式，直接按不同纸张大小输出文档。例如，排版完成的 A4 幅面工作表，只需调整缩放比例为 150%，即可直接在 A3 幅面打印输出。

2. 打印

单击“文件”→“打印”命令，选择打印机，查看打印预览效果并进行打印设置，预览效果满意后单击“打印”命令，即可打印文档，如图 4-38 所示。

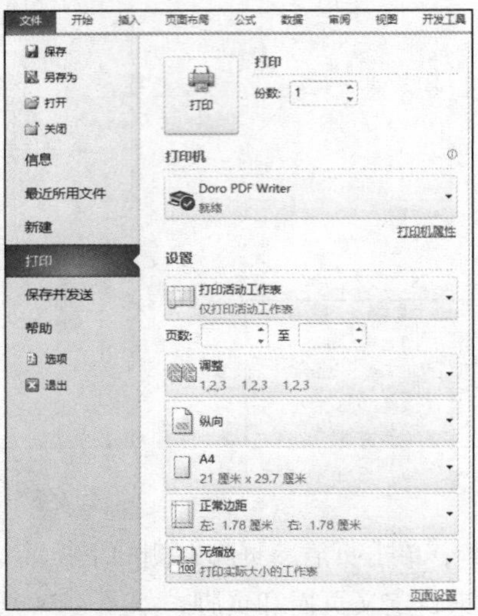

图 4-38　打印

4.3　公式

4.3.1　公式概述

公式与函数是 Excel 的精华，是 Excel 数据处理的核心。使用公式可进行简单的算术运算，可也进行复杂的财务、统计和科学计算，还可进行比较运算和字符串运算。

简单来说，公式就是以等号开头，以单元格引用、数据和符号组成的运算序列。在单元格中输入公式并按"Enter"键后，公式的结果就会显示在工作表中。双击公式所在的单元格，可编辑和查看公式。

1. 运算符

Excel 中，运算符可分为 4 类：算术运算符、比较运算符、文本运算符和引用运算符。

（1）算术运算符

算术运算符可完成基本的算术运算，包括加（+）、减（-）、乘（*）、除（/）、乘方（^）、百分号（%）等。如"=A1*10"、"=5^2"、"=A2/100"。

（2）比较运算符

比较运算符用于比较两个数值或单元格引用，并产生逻辑值 True 和 False，包括等于（=）、大于（>）、小于（<）、大于等于（>=）、小于等于（<=）、不等于（<>）等。如"=3=5"、"=A2>10"、"=A1<>0"。比较运算符多用于"if"函数中的逻辑判断。

（3）文本运算符

文本运算符"&"用于连接（联接）一个或多个文本字符串，以生成一段文本。当用"&"连接数字或单元格引用时，数字串、单元格引用不加双引号，但连接字母、字符串和文本时，字母、字符串和文本必须加英文双引号。如"="中国语言文学"&"系""、"=A3&"元""、"=1000&"克""。

（4）引用运算符

引用运算符可以将单元格区域合并运算，包括区域运算符（:）、联合运算符（,）和交叉运算符（空格）。联合运算符即两个区域运算符的并集，交叉运算符即两个区域运算符的交集。例如，"=Sum(A2:A10)"的运算结果是 45；"=Sum(A2:A10,B2:B10)"的运算结果是 63；"=Sum(A2:A10 A2:B6)"的运算结果是 15，如图 4-39 所示。

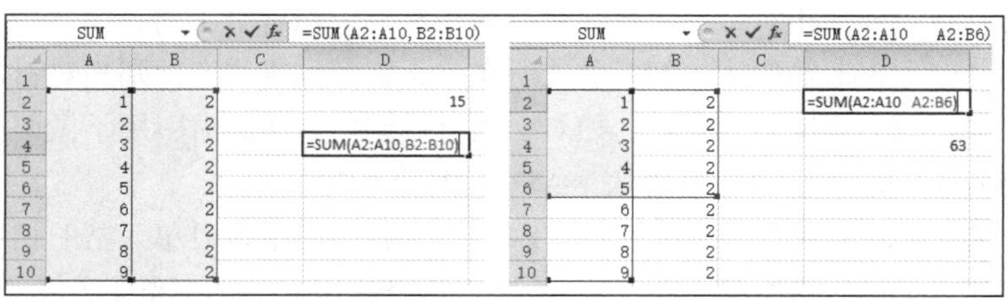

图 4-39　联合运算与交叉运算

2. 运算顺序

对于同级运算，可直接从等号开始从左到右运算。当公式中同时包含算术运算符、比较运算符、文本运算符和引用运算符中两种及以上运算时，就存在运算的先后顺序问题。常用运算符的优先级由高到低依次为：引用运算符（区域运算符→联合运算符→交叉运算符）→负号→百分比→乘方→乘、除→加、减→文本运算符→比较运算符。

4.3.2 公式的基本操作

1. 建立公式

建立公式时，选择要输入公式的单元格，先输入“=”，然后输入计算表达式，按“Enter”键完成公式的输入。

2. 修改公式

修改公式时，单击需要修改公式的单元格，在编辑栏中对公式进行修改，按“Enter”键完成修改。

3. 公式的复制与移动

公式复制或移动时，可复制或剪切公式单元格，在目标单元格单击鼠标右键，单击“选择性粘贴”→“公式”，完成公式复制或移动。需在单元格区域输入同一公式时，也手动输入第一个公式，将鼠标移动到填充柄位置，按住鼠标左键下拉完成公式的自动填充。

4.3.3 单元格引用

Excel 中，每个单元格都有自己的行、列坐标，通过单元格地址来引用单元格中的数据，称为单元格引用。引用的作用在于标识工作表上的单元格或单元格区域，并告知 Excel 在何处查找要在公式中使用的值或数据。根据引用单元格的公式被复制时，新公式引用的单元格位置是否发生改变，可将引用类型分为相对引用、绝对引用和混合引用。

1. 相对引用

相对引用：引用格式形如“A1”。这种对单元格的引用是完全相对的，当引用单元格的公式被复制时，新公式引用的单元格的位置将会发生改变。例如：我们在单元格 A1～A5 中分别输入数值 1，2，3，4，5，然后在单元格 B1 中输入公式“=A1*2”，最后把 B1 单元格中的公式分别复制到 B2 至 B5，则会发现 B2 至 B5 单元格中的结果均等于对应左侧单元格的数值乘以 2。

2. 绝对引用

绝对引用：引用格式形如“$A$1”。这种对单元格引用的方式是完全绝对的，即一旦成为绝对引用，则无论公式如何被复制，对采用绝对引用的单元格的引用位置是不会改变的。例如：我们在单元格 A1～A5 中输入数值 1，2，3，4，5，然后在单元格 B1 中输入公式“=$A$1*2”，最后把 B1 单元格中的公式分别复制到 B2 至 B5 处，则会发现 B2 至 B5 单元格中的结果均等于 A1 单元格的数值乘以 2。

3. 混合引用

混合引用具有绝对列和相对行，或是绝对行和相对列。绝对引用列采用 $A1、$B1 等形式。绝对引用行采用 A$1、B$1 等形式。如果公式所在单元格的位置改变，则相对引用改变，而绝对引用不变。如果多行或多列地复制公式，相对引用自动调整，而绝对引用不做调整。例如，如果将一个混合引用从 A1 复制到 B1，它将从 =A$1 调整到=B$1。

在 Excel 中输入公式时，只要正确使用“F4”键，就能简单地对单元格的相对引用和绝对引用进行切换。例如，某单元格所输入的公式为“=SUM(B4:B8)”，选中整个公式，按下 F4 键，该公式内容变为“=SUM($B$4:$B$8)”，表示对横、纵行单元格均进行绝对引用。第二次按下 F4 键，公式内容又变为“=SUM(B$4:B$8)”，表示对横行进行绝对引用，纵行相对引用。第三次按下 F4 键，公式则变为“=SUM($B4:$B8)”，表示对横行进行相对引用，对纵行进行绝对引用。第四次按下 F4 键时，公式变回到初始状态“=SUM(B4:B8)”，即对横行纵行的单元格均进行相对引用。

4. 跨工作表引用

跨工作表引用，需在单元格地址前加上工作表名称，工作表名称与单元格地址之间用“!”间隔即可。例如，“=Sheet1!A2+Sheet2!A2”。

引用其他工作簿中的单元格被称为链接或外部引用，外部引用有两种显示方式，具体取决于引用源工作簿是打开的还是关闭的。

源工作簿打开时，引用格式为：[工作簿名称]工作表名称!单元格(单元格范围)。例如，引用book1 工作簿中 Sheet1 工作表的 C10:C25 范围求和，可输入“=SUM([book1.xlsx]Sheet1!C10:C25)”。

源工作簿未打开时，外部引用应包括完整路径，工作表或工作簿名称中包含字母时，文件名（或路径）必须置于单引号中。以上函数可输入“=SUM('D:\Reports\[book1.xlsx]Sheet1'!C10:C25)”。

4.4　函数

4.4.1　函数概述

函数是预定义的公式，可用于执行简单的或复杂的计算。函数的结构以等号(=)开始，后面紧跟函数名称和左括号，然后以逗号分隔输入该函数的参数，最后是右括号。大多数情况下，函数返回的是计算结果，也可返回文本、引用、逻辑值、数组或工作表的信息。灵活运用函数可方便地进行数据处理，提高工作效率。

1. 函数分类

Excel 函数其实是一些预定义的公式，它们使用一些称为参数的特定数值按特定的顺序或结构进行计算。Excel 函数一共有 11 类，分别是财务函数、日期与时间函数、数学和三角函数、统计函数、查询和引用函数、数据库函数、文本函数、逻辑函数、信息函数、工程函数以及用户自定义函数。

2. 输入函数

Excel 函数的一般形式为：

=函数名（参数 1,参数 2，…）

函数可手工输入，也可使用函数向导输入。

手工输入时，选择目标单元格，输入“=”，再输入函数名及参数，参数放于“( )”中跟在函数名后面，多个参数之间以“,”间隔。

使用函数向导输入时，选择目标单元格，单击“公式”→“插入函数”，打开“插入函数”对话框，如图 4-40 所示。

在“搜索函数”中输入一条简短说明，然后单击“转到”；或从“或选择类别”中选择函数类别，单击“选择函数”列表中的函数名称，单击“确定”按钮，打开“函数参数”对话框，如图 4-41 所示。

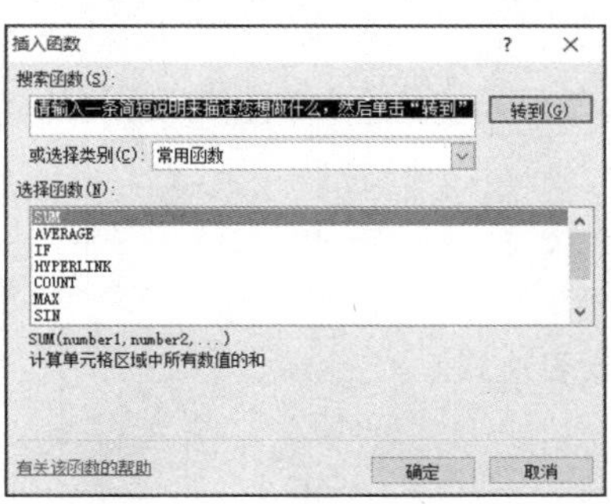

图 4-40　“插入函数”对话框

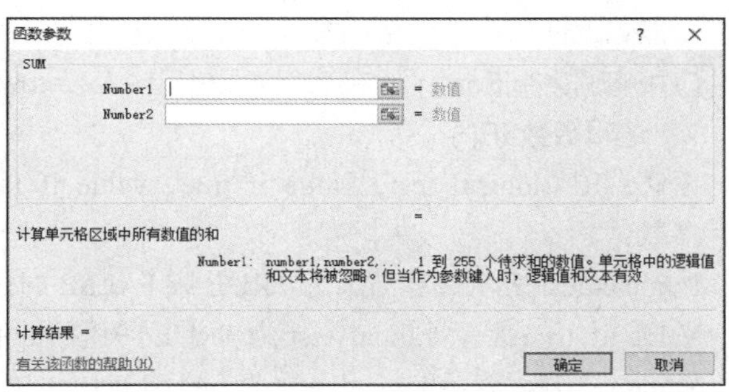

图 4-41　“函数参数”对话框

设置函数参数，单击“确定”按钮完成函数的输入。

4.4.2 常见函数及使用

Excel 中的函数有 200 多个，常用函数包括 Sum、Average、Max、Min、Count、Row、IF、CountIF、SumIF、AverageIF、Rank、VLOOKUP 等。

1. 求和函数 Sum( )

语法：Sum(number1，number2,. . .)

功能：返回参数或由参数给出的单元格区域的和。

参数：number1、number2、. . . 为 1 到 30 个数值（包括逻辑值和文本表达式）、区域或引用，各参数之间必须用逗号加以分隔。

应用实例：“=SUM(A1:B3)”、“=SUM(A2:A5,B2:B5)”。

2. 求平均值函数 Average( )

语法：Average（number1，number2,. . . ）

功能：返回参数或由参数给出的单元格区域的平均值。

参数：number1、number2、. . . 为 1 到 30 个数值（包括逻辑值和文本表达式）、区域或引用，各参数之间必须用逗号加以分隔。

应用实例：“= Average (A1:A10)”、“= Average (A1,A2,A3)”。

3. 求最大值函数 Max( )

语法：Max（number1，number2,. . . ）

功能：返回一组值中的最大值。

应用实例：“= Max (A2:D2)”。

4. 求最小值函数 Min( )

语法：Min（number1，number2,. . . ）

功能：返回一组值中的最小值。

应用实例：“= Min (A2:D2)”。

5. 统计单元格个数函数 Count( )

语法：Count（number1，number2,. . . ）

功能：返回包含数字的单元格的数量。

应用实例：“= Count (A2:D10)”。

6. 求行号函数 Row( )

语法：Row（reference）

功能：返回当前单元格或参数单元格的行号。

应用实例：“= Row ()”。在某个单元格里输入“=row ()”，运算结果就是这个单元格所在行的行号。

7. 逻辑函数 IF( )

语法：IF（logical_test，value_if_true，value_if_false）

参数：

Logical_test 表示计算结果为 TRUE 或 FALSE 的任意值或表达式。

Value_if_true 表示 logical_test 为 TRUE 时返回的值。

Value_if_false 表示 logical_test 为 FALSE 时返回的值。

功能：条件判断。根据逻辑判断的真假值，返回不同结果。

应用实例：判断 C2 单元格中成绩是否及格，可输入公式“=IF(C2>=60,"及格","不及格")”。

IF 函数可嵌套使用，例如，将 C2 单元格中百分制成绩对应转换为 A、B、C、D、E 五级成绩，可输入公式“=IF(C2>89,"A",IF(C2>79,"B",IF(C2>69,"C",IF(C2>60,"D", "E"))))”。

8. 条件计数函数 CountIF ( )

语法：CountIF（range，criteria）

参数：range 是用于条件判断的单元格区域，criteria 是由数字、逻辑表达式等组成的计数判定条件。

功能：按给定条件对符合条件的数据计数。

应用实例：统计不及格学生人次。

B2:F20 单元格存放了某班级的学生单科成绩，需统计不及格总人次，可使用公式“= CountIF（B2:F20，"<60")”。

9. 条件求和函数 SumIF( )

语法：SumIF（range，criteria，sum_range）

参数：range 是用于条件判断的单元格区域，criteria 是由数字、逻辑表达式等组成的判定条件，sum_range 为需要求和的单元格、区域或引用。

功能：按给定条件对符合条件的数据求和。

应用实例：统计各类水果的销售额。

A2:C15 单元格存放某水果店销售记录，若要计算某段时间的各类水果销售额，可以使用公式“=SumIF（B2:B15，E2，C2:C15）。公式中“B2:B15”为提供逻辑判断依据的单元格引用，“E2”为判断条件，不符合条件的数据不参与计算，“C2:C15”则是逻辑判断求和的对象，如图 4-42 所示。

10. 条件平均值函数 AverageIF( )

语法：AverageIF（range，criteria，sum_range）

参数：range 是用于条件判断的单元格区域，criteria 是由数字、逻辑表达式等组成的判定条件，sum_range 为需要求和的单元格、区域或引用。

功能：按给定条件对符合条件的数据求平均值。

应用实例：统计及格学生的平均分。

C2:C10 单元格存放某班学生的考试成绩，若要计算及格学生的平均分，可以使用公式“=AVERAGEIF(C2:C10,">=60",C2:C10)”。公式中“C2:C10”为提供逻辑判断依据的单元格引用，“>=60”为判断条件，“C2:C10”则是逻辑判断求平均值的对象，不符合条件的 C3、C6 单元格数据不参与计算。如图 4-43 所示。

图 4-42　条件求和案例

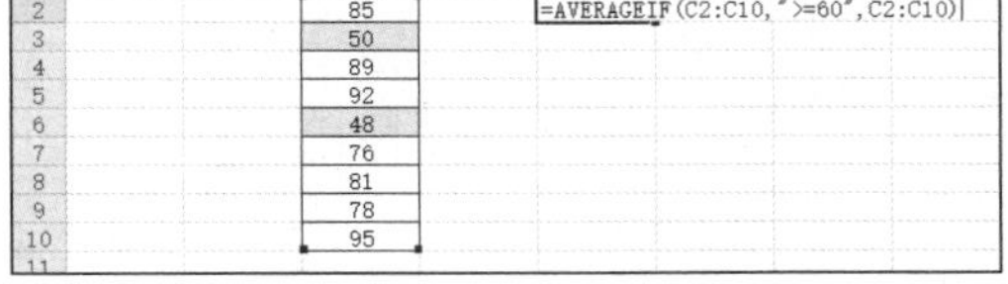

图 4-43　条件平均值案例

11. 排名函数 Rank()

语法：Rank(number,ref,[order])

参数：number 为需要求排名的数值或者单元格引用，ref 为排名的参照数值区域，需使用绝对引用，order 值为 0 和 1，0 表示从大到小排名。

功能：求某一个数值在某一区域内的排名。

应用实例：求 A2～A6 单元格的成绩排名。

假如 A 列从 A2～A6 单元格依次存放数据 80、98、65、79、65。在 B2 中输入公式“=RANK(A2,$A$2:$A$6,0)”，按“Enter”键输入，鼠标移动到填充柄，按住左键下拉完成 B3～B6 公式填充。

12. 纵向查找函数 VLOOKUP()

VLOOKUP 函数与 LOOKUP 函数和 HLOOKUP 函数属于一类函数，在工作中都有广泛的应用。VLOOKUP 是按列查找，最终返回查找关键字在目标区域中列序号对应的值；与之对应的 HLOOKUP 是按行查找的。

语法：VLOOKUP(lookup_value,table_array,col_index_num,range_lookup)

参数：

lookup_value 是需要在数组第一列中查找的关键字，它可以是数值、引用或字符串。

table_array 是查找的数值所在的目标区域，需使用绝对引用。

col_index_num 是待返回的匹配值在查找区域中的列序号，为 1 时，返回查找区域第一列中的数值，为 2 时，返回查找区域第二列中的数值，以此类推；若列序号小于 1，函数 VLOOKUP 返回错误值#VALUE!；如果大于区域的列数，函数 VLOOKUP 返回错误值#REF!。

range_lookup 为逻辑值 0 或 1，指明函数 VLOOKUP 查找时是精确匹配，还是近似匹配。其中 1 表示近似匹配，0 表示精确匹配。

功能：在表格或数值数组的首列查找指定的数值，并由此返回表格或数组中该数值所在行中指定列处的数值。

应用实例：某考试结束后，仅知道学号及成绩信息，需通过学籍库数据快速查找学号对应的姓名及班级。

Sheet5 工作表 A～G 列依次存放了学号、姓名、性别、民族、年级、系别、班级等学籍库数据信息，成绩工作表中，通过 VLOOKUP 函数纵向查找姓名信息显示在 C 列，可在 C2 单元格输入公式“=VLOOKUP(A2,Sheet5!$A$2:$G$23,2,0)”，按“Enter”键输入，鼠标移动到填充柄，下拉完成 C3～C10 公式填充，如图 4-44 所示。

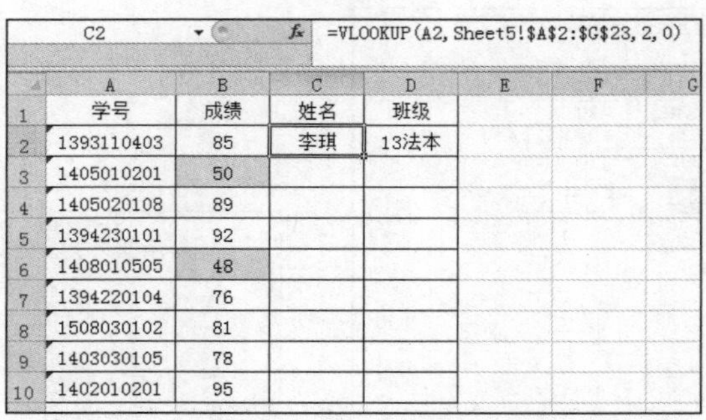

C2 =VLOOKUP(A2, Sheet5!$A$2:$G$23, 2, 0)

	A	B	C	D	E	F	G
1	学号	成绩	姓名	班级			
2	1393110403	85	李琪	13法本			
3	1405010201	50					
4	1405020108	89					
5	1394230101	92					
6	1408010505	48					
7	1394220104	76					
8	1508030102	81					
9	1403030105	78					
10	1402010201	95					

图 4-44 VLOOKUP 案例

通过 VLOOKUP 函数纵向查找班级信息显示在 D 列，可在 D2 单元格输入公式“=VLOOK

UP(A2,Sheet5!$A$2:$G$23,7,0)”，按“Enter”键确认输入，鼠标移动到填充柄，下拉完成 D3～D10 公式填充。

实际上，提取“A2”同学的姓名与班级就是通过“A2”作为查找数值，在查找数值所在的区域“Sheet5!$A$2:$G$23”内，取出查找区域中的列序号（姓名在第 2 列、班级在第 7 列）对应的匹配值。

该函数在学生管理、员工管理等领域均可广泛使用，既可通过身份证号、学号等关键字提取已有工作表中的信息，又可以比较提取信息与已有信息是否一致，达到数据校验的目的。

4.5 迷你图和图表

4.5.1 迷你图的创建和编辑

在 Excel 2010 中增加了强大的“迷你图”功能，利用它，仅在一个单元格中即可绘制漂亮的图表，并且数据中潜在的价值信息也可醒目地呈现在屏幕之上，可按如下步骤进行操作。

1. 在 Excel 2010 工作表中切换到“插入”选项卡，在“迷你图”选项组中单击“折线图”按钮，在随即打开的“创建迷你图”对话框中，设置正确的数据范围（B2:E2）和位置范围（F2）。最后，单击“确定”按钮关闭对话框，基于选中数据所绘制的迷你图会自动显示在指定的单元格中。如图 4-45 所示。

	A	B	C	D	E	F
1	产品	第一季度	第二季度	第三季度	第四季度	迷你图
2	硬盘	50350	80500	68000	90000	
3	光驱	5, 625	6255	8066	5900	
4	显示器	60000	80000	73050	94500	
5	鼠标	580	950	600	800	

图 4-45 迷你图

2. 与此同时，功能区中显示“迷你图工具”的“设计”选项卡，利用它可以对迷你图进行丰富的格式化操作。选中“高点”和“低点”复选框，然后在“样式”选项组中，单击“其他”按钮，在随即打开的迷你图样式库中选择一个漂亮的样式。

3. 向下拖动迷你图所在单元格右下角的填充柄，就可将迷你图复制填充至其他单元格中，从而形成一组迷你图。

4.5.2 图表的创建和编辑

图表可直观展示统计信息属性（时间性、数量性等），是一种很好地将数据直观、形象地“可视化”的手段。Excel 中的图表类型主要分为 11 类共 73 种，包括条形图、柱状图、折线图、饼图、散点图、面积图、圆环图、雷达图等。

1. 图表的创建

在 Excel 2010 工作表中切换到“插入”选项卡，设置正确的数据范围，在“图表”选项组中单击图表类型，基于选中数据所绘制的图表会自动显示在该工作表中。

（1）柱形图

柱形图通常用来比较离散的项目，可以描绘系列中的项目，或是多个系列间的项目，最常用的布局是将信息类型放在横坐标上，将数值项放在纵坐标轴上。如图 4-46 所示。

（2）折线图

折线图通常用来描绘连续的数据，这对标识趋势很有用。折线图是一种最适合反映数据之间量变化快慢的图表类型。如图 4-47 所示。

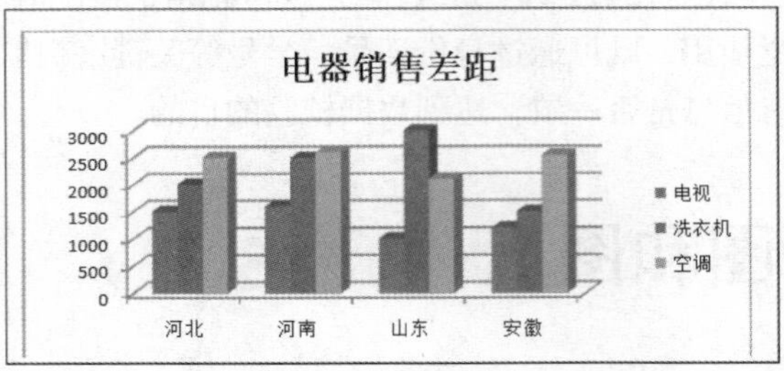

图 4-46　柱形图

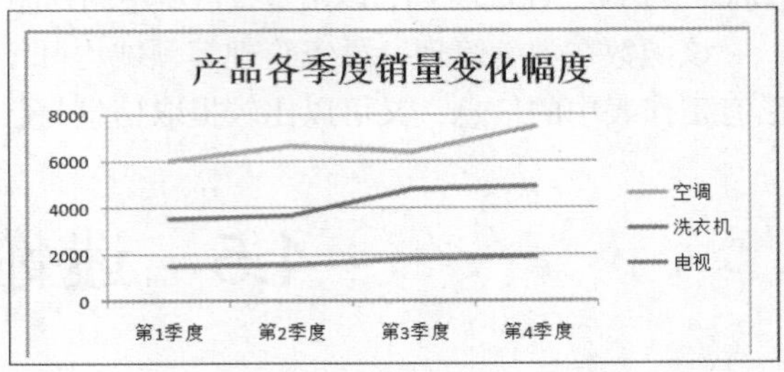

图 4-47　折线图

（3）饼图

饼图主要用于显示数据系列中各个项目与项目总和之间的比例关系。由于饼图只能显示一个系列的比例关系，所以当选中多个系列时也只能显示其中的一个系列。如图 4-48 所示。

（4）条形图

条形图实际上是顺时针旋转 90 度的柱形图。条形图的优点是分类标签更便于阅读。

（5）面积图

面积图主要用来显示每个数据的变化量，它强调的是数据随时间变化的幅度，通过显示数据的总和值直观地表达出整体和部分的关系。

图表在实际使用过程中，需表达的主要信息决定了图表的形式，如图 4-49 所示。无论哪种图表类型，均是为了更直观、形象地“可视化”数据，通常作为文字内容的补充。因此，图表多用于总结、分析报告及 PPT 汇报等内容中，脱离实际应用，图表无任何意义。

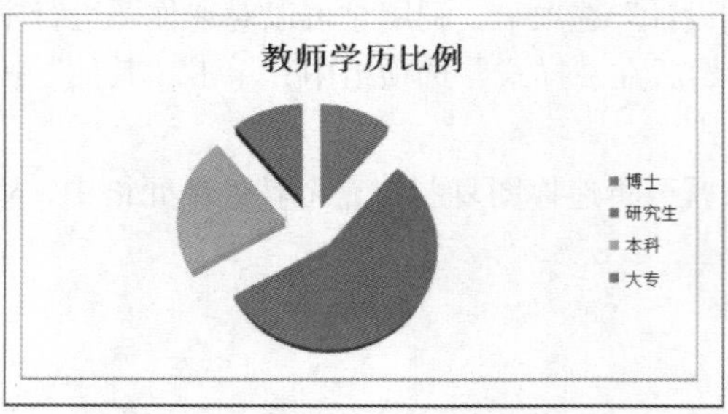

图 4-48　饼图

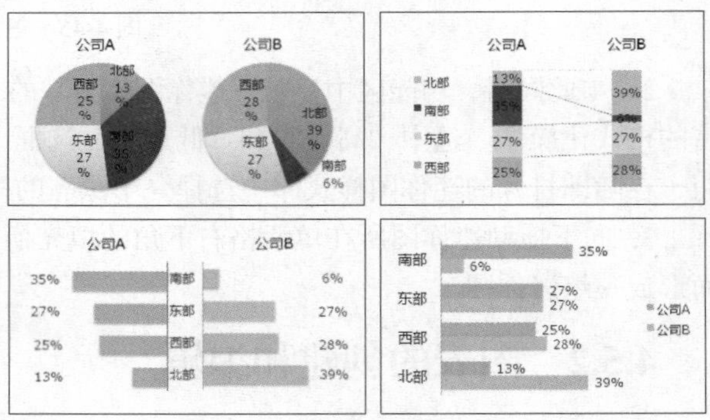

图 4-49　图表效果对比

2. 图表的编辑

图表创建的同时，功能区中就会显示“图表工具”选项卡，利用它可以对图表进行丰富的格式化操作。

图表工具包含设计、布局、格式三个标签。设计标签中，可对图表类型、数据区域、图表布局、图表样式和图表位置进行编辑和修改。布局标签中，可插入对象，对图表标签、坐标轴、背景进行修改，并可设置是否显示数据分析。格式标签中，可设置形状样式、艺术字样式、排列及图表的大小，如图 4-50 所示。

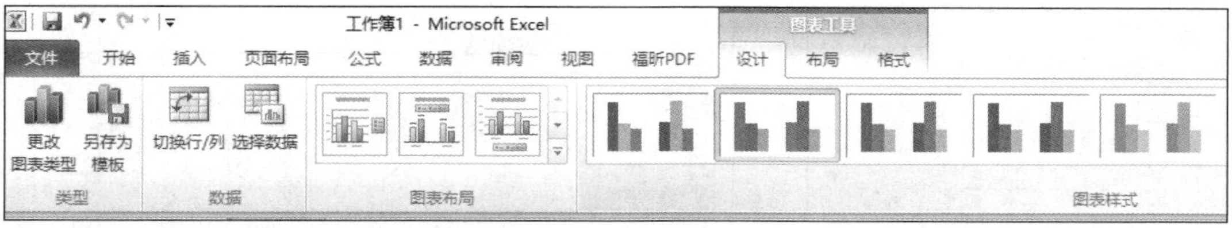

（a）图表工具—设计

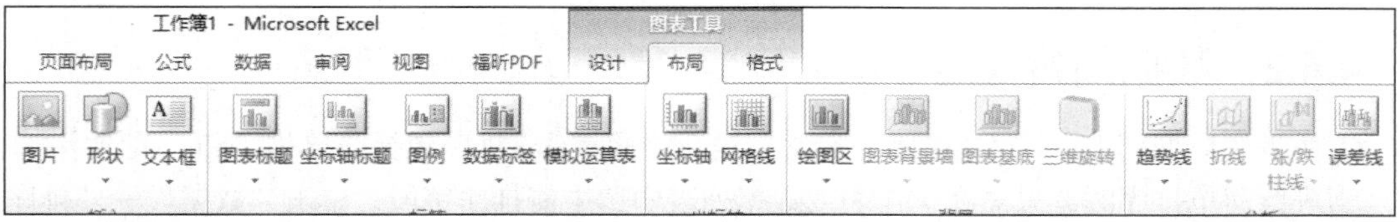

（b）图表工具—布局

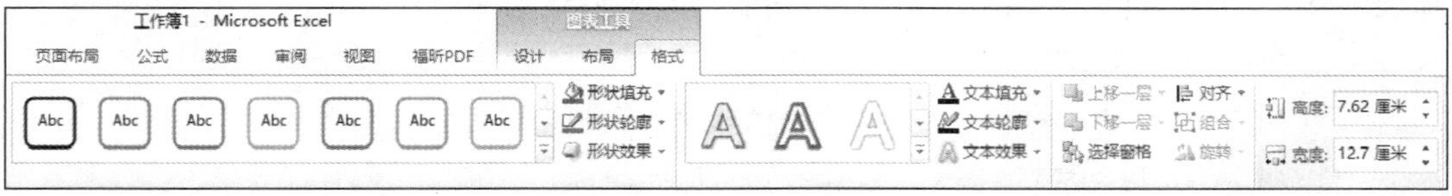

（c）图表工具—格式

图 4-50　图表工具

4.6　数据管理与分析

Excel 具有强大的数据管理与数据分析功能，可以对工作表数据进行快速排序、筛选、分类汇总，同时，可通过数据透视表实现数据的快速统计。

4.6.1　建立数据列表

我们知道，一个工作表可以由 65 536 行和 256 列构成。Excel 工作表建立以后，往往包含标题、表头及数据区，在进行数据管理与分析时，需忽视标题行及空白行（列）。因此，需要对有效数据区建立数据列表。

数据列表即我们常说的表格，当 Excel 表格较为简单，不包含标题行时，有数据的区域就自动识别为一个表格，而复杂表格中，必须建立数据列表。

建立数据列表时，单击“插入”→“表格”→“表格”命令，弹出“创建表”对话框，如图 4-51 所示。

在“表数据的来源”中选择需要管理和分析的数据区，单击“确定”按钮，完成数据列表的建立。

需删除数据列表时，单击“表格工具”→“设计”→“工具”→“转换为区域”命令完成。如图 4-52 所示。

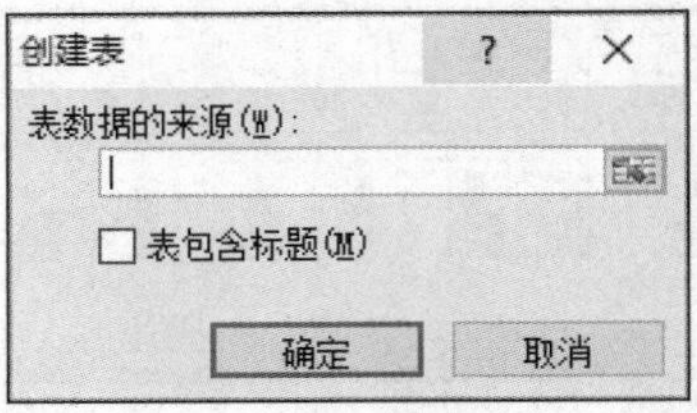

图 4-51 “创建表”对话框

图 4-52 表格工具

4.6.2 数据的排序

工作表或数据列表中输入数据后，经常要进行排序操作，排序包括简单排序和多关键字排序。

当进行简单排序时，只需在工作表或数据列表中选中需排序字段，单击“数据”→“排序和筛选”→ 或 命令，即可进行升序或降序排序。进行多关键字排序时，单击“数据”→“排序和筛选”→“排序”命令，弹出“排序”对话框，如图 4-53 所示。

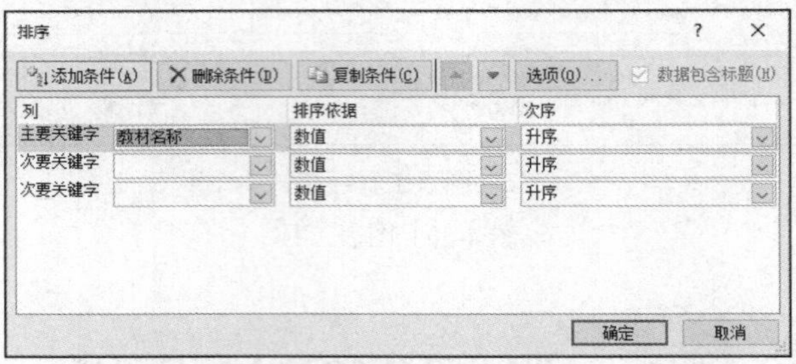

图 4-53 “排序”对话框

单击“添加条件”或“删除条件”即可添加或删除排序关键字。选择关键字时，数据的包含范围一定是从大到小的，按主要关键字排序，内容相同时，就按次要关键字排序，以此类推。例如，对全院学生学籍信息排序时，可设置“系别”为主要关键字，设置“年级”为第二关键字，设置“班级”为第三关键字，设置“学号”为第四关键字，排序后的数据清晰、可读性强。

4.6.3 筛选

1. 自动筛选

所谓筛选，指的是从数据中找出符合制定条件的数据，是 Excel 数据管理经常使用的一个功能。当建立数据列表时，Excel 会激活自动筛选，在每个字段的右边都出现一个下拉箭头按钮。单击下拉箭头，即可设置筛选条件。

需对工作表建立自动筛选时，单击“数据”→“排序和筛选”→“筛选”命令，每个字段的右边都会出现一个下拉箭头按钮。如需对特定字段单独建立筛选，可选择该字段，单击“数据”→“排序和筛选”→“筛选”命令来建立。

如需清除筛选结果，单击“数据”→“排序和筛选”→“清除”命令即可。

2. 高级筛选

使用高级筛选可以对工作表和数据清单进行更复杂的筛选操作，如根据建立的条件，将筛选结果复制到其他位置等。

建立高级筛选之前，需在工作表和数据清单外建立条件区域，条件区域与原数据区之间至少留出一个空行或空列。条件区域由字段和数据构成。字段可以是一个，也可以是多个，但必须与原数据表一致；数据可以是值，也可以是表达式。例如，筛选成绩表中性别为“女”且英语成绩大于 80 分的同学，条件区建立如图 4-54 所示。

建立高级筛选时，单击“数据”→“排序和筛选”→“高级筛选”命令，弹出“高级筛选”对话框，如图 4-55 所示。可以在原有区域显示筛选结果，也可将筛选结果复制到其他位置。选择“将筛选结果复制到其他位置”，单击“列表区域”右侧的按钮，拖动鼠标，选择 A1:F5 单元格范围作为数据区；单击“条件区域”右侧的按钮，拖动鼠标，选择 C7:D8 单元格范围作为条件区；单击“复制到”右侧的按钮，选择 A10 单元格作为目标单元格。单击“确定”按钮，符合条件的数据即可筛选到目标位置。

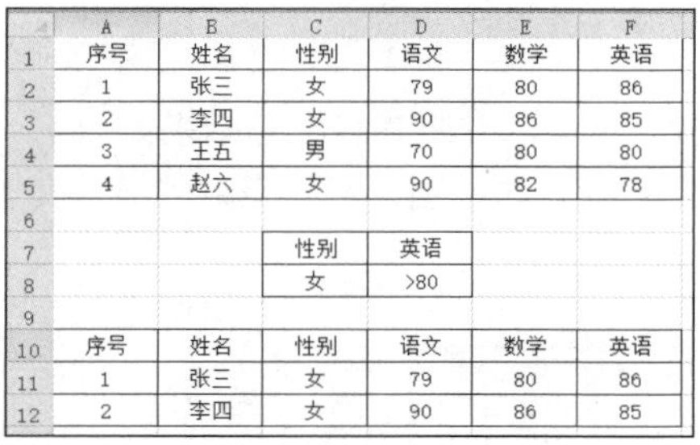

	A	B	C	D	E	F
1	序号	姓名	性别	语文	数学	英语
2	1	张三	女	79	80	86
3	2	李四	女	90	86	85
4	3	王五	男	70	80	80
5	4	赵六	女	90	82	78
6						
7			性别	英语		
8			女	>80		
9						
10	序号	姓名	性别	语文	数学	英语
11	1	张三	女	79	80	86
12	2	李四	女	90	86	85

图 4-54　高级筛选案例

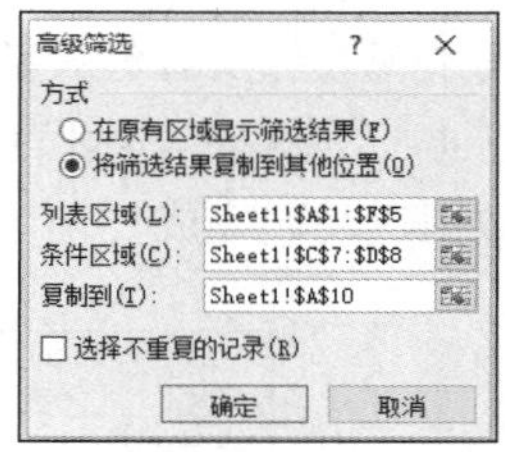

图 4-55　“高级筛选”对话框

通过高级筛选，还可实现数据的去重操作。例如，在教师职称表中，包含多种职称类型，要筛选出不重复的职称，就可通过高级筛选功能完成。选择“将筛选结果复制到其他位置”，单击“列表区域”右侧的按钮，选择“职称”所在的一列作为数据区；单击“条件区域”右侧的按钮，选择“职称”单元格范围作为条件区；单击“复制到”右侧的按钮，选择右侧的 F2 单元格作为目标单元格，勾选“选择不重复记录”，单击“确定”按钮，不重复的职称信息即可筛选到目标位置。

4.6.4　分类汇总

分类汇总是实现数据快速汇总的一种方法。利用分类汇总，Excel 可根据分类字段汇总相关内容并且自动分级显示。

建立分类汇总前，需按照分类字段对数据进行排序。创建分类汇总时，按分类字段排序，在 Excel 工作表中单击任意单元格，单击“数据”→“分级显示”→“分类汇总”命令，打开“分类汇总”对话框。选择“分类字段”为排序关键字，选择“汇总项”为相应的汇总内容，根据内容选择相应的汇总方式，单击“确定”按钮，即可完成分类汇总，如图 4-56 所示。

如需删除分类汇总，仍需打开“分类汇总”对话框，选择“全部删除”，“确定”即可。

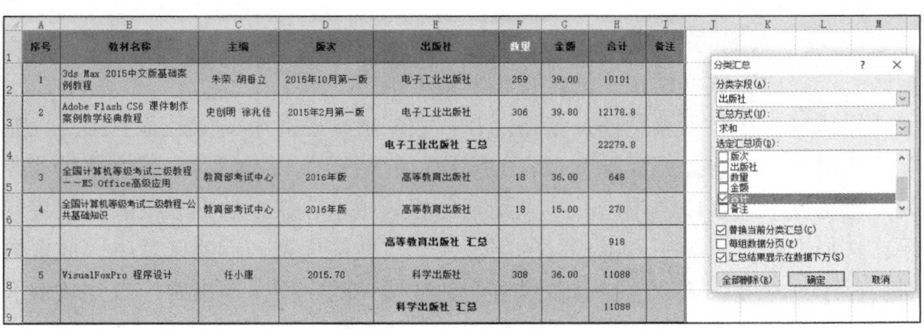

	A	B	C	D	E	F	G	H	I
1	序号	教材名称	主编	版次	出版社	数量	金额	合计	备注
2	1	3ds Max 2015中文版基础案例教程	朱荣 胡垂立	2015年10月第一版	电子工业出版社	259	39.00	10101	
3	2	Adobe Flash CS6 课件制作案例教学经典教程	史创明 徐兆佳	2015年2月第一版	电子工业出版社	306	39.80	12178.8	
4					电子工业出版社 汇总			22279.8	
5	3	全国计算机等级考试二级教程——MS Office高级应用	教育部考试中心	2016年版	高等教育出版社	18	36.00	648	
6	4	全国计算机等级考试二级教程—公共基础知识	教育部考试中心	2016年版	高等教育出版社	18	15.00	270	
7					高等教育出版社 汇总			918	
8	5	VisualFoxPro 程序设计	任小康	2015.70	科学出版社	308	36.00	11088	
9					科学出版社 汇总			11088	

图 4-56　分类汇总

如需删除分类汇总，仍需打开“分类汇总”对话框，选择“全部删除”，单击“确定”按钮即可。

4.6.5 数据透视表

1. 数据透视表简介

数据透视表是一种对大量数据快速汇总和建立交叉列表的交互式表格，同时可方便查看汇总结果指向的数据源。

数据透视表由报表筛选、行标签、列标签和数值4个部分组成。“行标签”用于将字段显示为报表侧面的行，“列标签”用于将字段显示为报表顶部的列，“数值”用于显示需汇总的数据，“报表筛选”用于筛选报表数据。

2. 建立数据透视表

使用数据透视表可实现对大量数据快速汇总，还可以方便查看汇总结果。

例如，图4-57所示的学生信息表中，要快速汇总不同系别，不同班级的男、女生人数，就可以通过建立数据透视表完成。

A	B	C	D	E	F	G	H
年级	系别	班级	学号	姓名	性别	民族	备注
2015	法律系	15法学	1505000304	杜甫	男	汉族	
2015	法律系	15法学	1508030101	李白	男	汉族	
2013	法律系	13法本	1393120204	张野	男	汉族	
2015	法律系	15法学	1505000305	陈薇	女	汉族	
2013	法律系	13法本	1393110403	李琪	女	汉族	
2014	法律系	14法本	1405010201	王双	女	汉族	
2014	法律系	14法本	1405020108	陈强	男	回族	
2013	教育管理系	13心理班	1394230101	郭琦	女	汉族	
2014	教育管理系	14学前教育	1408010505	李婷	女	汉族	
2013	教育管理系	13公管班	1394220104	刘培	男	回族	
2015	教育管理系	15心本班	1508030102	秋月	女	回族	
2014	经济管理系	14会师	1403030105	李霞	女	藏族	
2014	经济管理系	14会本	1402010201	柴明	男	汉族	
2013	经济管理系	13会计学	1393220103	刘堃	男	汉族	
2013	经济管理系	13会计师	1393230205	陈瑞	女	汉族	
2013	经济管理系	13会计师	1393230206	王华	女	汉族	
2014	经济管理系	14会本	1403020305	张倩	女	汉族	
2015	中国语言文学系	15汉本	1501010404	王乾	男	藏族	
2015	中国语言文学系	15汉本	1501010104	陈婧	女	汉族	
2015	中国语言文学系	15汉本	1501020104	郭倩	女	汉族	
2015	中国语言文学系	15汉本	1501010303	李广	女	汉族	
2014	中国语言文学系	14汉本	1401010106	柳惠	女	汉族	

图4-57 数据透视表数据

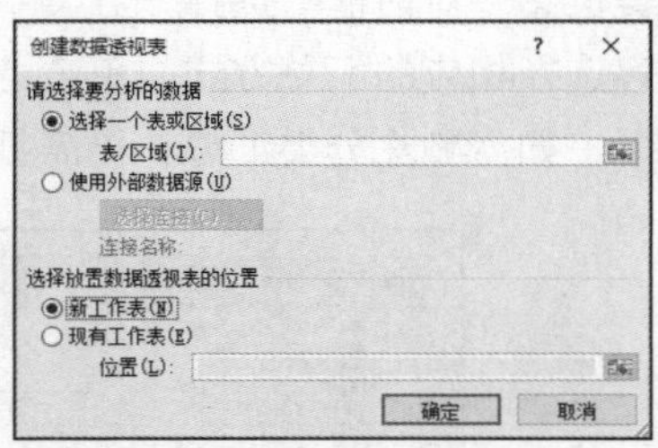

图4-58 “创建数据透视表”对话框

建立数据透视表时，打开工作表，单击“插入”→“表格”→“数据透视表”→“数据透视表”命令，打开“创建数据透视表”对话框，如图4-58所示。

单击“表/区域”右侧的按钮，拖动鼠标，选择全部数据作为数据区；选择放置数据透视表的位置，单击“确定”按钮，打开“数据透视表字段列表”任务窗格。在“数据透视表字段列表”任务窗格中“选择要添加到报表的字段”区域选择准备设置为“行标签”的字段，单击并拖曳到行标签区域中，放置数据透视表的位置同时会显示行标签结果；选择准备设置为“列标签”的字段，单击并拖曳到列标签区域中，放置数据透视表的位置同时会显示列标签结果；选择准备设置为“数值”的字段，单击并拖曳到数值区域中，放置数据透视表的位置同时会显示数值结果，如图4-59所示。

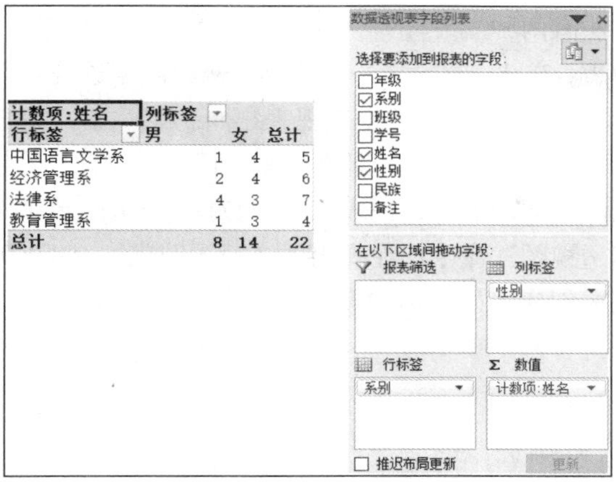

图 4-59　选取数据透视表字段

3. 修改数据透视表

建立数据透视表后，Excel 功能区会增加“数据透视表工具”，如图 4-60 所示。

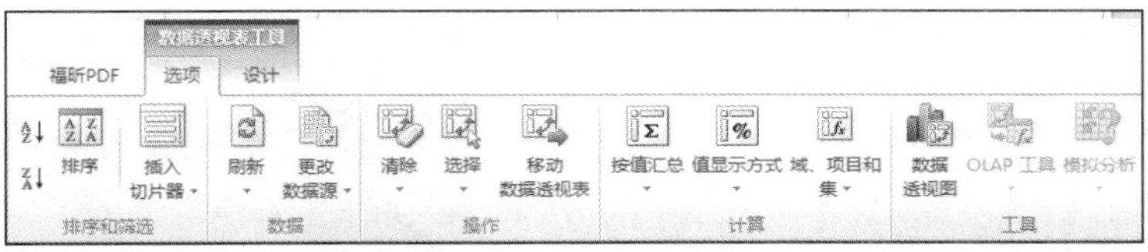

图 4-60　修改数据透视表

单击“数据透视表工具”→“选项”→“数据”→“更改数据源”命令，即可修改数据源；单击“刷新”即可刷新汇总结果。

“行标签”/“列标签”区域可放置一个字段，也可以放置多个字段。如需放置多个字段，数据范围必须是从大到小的。例如，在“行标签”中，可先拖曳放置“系别”字段，再放置“班级”字段，则数据透视表汇总结果中可显示各系各班的男女生人数。如需删除字段，单击字段右侧的下拉按钮，在弹出的菜单中单击“删除”即可。

单击“数值”区域中字段右侧的下拉按钮，在弹出的菜单中单击“值字段设置”，打开“值字段设置”对话框，可选择值汇总方式和计算类型。

4. 删除数据透视表

数据透视表建立后，不能删除汇总结果中的行、列及值，只能删除整个数据透视表。如需删除数据透视表，需选中整个数据透视表，按“Delete”键删除。

5. 数据透视表的使用

数据透视表建立后，双击统计值即可查看汇总结果指向的数据源。例如，双击中国语言文学系总计值“5”，即可创建存放系别为“中国语言文学系”5 条数据的工作表。该案例同时说明，汇总结果实际是指向数据源的，如需使用汇总结果数值，可复制数据透视表汇总结果区域，在目标单元格单击鼠标右键，在弹出的快捷菜单中单击“粘贴选项”→“值”123。

4.6.6　数据透视图

数据透视图是另一种数据表现形式，与数据透视表的不同之处是可以选择适当的图形、多种色彩来描述数据的特征。

数据透视图的建立方法有两种。

一种方法是打开工作表，单击“插入”→“表格”→“数据透视表”→“数据透视图”命令，打开“创建数据透视图”对话框，与创建数据透视表相同，将所需字段拖曳添加到“轴字段”、“图例字段”和“数值”区域，即可完成创建，如图 4-61 所示。

另一种方法是基于已经生成的数据透视表来生成数据透视图。单击“数据透视表工具”→“选项”→“工具”→“数据透视图”命令，在弹出的“插入图表”对话框中选择合适的图表类型，单击“确定”按钮即可完成创建，如图 4-62 所示。

透视图表的编辑方法与普通图表相似。

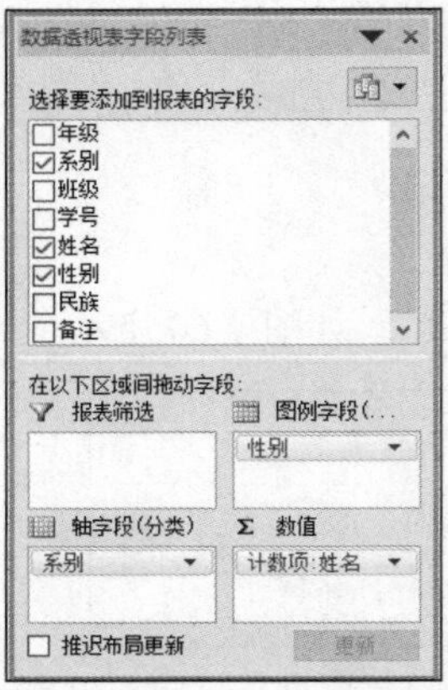

图 4-61　数据透视图

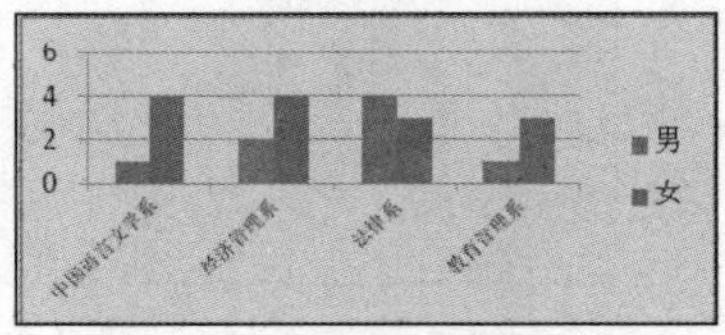

图 4-62　数据透视图案例

4.7　宏功能的简单使用

4.7.1　什么是宏

Excel 的强大优势还在于它提供的宏语言 Visual Basic for Application（VBA）。Visual Basic 是 Windows 环境下开发应用软件的一种通用程序设计语言，功能强大，简便易用。VBA 是它的一个子集，可以广泛地应用于 Microsoft 公司开发的各种软件中，例如 Word、Excel、PowerPoint 等。

简单来说，宏就是用 VBA 代码编写的具有一定功能的过程。其目的是节省重复性操作的时间，提高工作效率。

要使用 Excel 2010 中的宏，首先要打开“开发工具”选项卡。单击“开始”→“选项”命令，打开“Excel 选项”对话框，单击“自定义功能区”，勾选“开发工具”，单击“确定”按钮即可完成添加。“开发工具”选项卡如图 4-63 所示。

图 4-63　“开发工具”选项卡

4.7.2　录制宏

录制“宏”时，单击“开发工具”→“录制宏”命令，打开“录制新宏”对话框，如图 4-64 所示。

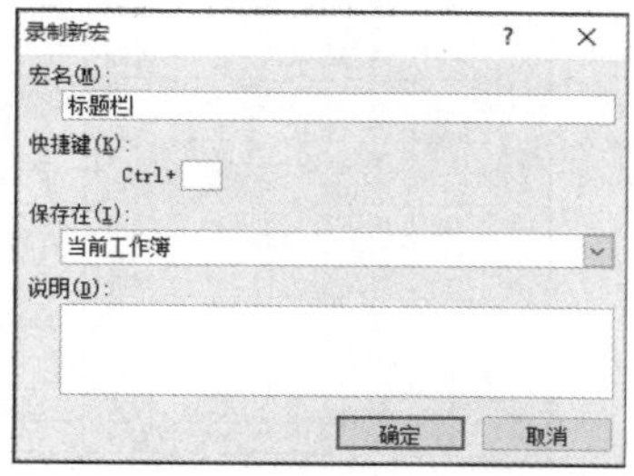

图 4-64　“录制新宏”对话框

输入宏名，选择保存位置，单击“确定”按钮开始录制。将设置过程操作一遍，完成后，按一下“停止录制”按钮，宏录制完成。宏的保存位置有三种：当前工作簿——宏只对当前工作簿有效；个人宏工作簿——宏对所有工作簿都有效；新工作簿——录制的宏保存在一个新建工作簿中，对该工作簿有效。

下面以录制一个“标题栏”宏为例，设置标题“跨列居中、黑体、18 号、加粗”。

1. 单击“开发工具”→“录制宏”命令，打开“录制新宏”对话框。
2. 在“宏名”下面输入名称“标题栏”，并设置宏的保存位置为“当前工作簿”。
3. 单击“确定”按钮开始录制。
4. 选择 A1:F1 单元格区域，设置对齐方式为“跨列居中”，字体为“黑体”、字号为“18 号”、字形为“加粗”，操作完成后，按“停止录制”按钮，宏录制完成。

4.7.3　执行宏

执行“宏”时，单击“开发工具”→“宏”命令，打开“宏”对话框，如图 4-65 所示。

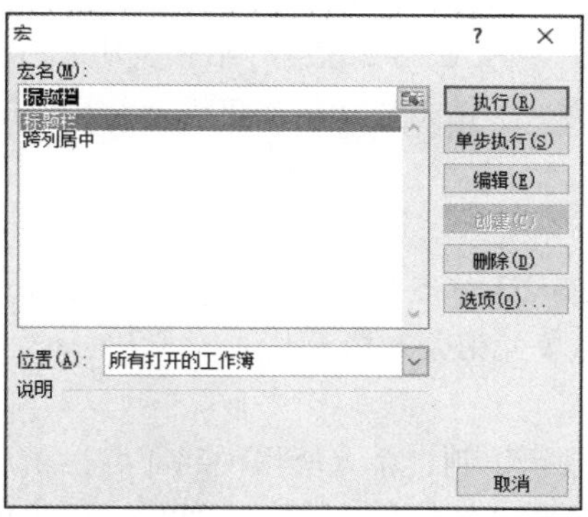

图 4-65　“宏”对话框

选择宏名“标题栏”，单击“执行”按钮，工作表中首行即设定为该标题栏格式。

4.8　应用案例

4.8.1　应用案例 1——制作员工工资表

1. 员工工资表基本数据录入

Excel 常用于员工信息管理，我们以东方公司员工工资表为例，制作“员工工资表.xlsx”，如图 4-66 所示。

	A	B	C	D	E	F	G	H	I	J	K	L	M
1	东方公司2016年3月员工工资表												
2	序号	员工工号	姓名	部门	基础工资	奖金	补贴	扣除病事假	应付工资合计	扣除社保	应纳税所得额	应交个人所得税	实发工资
3	1	DF001	包宏伟	管理	40,600.00	500.00	260.00	230.00	41,130.00	460.00	37,170.00	7,504.50	33,165.50
4	2	DF002	陈万地	管理	3,500.00		260.00	352.00	3,408.00	309.00	-	-	3,099.00
5	3	DF003	张惠	行政	12,450.00	500.00	260.00		13,210.00	289.00	9,421.00	1,350.25	11,570.75
6	4	DF004	闫朝霞	人事	6,050.00		260.00	130.00	6,180.00	360.00	2,320.00	127.00	5,693.00
7	5	DF005	吉祥	研发	6,150.00		260.00		6,410.00	289.00	2,621.00	157.10	5,963.90
8	6	DF006	李燕	管理	6,350.00	500.00	260.00		7,110.00	289.00	3,321.00	227.10	6,593.90
9	7	DF007	李娜娜	管理	10,550.00		260.00		10,810.00	206.00	7,104.00	865.80	9,738.20
10	8	DF008	刘康锋	研发	15,550.00	500.00	260.00	155.00	16,155.00	308.00	12,347.00	2,081.75	13,765.25
11	9	DF009	刘鹏举	销售	4,100.00		260.00		4,360.00	289.00	571.00	17.13	4,053.87
12	10	DF010	倪冬声	研发	5,800.00		260.00	25.00	6,035.00	289.00	2,246.00	119.60	5,626.40
13	11	DF011	齐飞扬	销售	5,050.00		260.00		5,310.00	289.00	1,521.00	47.10	4,973.90
14	12	DF012	苏解放	研发	3,000.00		260.00		3,260.00	289.00	-	-	2,971.00
15	13	DF013	孙玉敏	管理	12,450.00	500.00	260.00		13,210.00	289.00	9,421.00	1,350.25	11,570.75
16	14	DF014	王清华	行政	4,850.00		260.00		5,110.00	289.00	1,321.00	39.63	4,781.37
17	15	DF015	谢如康	管理	9,800.00		260.00		10,060.00	309.00	6,251.00	695.20	9,055.80

图 4-66　员工工资表

在 A1 单元格中输入标题，选中“A1:M1”单元格区域，单击“开始”→“对齐方式”→“合并后居中”命令，切换至“开始”→“字体”组，设置字体和字号分别为“楷体”和“18 号”。

在 A2～H2 中分别输入“序号”、“员工工号”、“姓名”等字段。选中 A3 单元格，输入“1”，选中 A4 单元格，输入“2”。按住“Ctrl”键向下填充至单元格 A17。选中 E～M 列，单击鼠标右键，在弹出的快捷菜单中选择“设置单元格格式”命令，弹出“设置单元格格式”对话框。切换至“数字”选项卡，在“分类”列表框中选择“会计专用”，在“小数位数”微调框中输入“2”，在“货币符号”下拉列表框中选择“无”。在 B3～H17 单元格中依次录入图 4-66 所示的信息。

选中 2～17 行，单击鼠标右键，在弹出的快捷菜单中单击“设置单元格格式”命令，弹出“设置单元格格式”对话框。切换至“对齐”选项卡，在“文本对齐方式”组中“水平对齐”下拉列表框中单击“居中”，单击“确定”按钮关闭对话框。

单击“页面布局”→“页面设置”命令，设置“纸张大小”为“A4”；“纸张方向”为“横向”。适当调整表格各列宽度、对齐方式，使得显示更加美观，并且保持页面在 A4 虚线框的范围内。

2．员工工资表数据处理

（1）计算应付工资合计

在 I3 单元格输入公式“=E3+F3+ G3-H3”，按“Enter”键后完成应付工资合计计算，鼠标移动到填充柄，下拉完成 I4～I17 单元格公式填充。

（2）计算应纳税所得额

按我国《个人所得税法》现行体制，个人所得税起征点为 3500 元，月薪低于 3500 的人员不需要缴纳个税。因此，计算应纳税所得额可在 K3 单元格输入公式“=IF((I3-J3-3500)>0,I3-J3-3500,0)”，按“Enter”键后完成应付工资合计计算，鼠标移动到填充柄，下拉完成 K4～K17 单元格公式填充。

（3）应交个人所得税

应交个人所得税=应纳税所得额*对应税率-对应速算扣除数。在 L3 单元格中输入公式“=ROUND(IF(K3<=1500,K3*3/100,IF(K3<=4500,K3*10/100-105,IF(K3<=9000,K3*20/100-555,IF(K3<=35000,K3*25%-1005,IF(K3<=5500,K3*30%-2755,IF(K3<=80000,K3*35%-5505,IF(K3>80000,K3*45%-13505))))))),2)”，按“Enter”键后完成应付工资合计计算，鼠标移动到填充柄，下拉完成 L4～L17 单元格公式填充。

我们也可以通过 max()函数实现应交个人所得税计算，在 L3 单元格中输入公式=MAX((k3*{0.03,0.1,0.2,0.25,0.3,0.35,0.45}-{0,105,555,1005,2755,5505,13505},0）完成应交个人所得税计算。

（4）计算实发工资

实发工资=应付工资合计-扣除社保-应交个人所得税。选中 M3 单元格，输入“=I3-J3-L3”，按“Enter”键后完成“实发工资”的填充。按“Enter”键后完成应付工资合计计算，鼠标移动到填充柄，下拉完成 M4～M17 单元格公式填充。

4.8.2　应用案例 2——Excel 在学生基本信息管理中的应用

1．解读身份证号码

编制新生名册时，新生身份证号码是一项重要数据。根据 18 位身份证号码的意义，第 7～14 位数字代表持证人的出生年、月、日，第 17 位数字表示持证人的性别，奇数为男，偶数为女。我们可以通过有关函数，进行身份证号码有关信息的查询，不仅快速简便，而且不容易出错，核对时只需要对身份证号码进行检查，可以大大提高工作效率。以下操作基于学生基本信息表（图 4-67）完成。

	A	B	C	D	E	F	G	H
1	学号	姓名	性别	民族	政治面貌	身份证号	出生年月	年龄
2	001	张三	男	汉族	中共党员	620105199402164011	19940216	19
3	002	李四	女	汉族	团员	622429199212252402	19921225	21
4	003	王五	男	回族	团员	622621199811290853	19981129	15
5	004	赵六	女	汉族	中共党员	622102199202128925	19920212	21
6	005	孙七	女	回族	团员	622825199403210926	19940321	19
7	006	周八	男	汉族	中共党员	620403199610020010	19961002	17
8								
9	男生人数：			3				
10	女生人数：			3				
11	团员人数：			3				
12	中共党员人数：			3				
13	少数民族人数：			2				

图 4-67　学生基本信息表

2．从身份证号码中提取出生日期

从身份证号码中提取出生日期，可以通过 mid()函数完成。该函数实现从文字指定位置开始提取指定长度的字符串，语法格式为：mid(text,start_num,num_bytes)。如图 4-67 所示，在单元格 G2 中输入公式“=MID(F2,7,8)”即可从 F2 单元格的身份证号码中，从第 7 位开始截取 8 位，取出出生日期。鼠标移动到右下角填充柄处，下拉完成 G3～G7 单元格出生日期的提取。

3．计算学生年龄

在单元格 H2 中输入公式“=YEAR(NOW( ))- MID(F2,7,4)”，该公式可以理解为：从当前日期 now( )中取出年份，减去身份证号码中的出生年份。鼠标移动到右下角填充柄处，下拉完成 H3～H7 单元格年龄的计算。

4．统计男女生人数

在 Excel 中，计算某个区域中满足给定条件的单元格数目可以通过 COUNTIF()函数完成，该函数的语法格式为：COUNTIF(range，criteria)。

统计男生人数，在单元格 D9 中输入公式：=COUNTIF(C2:C7,"男")。

统计女生人数，在单元格 D10 中输入公式：=COUNTIF(C2:C7,"女")。

5．统计党团员学生人数

统计团员人数，在单元格 D11 中输入公式：=COUNTIF(E2:E7,"团员")。

统计中共党员人数，在单元格 D12 中输入公式：=COUNTIF(E2:E7,"中共党员")。

6．统计少数民族学生人数

统计少数民族学生人数，在单元格 D13 中输入公式：=COUNTIF(D2:D7,"<>汉族")，其中，<>表示不等于。

4.8.3 应用案例 3——Excel 在学生成绩管理中的应用

在学生信息管理中，经常需要对学生成绩进行数据处理，除简单的求和、求平均值外，我们要了解以下公式及处理技巧。以下操作基于学生成绩表（图 4-68）完成。

	A	B	C	D	E	F	G	H
1	学号	姓名	语文	数学	英语	总分	名次	不及格门次
2	001	张三	92	68	57	217	4	1
3	002	李四	87	69	80	236	2	0
4	003	王五	50	85	79	214	5	1
5	004	赵六	66	89	73	228	3	0
6	005	孙七	86	94	64	244	1	0
7	006	周八	81	57	71	209	6	1

图 4-68 学生成绩表

1. 根据总分排名次

RANK()函数返回某数字在一系列数字中相对于其他数值的大小排位。选中 G2 单元格，输入公式“=RANK(F2, $F$2:$F$7,0)”，按下“Enter”键后，张三同学总分的名次即排定，并填入 G2 单元格中。用填充柄就可以将 G2 单元格中的公式复制到 G3～G7 单元格中，用于排定其他学生的名次。公式中 F2:F7 表示全体学生，在排名过程中比较范围不变，因此需要按“F4”键将 F2:F7 转换为绝对引用$F$2:$F$7。

2. 各分数段学生人数的统计

要分别统计每门课程各分数段学生的人数，可以通过 COUNTIF( )函数实现。以语文成绩为例，分别选中 C9 和 C13 单元格，输入公式“=COUNTIF(C2:C7,">=90")”和“=COUNTIF(C2:C7,"<60")”，就统计出了大于等于 90 分和低于 60 分的学生人数；分别选中 C10、C11、C12 单元格，依次输入公式：

=COUNTIF(C2:C7,">=80")-COUNTIF(C2:C7,">=90")

=COUNTIF(C2:C7,">=70")-COUNTIF(C2:C7,">=80")

=COUNTIF(C2:C7,">=60")-COUNTIF(C2:C7,">=70")

即可统计出该学科其他分数段的学生人数。

3. 统计学生不及格门次

要获得一个学生不及格的门次，只要统计该生成绩小于 60 分的单元格数即可，因此，可在 H2 单元格中输入“=COUNTIF(C2:E2,"<60")”，鼠标移动到右下角填充柄处，下拉完成其他同学的不及格门次统计。

4. 用条件格式将成绩分类显示

单击“开始”→“样式”→“条件格式”命令，弹出条件格式样式选择下拉菜单，单击“突出显示单元格规则”可设置成绩分类显示。例如，可以设置条件大于“90”，对应的“设置为”为：红色文本；设置条件小于“60”，对应的“设置为”：自定义格式→25%灰度填充。

5. 成绩误录入为文本类型，快速转换为数值类型

学生成绩是数值类型的，可以直接参与计算，在误操作后，成绩可能被录入为文本类型（左上角出现绿色三角标识），该类成绩不能参与运算，可能为数据后期处理带来很多麻烦。如何将此类数据快速转换为数值类型呢？可以通过在空白单元格录入数值型数据“1”，复制“1”，选择文本类型的成绩区域，单击鼠标右键，单击“选择性粘贴”，在“运算”中选“乘”，单击“确定”按钮，即可完成批量转换。

6. 实现自定义数据的快速排序

在 Excel 中排序，通常情况有按字母或按笔划排序，但在实际应用中，往往要求按特定的顺序进行排序，如职称中的教授、副教授、讲师、助教顺序；如果按照普通的排序，其升序为：副教授、讲师、教授、助教。根据特定要求，需要按职称由高到低进行排序。

完成此功能，首先需要自定义序列，可按照 4.2.3 中内容自定义序列；其次，单击“工具”菜单中的“排序”子菜单，在排序对话框中单击“选项”按钮，打开自定义排序对话框，选择刚设置好的自定义序列；最后，单击“确定”按钮，即可完成自定义数据的快速排序功能。

习　　题

1. 某公司拟对其产品季度销售情况进行统计，打开素材库中的“素材 1.xlsx”文件，按下面的要求进行操作，并把操作结果存盘。具体要求如下：

（1）分别在“一季度销售情况”、“二季度销售情况”工作表内，计算“一季度销售额”列和“二季度销售额”列的内容，均为数值型，保留小数点后 0 位。

（2）在“产品销售汇总图表”内，计算“一二季度销售总量”和“一二季度销售总额”列的内容，数值型，保留小数点后 0 位；在不改变原有数据顺序的情况下，按一二季度销售总额给出销售额排名。

（3）选择“产品销售汇总图表”内 A1:E21 单元格区域内容，建立数据透视表，行标签为产品型号，列标签为产品类别代码，求和来计算一二季度销售额的总计，将表置于现工作表 G1 为起点的单元格内。

（源自上机考试题库第三套）

2. 中国的人口发展形势非常严峻，为此国家统计局每 10 年进行一次全国人口普查，以掌握全国人口的增长速度及规模。按照下列要求完成对第五次、第六次人口普查数据的统计分析：

（1）新建一个空白 Excel 文档，将工作表 Sheet1 更名为“第五次普查数据”，将 Sheet2 更名为“第六次普查数据”，将该文档以“全国人口普查数据分析.xlsx”为文件名进行保存。

（2）浏览网页“第五次全国人口普查公报.htm”，将其中的“2000 年第五次全国人口普查主要数据”表格导入到工作表“第五次普查数据”中；浏览网页“第六次全国人口普查公报.htm”，将其中的“2010 年第六次全国人口普查主要数据”表格导入到工作表“第六次普查数据”中（要求均从 A1 单元格开始导入，不得对两个工作表中的数据进行排序）。

（3）对两个工作表中的数据区域套用合适的表格样式，要求至少四周有边框，且偶数行有底纹，并将所有人口数列的数字格式设置为带千分位分隔符的整数。

（4）将两个工作表内容合并，合并后的工作表放置在新工作表“比较数据”中（自 A1 单元格开始），且保持最左列仍为地区名称、A1 单元格中的列标题为“地区”，对合并后的工作表适当地调整行高列宽、字体字号、边框底纹等，使其便于阅读。以“地区”为关键字对工作表“比较数据”进行升序排列。

（5）在合并后的工作表“比较数据”中的数据区域最右边依次增加“人口增长数”和“比重变化”两列，计算这两列的值，并设置合适的格式。其中：人口增长数=2010 年人口数-2000 年人口数；比重变化=2010 年比重-2000 年比重。

（6）打开工作簿“统计指标.xlsx”，将工作表“统计数据”插入到正在编辑的文档“全国人口普查数据分析.xlsx”中工作表“比较数据”的右侧。

（7）在工作簿“全国人口普查数据分析.xlsx”的工作表“比较数据”中的相应单元格内填入统计结果。

（8）基于工作表“比较数据”创建一个数据透视表，将其单独存放在一个名为“透视分析”的工作表中。透视表中要求筛选出2010年人口数超过5000万的地区及其人口数、2010年所占比重、人口增长数，并按人口数从多到少排序。最后适当调整透视表中的数字格式。（提示：行标签为“地区”，数值项依次为2010年人口数、2010年比重、人口增长数）。

（源自上机考试题库第四套）

3. 小林是北京某师范大学财务处的会计，计算机系计算机基础室提交了该教研室2012年的课程授课情况，希望财务处尽快核算并发放他们室的课时费。请根据考生文件夹下“素材3.xlsx”中的各种情况，帮助小林核算计算机基础室2012年度每个教员的课时费情况。具体要求如下：

（1）将“素材3.xlsx”另存为“课时费.xlsx”文件，所有的操作基于此新保存好的文件。

（2）将“课时费统计表”标签颜色更改为红色，将第一行根据表格情况合并为一个单元格，并设置合适的字体、字号，使其成为该工作表的标题。对A2:I22区域套用合适的中等深浅的、带标题行的表格格式。前6列对齐方式设置为居中；其余与数值和金额有关的列，标题为居中，值为右对齐，学时数为整数，金额为货币样式并保留2位小数。

（3）“课时费统计表”的F至I列中的空白内容必须采用公式的方式计算结果。根据“教师基本信息”工作表和“课时费标准”工作表计算“职称”和“课时标准”列内容，根据“授课信息表”和“课程基本信息”工作表计算“学时数”列内容，最后完成“课时费”列的计算。提示：建议对“授课信息表”中的数据按姓名排序后增加“学时数”列，并通过VLOOKUP查询“课程基本信息”表获得相应的值。

（4）为“课时费统计表”创建一个数据透视表，保存在新的工作表中。其中报表筛选条件为“年度”，列标签为“教研室”，行标签为“职称”，求和项为“课时费”。在该透视表下方的A12:F24区域内插入一个饼图，显示计算机基础室课时费对职称的分布情况。并将该工作表命名为“数据透视图”，表标签颜色为蓝色。

（5）保存“课时费.xlsx”文件。

（源自上机考试题库第十一套）

第5章 PowerPoint 2010演示文稿软件

主要知识点：

- PowerPoint 2010 的简介、基本功能及应用界面
- 演示文稿的创建、编辑及格式化
- 幻灯片母版、配色方案和模板的使用
- 演示文稿的动画效果、幻灯片切换方式及放映效果的设置
- 打包演示文稿
- 应用案例

5.1 PowerPoint 2010 简介

5.1.1 PowerPoint 2010 的基本功能

PowerPoint 2010 是目前最流行的幻灯片演示软件之一，由它创作出的演示文稿集文字、图形、图像、声音以及视频剪辑等多媒体于一体。

使用 PowerPoint 创建的文件称为演示文稿（Presentation），文件扩展名为.pptx。演示文稿由若干张幻灯片组成。制作一个演示文稿的过程实际上就是制作一张张幻灯片的过程，故幻灯片是演示文稿的核心部分。一个小的演示文稿由几张幻灯片组成，而一个大的演示文稿由几百张甚至更多幻灯片组成。演示文稿中幻灯片的大小统一、风格各异，可以通过页面设置和母版的设计来确定。幻灯片一般由编号、标题、占位符、文本、图片、声音、表格等元素组成。

5.1.2 PowerPoint2010 的应用界面

PowerPoint2010 的工作界面由标题栏、快速访问启动栏、文件按钮、大纲窗格、幻灯片窗格、幻灯片编辑窗格、视图按钮、任务窗格、备注窗格、功能区和菜单栏等组成，如图 5-1 所示。

窗口的组成与 Office 2010 的其他软件相似，选项卡有“文件”“开始”“插入”“设计”“切换”“动画”“幻灯片放映”“审阅”“视图”。每一个选项卡中又有多个功能区，每个功能区由相应的命令按钮图标组成，使用时只要单击就可执行。中间工作区域分大纲窗格、幻灯片窗格、任务窗格和备注窗格，最下面是状态栏。幻灯片中带有虚线或阴影线边缘的框称为占位符，绝大部分幻灯片版式中都有占位符，如果没有占位符，可以插入文本框，在占位符或者文本框内可以放置标题及正文，或者是图表、表格和图片等对象。

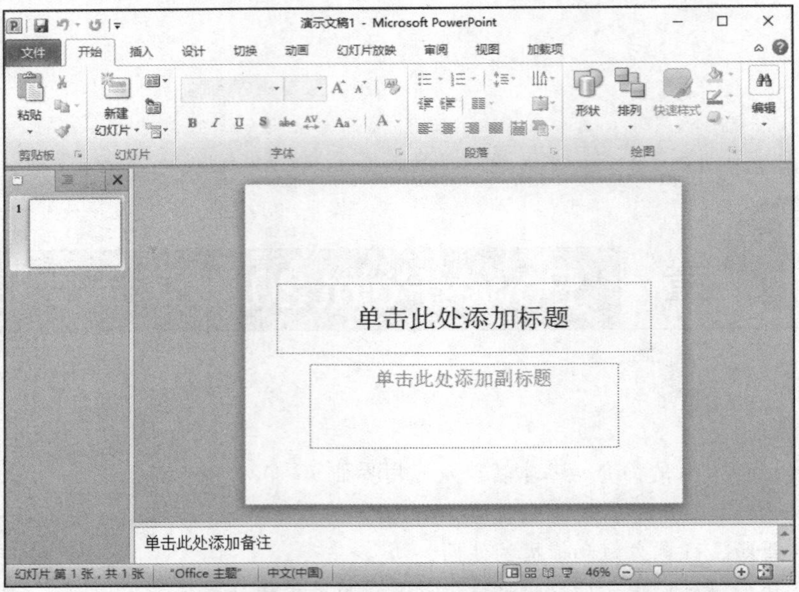

图 5-1　PowerPoint 的工作界面

5.2　演示文稿的编辑与格式化

5.2.1　演示文稿的基本操作

在 PowerPoint 2010 中，创建的幻灯片都保存在演示文稿中，因此，首先应该了解和熟悉演示文稿的基本操作。

1. 新建演示文稿

启动 PowerPoint 2010 应用程序后，系统自动新建了一个样式文稿，除此之外，新建演示文稿主要有以下几种方式。

（1）单击“文件”→“新建”→“空白演示文稿”→“创建”命令，即可创建一个空白演示文稿，也可以选择其他模板类型新建演示文稿。

（2）打开某个文件夹，在空白区域单击鼠标右键，在快捷菜单中单击“新建”→“PowerPoint 2010”命令，即可创建新演示文稿。

2. 保存演示文稿

在制作演示文稿的过程中，需要一边制作一边保存，当所有内容编辑结束时需要以 pptx 格式保存演示文稿文件。

单击“文件”→“保存”/“另存为”命令，打开“保存”对话框，在“文件名”中输入文件名称，“保存类型”选择“PowerPoint 演示文稿”，并单击“保存”按钮，即可保存演示文稿。

3. 打开演示文稿

对已经以 pptx 文件类型保存的演示文稿，如果要再次查看或编辑，就要打开演示文稿文件。可以单击“文件”→“最近使用文件”/“打开”，打开“打开”对话框，选择要打开的文件名，单击“打开”；也可以在文件所在文件夹中双击文件名，打开演示文稿。

4. 关闭演示文稿

编辑结束或保存后，需要关闭演示文稿，并退出 PowerPoint 2010 软件。关闭演示文稿有以下几种方法：

（1）双击快速访问工具栏上的“PowerPoint”图标按钮，即可关闭当前演示文稿并退出 PowerPoint 2010 软件。

（2）单击“文件”→“退出”命令，关闭当前演示文稿并退出 PowerPoint 2010 软件。

（3）单击文档窗口右上角的“关闭”按钮，即可关闭当前演示文稿并退出 PowerPoin t 2010 软件。

（4）按下“Ctrl+F4”组合键或“Ctrl+W”组合键，即可关闭当前文档窗口。

关闭演示文稿前如果文稿未保存，在关闭演示文稿时可根据提示先保存再关闭。

5.2.2 幻灯片的基本操作

在 PowerPoint 2010 中所有的文本、动画、图片等数据都要在幻灯片中进行处理，下面就来学习幻灯片的基本操作。

1. 新建幻灯片

启动 PowerPoint 2010 软件后，默认创建一个名为“演示文稿 1”的演示文稿，并且自动创建一张幻灯片，单击“开始”→“幻灯片”→“新建幻灯片”命令，这时将得到一张新幻灯片；或者单击“新建幻灯片”下方的按钮，在下拉列表中选择预设的几种幻灯片样式；也可以在大纲窗格中确定插入光标并单击回车键，还可以在快捷菜单中选择新建幻灯片。

如果需要更改幻灯片版式，鼠标指向该幻灯片并单击鼠标右键，在弹出的快捷菜单中选择“版式”命令，在子菜单中选择要更换的版式即可。

2. 选择幻灯片

只有选择了幻灯片后才能进行编辑和各种操作，即该幻灯片必须是当前幻灯片，当该幻灯片出现在工作区后才能进行各种操作。

在“幻灯片浏览”视图或幻灯片窗格中，鼠标指向需要选择的幻灯片并单击左键，即可选中单张幻灯片。如果要选中多张幻灯片，只需按住“Ctrl”键或“Shift”键的同时再单击需要选择的幻灯片，即可选择多张不连续或连续的幻灯片。

3. 移动幻灯片

选择要移动的单张或多张幻灯片，单击“开始”→“剪贴板”→“剪切”命令后，确定新的位置，再单击“开始”→“剪贴板”→“粘贴”命令；或者用鼠标左键直接拖动幻灯片到目标位置，释放鼠标左键，幻灯片将被移动到新的位置；也可以用“Ctrl+X”组合键剪切，用“Ctrl+V”组合键粘贴，实现幻灯片的移动。例如，将第三张幻灯片和第二张幻灯片交换位置，如图 5-2 所示。

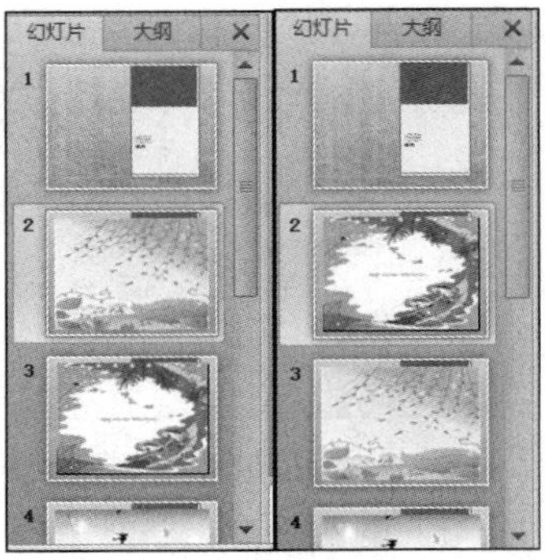

图 5-2 移动幻灯片

4. 复制幻灯片

选择需要复制的幻灯片，单击“开始”→“剪贴板”→“复制”命令，再将光标定位在目标位置，单击“开始”→“剪贴板”→“粘贴”命令；或者在快捷菜单中选择“复制”，再将光标定位在目标位置，在快捷菜单中选择“粘贴”；也可以用键盘组合键“Ctrl+C”复制，用组合键“Ctrl+V”粘贴。

5．删除幻灯片

在编辑幻灯片的过程中，当出现不再需要的幻灯片时，需要将其删除。首先选择要删除的幻灯片，直接按下“Delete”键或者单击鼠标右键并在快捷菜单中选择“删除幻灯片”命令，即可删除该幻灯片。

5.2.3 PowerPoint 2010 的视图方式

视图是 PowerPoint 文档在电脑屏幕中的显示方式，便于用户以不同的方式查看或编辑自己设计的幻灯片内容或效果。PowerPoint 2010 提供了普通视图、幻灯片浏览视图、备注页视图、阅读视图和幻灯片放映 5 种视图方式。

单击“视图”→“演示文稿视图”命令，就可以看到 4 种视图方式，如图 5-3 所示。

1．普通视图

在该视图下，能完成的功能有输入并查看幻灯片的主题、小标题以及备注，并且可以移动幻灯片图像位置和备注页方框，或是改变其大小，如图 5-4 所示。

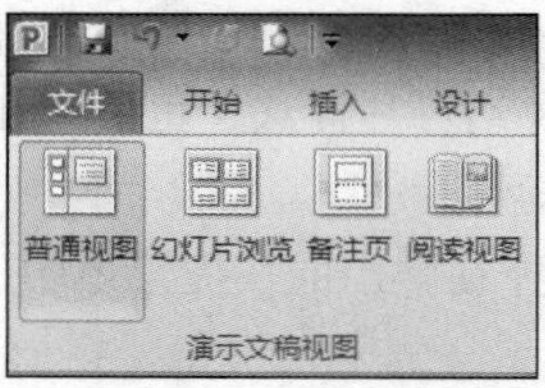

图 5-3　演示文稿视图

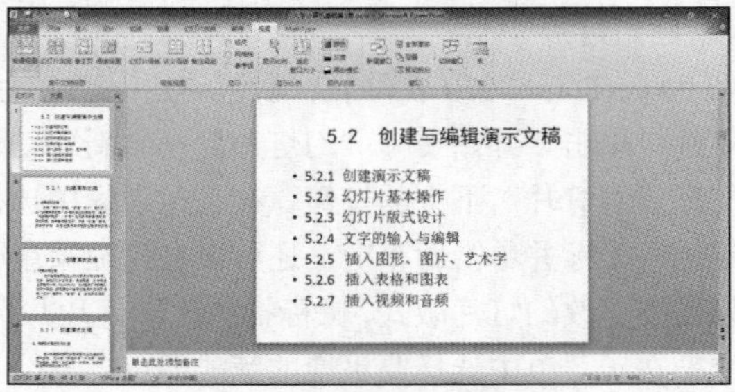

图 5-4　普通视图

2．幻灯片浏览视图

在该视图下，能同时显示多张幻灯片，可以添加、删除、复制和移动幻灯片页，还可以使用“幻灯片浏览”按钮来设置幻灯片的播放（放映）时间，选择其动画切换方式，如图 5-5 所示。

3．备注页视图

在该视图下，可以输入演讲者的备注，其中，幻灯片下方带有备注页方框，可以通过单击方框来输入备注文字，也可以在普通视图中输入备注文字，如图 5-6 所示。

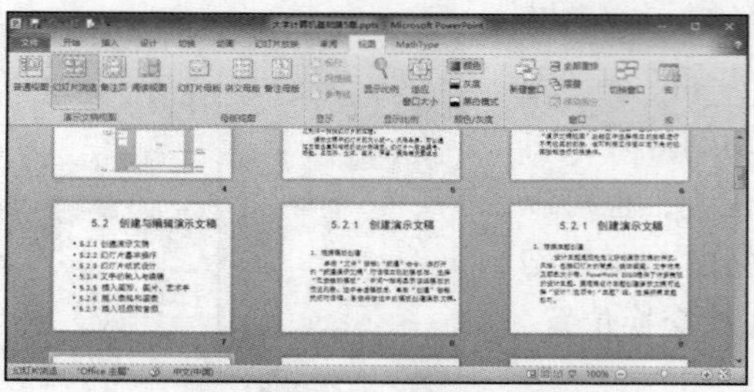

图 5-5　幻灯片浏览视图

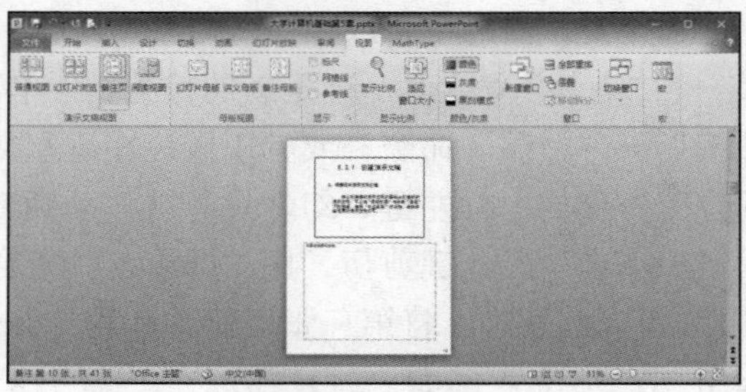

图 5-6　备注页视图

4．阅读视图

在该视图下，就会进入放映视图，只是其放映方式不同，单击页面可实现翻页。如图 5-7 所示。

5．幻灯片放映视图

幻灯片放映视图占据了整个屏幕，它与真实的播放幻灯片的效果一致。在该视图下，可以按照指定的方式动态地播放幻灯片的内容。幻灯片放映视图中的播放效果就是观众看到的真实播放效果，如图 5-8 所示。

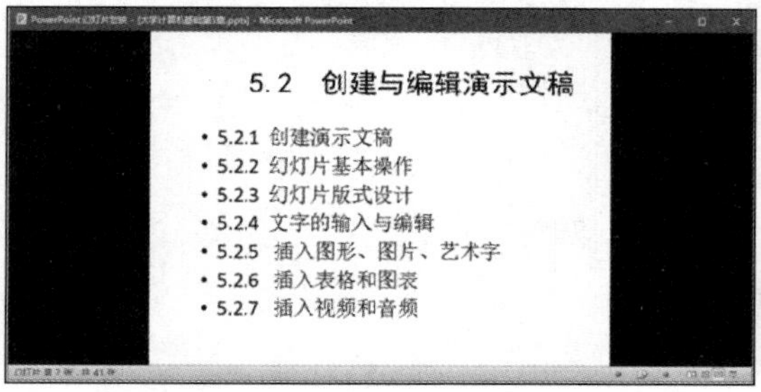

图 5-7 阅读视图

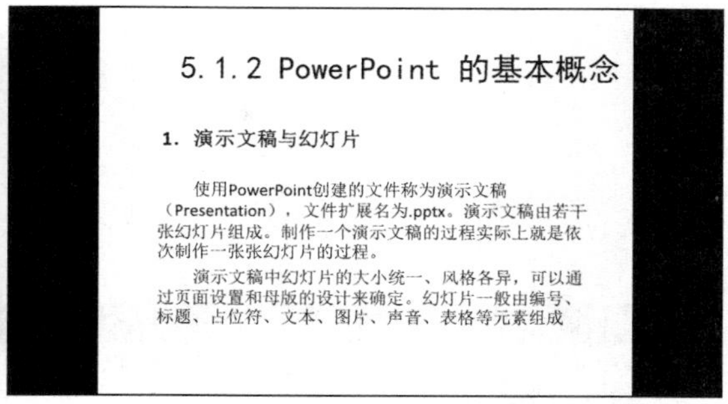

图 5-8 幻灯片放映视图

5.2.4 文本的编辑与文本格式化

1. 文本的编辑

在一个演示文稿文件中，内容大部分是需要用文本来表达的，所以就要在演示文稿中输入文本内容。

（1）输入文字

打开 PowerPoint 2010 后，将自动新建一个空白演示文稿，在幻灯片中有预设的占位符，占位符在幻灯片中起到了规划幻灯片结构的作用。鼠标单击占位符，即可看到插入光标，可以在插入光标处输入文字。用同样的方式可以完成所有占位符中文字的输入，如图 5-9 所示。

图 5-9 输入文字

（2）插入符号

将光标定位在插入符号的目标位置，单击“插入”→“符号”命令，打开“符号”对话框，在“字体”下拉列表中选择插入符号的字体样式，在“子集”下拉列表中选择插入符号的类型，然后在符号列表中选择需要的符号，再单击“插入”命令，即可将该符号插入到指定的位置，完成后单击“关闭”按钮来关闭此对话框，如图 5-10 所示。

（3）输入公式

打开 PowerPoint 2010 后，将光标定位在插入公式的目标位置，单击“插入”→“公式”命令，进入公式编辑状态，单击“公式”下方的箭头可以选择预设的几种公式，如图 5-11 所示。

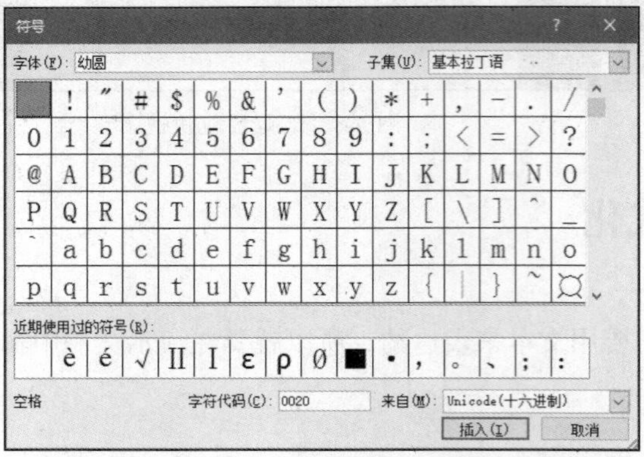

图 5-10　插入符号

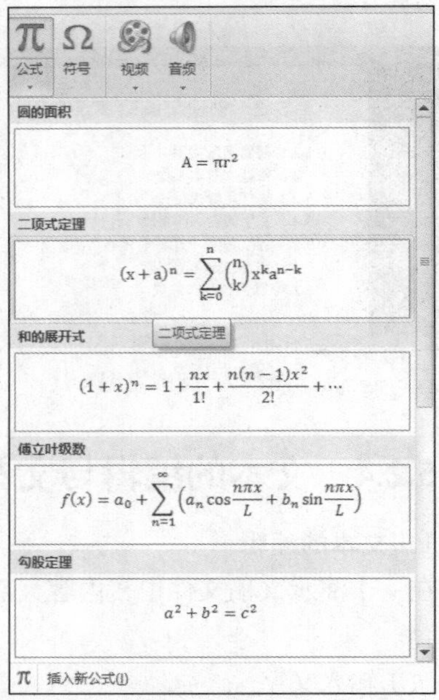

图 5-11　输入公式

（4）编辑文本

编辑文本的主要操作有移动、复制、删除、粘贴，对于一篇较长的文稿，还需要快速查找或替换其中的内容。具体操作步骤如下：

① 选择需要移动的文本，单击“开始”→“剪贴板”→“剪切”命令，确定新的位置，再单击“开始”→“剪贴板”→“粘贴”命令，即可实现文本的移动；或者用鼠标左键直接拖动到目标位置，释放鼠标左键，移动文本到新的位置；或者用“Ctrl+X”组合键剪切，用“Ctrl+V”组合键粘贴，实现文本的移动。

② 选择需要复制的文本，单击“开始”→“剪贴板”→“复制”命令，确定新的位置，再单击“开始”→“剪贴板”→“粘贴”命令或者单击鼠标右键并在快捷菜单中选择“粘贴”，实现文本的复制；也可以用“Ctrl+C”组合键复制，用“Ctrl+V”组合键粘贴，实现文本的复制。

③ 选择需要删除的文本，按“Delete”键或者按“Backspace”键删除已选择的文本。

④ 查找文本时，单击“开始”→“编辑”→“查找”命令，打开“查找”对话框，在“查找内容”输入框中输入要查找的内容，单击“查找下一个”按钮，在演示文稿中将依次找到和所输入内容相同的内容；替换文本时，单击“开始”→“编辑”→“替换”命令，打开“替换”对话框，在“查找内容”输入框中先输入要查找的内容，再在“替换为”输入框中输入准备替换为的内容，单击“替换”或“全部替换”按钮，即可实现一个或批量的文本替换。如将“演示文稿”替换为“ppt”，如图 5-12 所示。

2. 文本的格式化

在演示文稿中，输入文字内容后，需要对文字进行字体、段落等格式的设置。

（1）设置字体格式

在演示文稿中选择需要设置字体格式的文本，单击“开始”→“字体”命令，在“字体”功能区可以直接单击字体格式图标来设置字体格式；也可以打开“字体”对话框，进行字体、字号、字形、字体颜色以及“字符间距”等格式的设置，如图 5-13 所示。

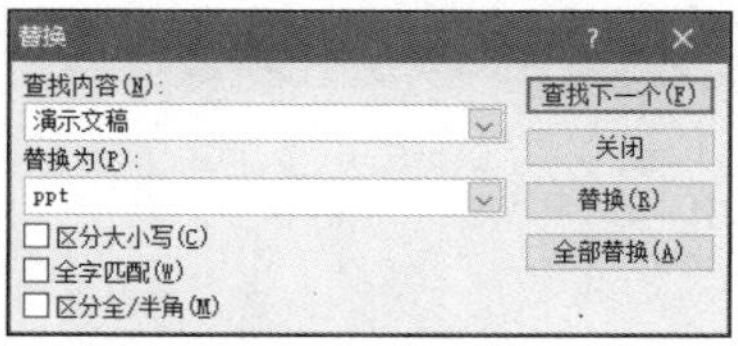

图 5-12 “替换”对话框

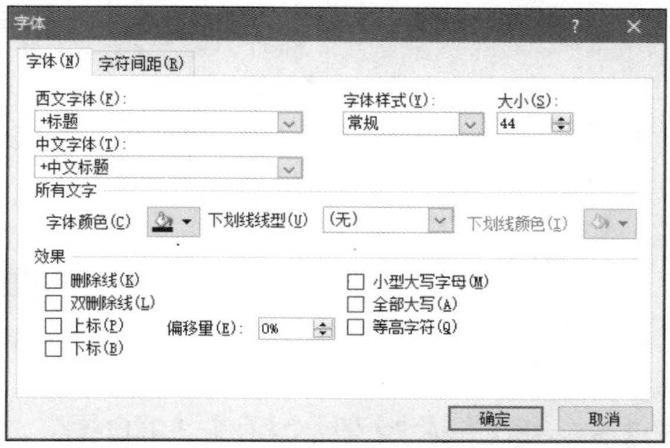

图 5-13 “字体”对话框

（2）设置字体效果

除了设置基本的字体格式外，还可以设置字体的艺术效果来美化演示文稿，特别是在演示文稿文字中，应适当为文字添加艺术效果。

在演示文稿中选择需要设置艺术效果的文字，单击“格式”→“艺术字样式”命令，选择需要的样式，在工作区就可以看到艺术字的效果，如图 5-14 所示。

（3）更改字体方向

将光标定位到需要更改字体方向的占位符中，单击“开始”→“段落”→“文字方向”命令，在弹出的下拉列表中选择文字方向样式。如选择“竖排”，文字将以竖排方式排列，在工作区中可以看到更改字体方向后的效果。

（4）设置段落格式

PowerPoint 2010 的段落格式包括对齐方式、段落缩进、段落间距、行距、制表位等，其效果和 Word 2010 中的段落格式的效果一样，可单击“开始”→“段落”命令，直接单击图标命令按钮或者打开“段落”对话框，设置段落格式，如图 5-15 所示。

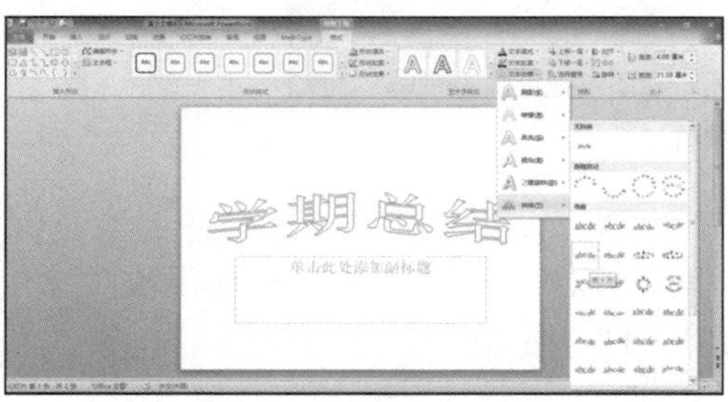

图 5-14 设置艺术字效果

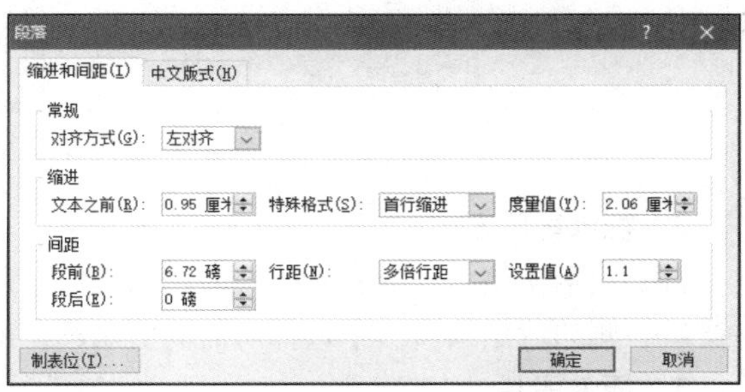

图 5-15 段落设置

（5）设置项目符号和编号

将光标移到需要设置项目符号或编号的段落中，单击“开始”→“段落”→“项目符号”/“项目编号”，单击“项目符号”/“项目编号”的下拉按钮，在弹出的下拉菜单中选择项目符号样式或项目编号样式，也可以单击“项目符号和项目编号”，打开“项目符号和项目编号”对话框，进行项目符号和项目编号的设置，如图 5-16 所示。

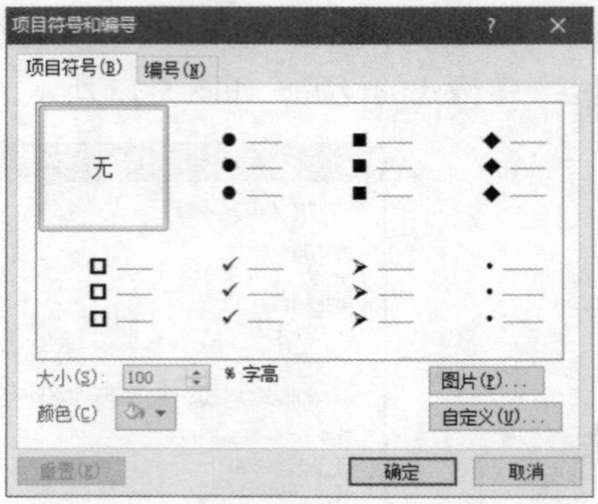

图 5-16 “项目符号和编号”对话框

5.2.5 多媒体对象的插入与编辑

为了使幻灯片更加生动形象，可以在演示文稿中插入图形、图片、表格、图表、视频、音频等多媒体对象。插入这些内容后还可以对其进行格式设置，使演示文稿更加美观大方，演示效果更加吸引人。

1. 插入图形

打开演示文稿，选中准备插入图形的幻灯片，单击“插入”→“插图”→“形状”命令，在弹出的菜单中可以预览各种图形样式。选择其中的一种图形，在幻灯片中拖动鼠标即可绘制出所需的图形，如图 5-17 所示。

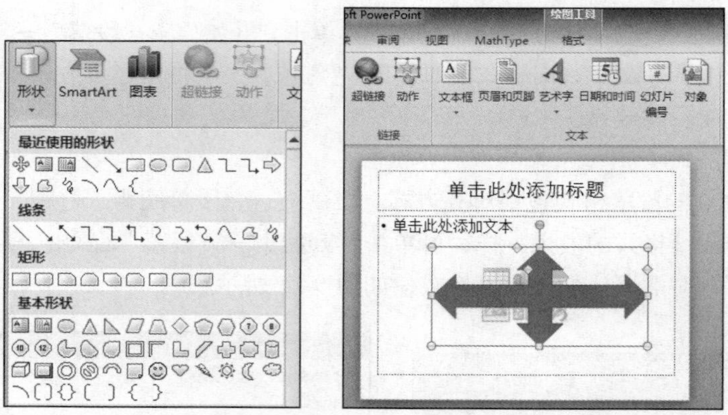

图 5-17 插入图形

2. 插入剪贴画

打开演示文稿，选中需要插入剪贴画的幻灯片，单击“插入”→“图像”→“剪贴画”命令，在窗口右侧的剪贴画窗格中选择所需的剪贴画，即可将其自动粘贴到幻灯片中。

3. 插入图片

打开演示文稿，选中需要插入图片的幻灯片，单击“插入”→“图像”→“图片”命令，弹出“插入图片”对话框，如图 5-18 所示，选择预先存储在磁盘中的图片，单击“插入”按钮，即可将选择的图片插入到幻灯片中。

在幻灯片中插入一张图片后，选中该图片，单击“格式”→“调整”命令，可以选择改变图片的艺术效果、更换图片、压缩图片、重设图片；单击“格式”→“图片样式”命令，可以为图片加边框，改变图片效果和图片版式；单击“格式”→“大小”命令，可以直接输入调整图片大小的数值，再按下“Enter”键确认图片缩放比例。

图 5-18　“插入图片”对话框

4. 插入 SmartArt 图形

SmartArt 图形是信息和观点的视觉表达形式，PowerPoint 提供了多种不同的 SmartArt 布局，从而可以快速、轻松、有效地创建 SmartArt 图形。

创建 SmartArt 图形时，系统将提示您选择一种 SmartArt 图形类型，PowerPoint 2010 包含列表图、流程图、循环图、层次结构图、关系图、矩阵图、棱锥图和图片等，而且每种类型包含几个不同的布局。插入 SmartArt 图形的具体操作步骤如下：

（1）创建 SmartArt 图形

选择要插入 SmartArt 图形的幻灯片，单击“插入”→“插图”→“SmartArt”命令，打开“选择 SmartArt 图形”对话框，如图 5-19 所示，共有 8 个类别，先选择 SmartArt 图形类型，再根据布局的说明信息选择该类型的一种布局。

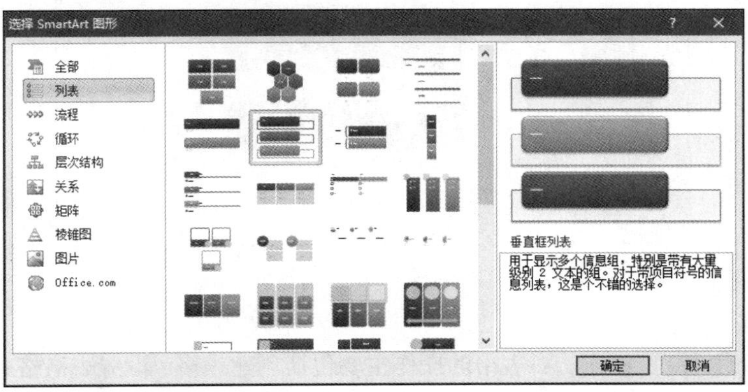

图 5-19　创建 SmartArt 图形

（2）设置 SmartArt 图形的格式

在 PowerPoint 2010 中，除了可以针对 SmartArt 图形进行整体的样式设置外，还可以分别针对形状和文本设置格式。

选择已经插入到幻灯片中的 SmartArt 图形，单击“设计”→“布局”命令，选择一种布局，即可改变幻灯片中 SmartArt 图形的布局结构。

如果要改变 SmartArt 图形中的某一个图形，单击“格式”→“形状”→“更改形状”命令，在弹出的菜单中选择要更改为的形状，即可改变当前选择图形的形状。

如果要改变 SmartArt 图形的样式，单击“设计”→“SmartArt 样式”命令，根据需要选择自己喜欢的样式和颜色，在幻灯片中可以看到实时预览效果，如图 5-20 所示。

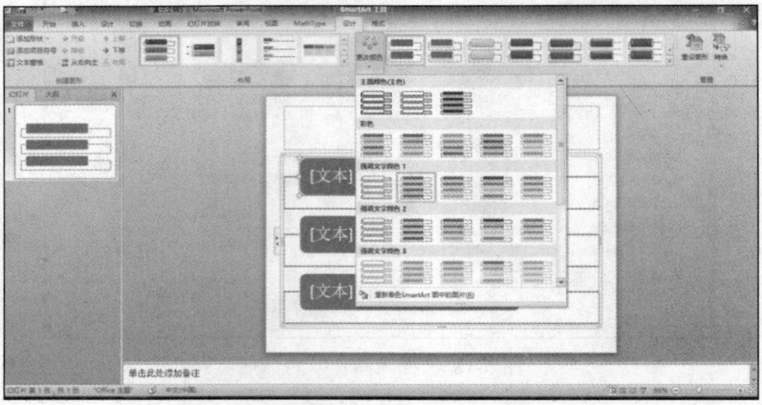

图 5-20　更改样式和颜色

（3）在 SmartArt 图形中输入文本内容

当 SmartArt 图形插入到幻灯片后，如图 5-21 所示，单击左侧的“在此处键入文字”框，开始键入内容，左边键入的文字会在右边相应的 SmartArt 组件中显示出来。按键盘“↓”键可移动到下一项进行编辑，使用其他方向键也可以在文本输入框中进行移动；也可以直接在 SmartArt 组件内单击“文本”输入文字，而不使用文本窗格。

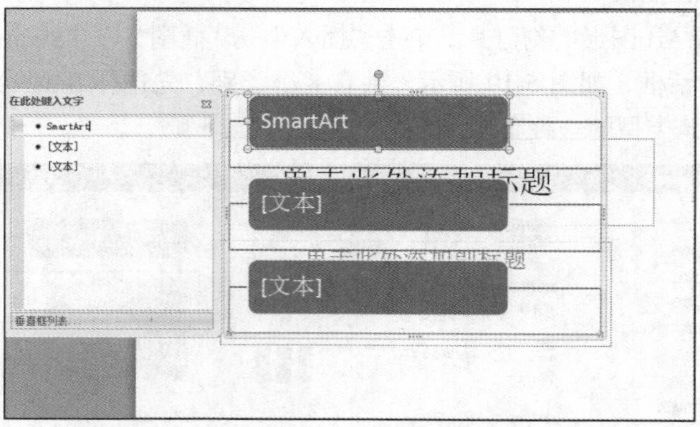

图 5-21　输入文本

5. **插入表格**

在 PowerPoint 2010 文稿中，对表格的操作主要包括创建表格、设置表格格式、输入文字、调整表格样式等。

（1）创建表格

打开 PowerPoint 2010 文档窗口，单击“插入”→“表格”→“插入表格”命令，插入一个指定行数和列数的表格；单击“插入”→“表格”→“绘制表格”命令，鼠标变成笔形，在幻灯片中拖动鼠标可以绘制表格；也可以在“表格”下拉列表中直接拖动鼠标来选择表格的行数或列数，释放鼠标后，即可插入需要的表格，如图 5-22 所示。

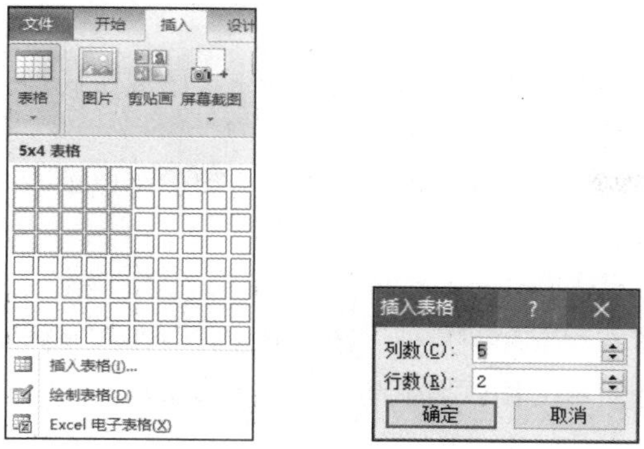

图 5-22　插入表格

（2）设置表格格式

表格插入到幻灯片后，选择表格，通过拖动表格四周的 8 个控制块即可缩放表格的大小，或者单击“布局”→“表格尺寸”组，直接修改行高和列宽的数值。

当需要插入行和列时，首先将光标定位在插入行和列的参照单元格或要删除的行和列所在的任一单元格中，单击“布局”→“行和列”组，选择插入方式和删除方式。

需要合并单元格时，选择需要合并的单元格，单击“布局”→“合并”→“合并单元格”命令，即可实现两个或多个单元格的合并。

如果需要设置表格的样式，单击“设计”→“表格样式”组，选择一种样式，在该选项组中还可以自定义设置表格的底纹、边框和效果。

6. 插入图表

在 PowerPoint 2010 中，只需选择图表类型、图表布局、图表样式，即可方便地创建具有专业外观的图表。

（1）创建图表

打开需要插入图表的演示文稿，单击“插入”→“插图”→“图表”命令，在弹出的“图表”对话框中选择一种图表类型，单击“确定”按钮，将在幻灯片中插入默认图表，如图 5-23 所示。

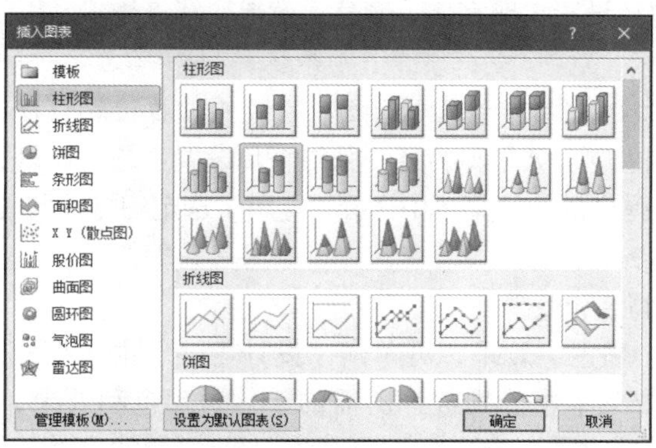

图 5-23　创建图表

（2）更改图表类型

创建图表后，随着对其中数据的修改和实际情况的要求，需要更改图表类型。选择图表，单击鼠标右键，在快捷菜单中选择“更改图表类型”命令，在弹出的对话框中选择一种需要的图表类型和子类型，或者单击“设计”→“更改图表类型”命令，都可以更改当前图表的类型。

（3）设置图表的布局和样式

选择需要设置布局和样式的图表，单击"设计"→"图表布局"→"图表样式"命令，可选择预设的图表布局和图表样式。

要设置图表中的图表标题、坐标轴标题、图例等内容，可以单击"布局"→"标签"组，选择相应的命令按钮进行设置。

7. 插入多媒体

一个好的演示文稿除了有文字和图片外，还需要加入一些多媒体对象，如视频片段、声音特效等。加入这些内容可以让演示文稿更加生动活泼、丰富多彩。

（1）在演示文稿中插入影片

在演示文稿中插入影片，可以让演示文稿更具吸引力。影片主要分为剪辑管理器中的影片和磁盘中的影片文件，如果有网络，还可以指定网址下载影片。选择需要插入影片的幻灯片，单击"插入"→"媒体"→"视频"命令，即可插入文件中的视频或剪辑管理器中的视频文件。

（2）在演示文稿中插入声音

在演示文稿中还可以单独插入声音，插入声音同样为剪辑管理器中的声音和磁盘中的声音文件，还可以在 PowerPoint 中录制声音。选择需要插入声音的幻灯片，单击"插入"→"媒体"→"音频"，即可插入文件中的声音或剪辑管理器中的声音文件。

5.3 演示文稿的修饰

在播放演示文稿时，演示文稿的美化程度直接影响播放的效果。本节详细介绍美化演示文稿的方法，其中包括演示文稿的主题设计、模板、母版设计等，通过这些设置，可以让一个演示文稿拥有一个夺目的外表。

5.3.1 主题与背景

演示文稿主题设计包括设置主题字体、颜色、效果、背景样式，以及自定义主题等。

1. 使用默认主题

打开 PowerPoint 演示文稿，文档将自动新建一个空白页面的幻灯片，单击"设计"→"主题"命令组，就可以预览默认主题。如果要为某一张幻灯片设置主题，可以选择该张幻灯片，然后单击鼠标右键选择主题，在弹出的快捷菜单中选择"应用于选定幻灯片"，这时将只对选定的幻灯片应用选定的主题，如图 5-24 所示。

2. 设置主题字体、颜色和效果

要更改主题的字体、颜色、效果，可单击"设计"→"主题"→"字体"/"颜色"/"效果"命令，在弹出的下拉菜单中分别选择所需的字体、颜色和效果，此时在"字体""颜色""效果"图标按钮上显示的字体、颜色、效果就是当前主题的字体、颜色和效果，如图 5-25 所示。

3. 设置背景样式

在 PowerPoint 2010 中，单击"设计"→"背景"→"背景样式"命令，在弹出的下拉列表中可以选择默认的背景样式，也可以选择"设置背景格式"命令，在打开的"设置背景格式"对话框中设置背景样式的填充方式，如图 5-26 所示。

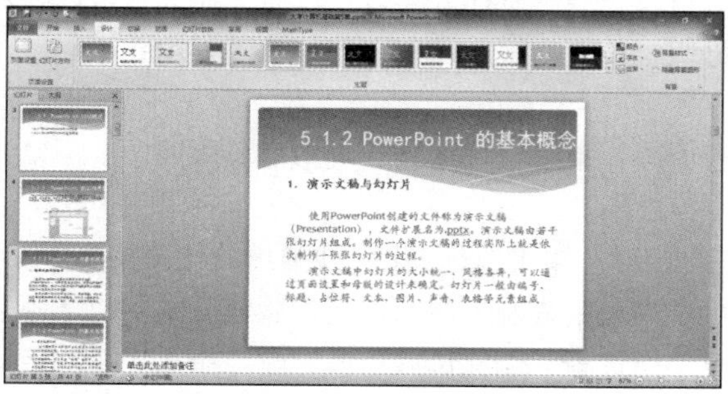

图 5-24 设计主题

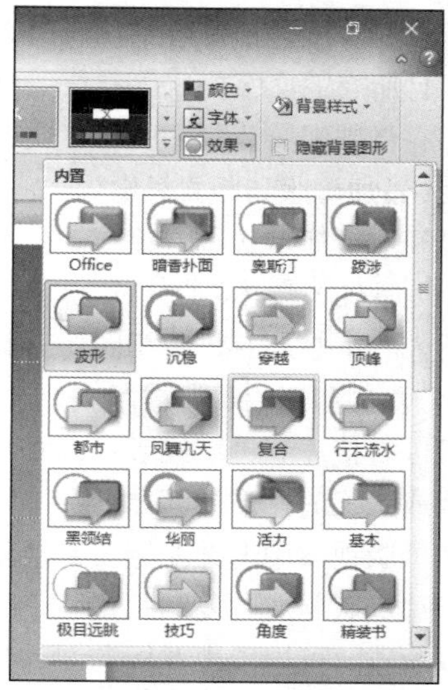

图 5-25 设置主题效果

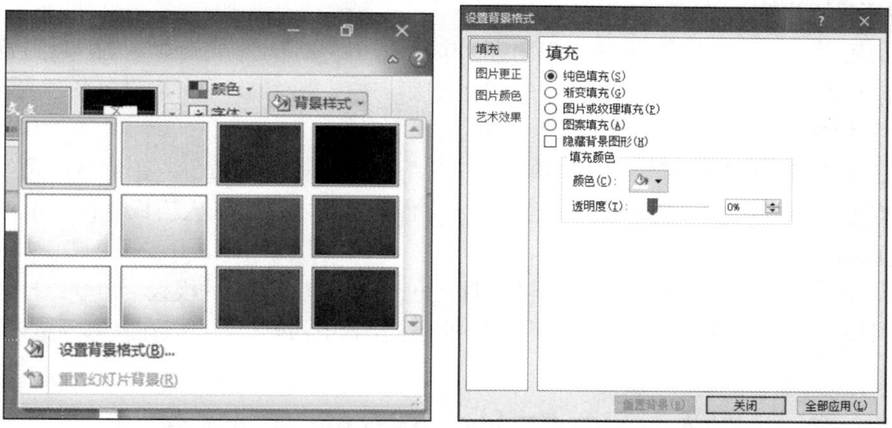

图 5-26 设置背景样式

4. 自定义主题

在演示文稿中设置好颜色、字体和效果后，单击“设计”→“主题”→“其他”命令，将打开“保存当前主题”对话框，此时可以设置保存主题的名称、位置等。当再次打开“其他”下拉菜单时，就可以查找到自定义的主题。

5.3.2 使用设计模板

设计模板包含演示文稿样式的文件，包括项目符号、字体的类型和大小、占位符大小和位置、背景设计和填充、配色方案以及幻灯片母版和可选的标题母版。幻灯片母版是设计模板存储模板信息的一个元素，这些模板信息包括字形、占位符大小和位置、背景设计和配色方案。

若要查看幻灯片母版，需打开母版视图。可以根据需要随时更改幻灯片母版，更改幻灯片母版时，对单张幻灯片进行的更改将被保留；但是母版上的文本只用于样式，实际的文本（如标题和列表）应在普通视图的幻灯片上输入，而页眉和页脚应在“页眉和页脚”对话框中输入。

在应用设计模板时，会在演示文稿上添加幻灯片母版。通常，模板也包含标题母版，可以在标题母版上进行更改，适用于具有“标题幻灯片”版式的幻灯片。

所以，母版包括了背景以及所有的格式设置，如果把这个母版应用于幻灯片，则不仅仅是背景，而且所有的文字格式等都按照母版的设置应用于该幻灯片。应用于所有幻灯片意味着每张幻灯片都有母版中的背景和所有格式，从而统一了整个演示文稿的格式。

1. 添加母版和版式

打开一个演示文稿，单击“视图”→“母版视图”→“幻灯片母版”命令，将切换到“幻灯片母版”视图，单击“幻灯片母版”→“编辑母版”→“插入幻灯片母版”命令，可以在左侧列表中插入一个与现有母版相同的新幻灯片母版。

2. 复制和删除母版或版式

可以直接复制母版或版式，并对其进行修改，也可以快速创建类似的母版或版式。复制和删除母版或版式的操作步骤如下：

在母版视图中选择左侧需要复制的母版或版式，单击鼠标右键，在弹出的快捷菜单中选择“复制幻灯片母版”或“复制版式”命令，即可在列表中复制一模一样的母版或版式。对于不需要的母版或版式，可以单击鼠标右键，在快捷菜单中选择“删除母版”或“删除版式”命令，即可删除该母版或版式。

3. 编辑母版内容

添加母版或版式后，可以在其中编辑内容，包括添加占位符、编辑母版主题、设置背景样式和设置页面格式等。选择母版，然后选择“幻灯片母版”选项卡，在其中可以设置各种内容和格式。

4. 使用模板

打开需要保存为模板的演示文稿，单击“文件”→“另存为”命令，在“另存为”对话框中选择保存类型为“PowerPoint 模板”选项，在“文件名”文本框中输入模板名称，单击“保存”按钮，即可保存该模板。

在下次需要使用该模板时，可以单击“文件”→“新建”→“我的模板”命令，打开“新建演示文稿”对话框，在左侧可以看到刚刚保存的模板，选择其中的模板，可以在左侧预览模板的效果。

5.4 幻灯片的放映与打包

演示文稿的文字内容以及图形、图像、图表等多媒体内容都设置好后，就可以进行放映了。但放映也需要有良好的放映效果，所以在放映之前还需要对演示文稿进行放映设置，以便在放映时能够更好地进行控制。

5.4.1 创建动画效果

为了丰富演示文稿的播放效果，可以为幻灯片的某些对象设置一些特殊的动画效果，在 PowerPoint 2010 中可以为文本、形状、声音、图形和图表等对象设置动画效果。

1. 创建动画

打开一个演示文稿，切换到需要设置动画的幻灯片，选择要设置动画的对象，单击“动画”→“动画效果”命令，在下拉菜单中可以预览动画样式，包括“进入”、“退出”、“强调”和“动作路径”4 种类型，选择一种动画效果，即可预览动画效果，如图 5-27 所示。

2. 动画窗格

单击“动画”→“高级动画”→“动画窗格”命令，即可在窗口右侧出现“动画窗格”，在每个动画前面都会显示一个播放编号，如图 5-28 所示。选择需要查看播放的幻灯片，在“动画窗格”中单击“播放”按钮，即可播放当前幻灯片中的所有动画效果。

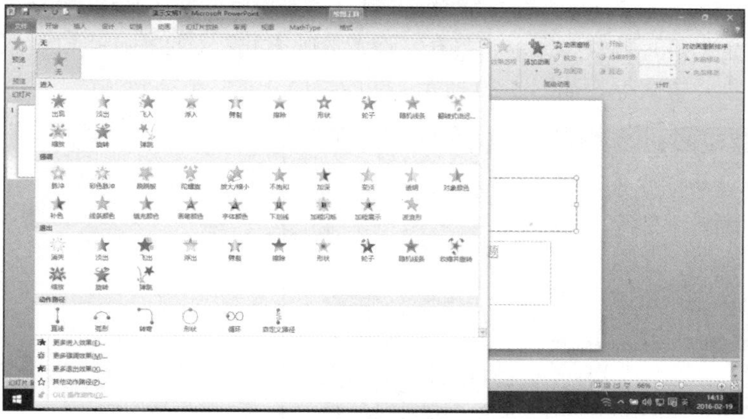

图 5-27　设置动画效果

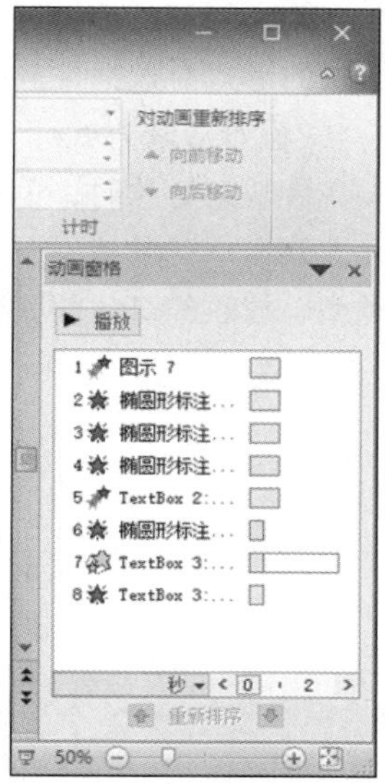

图 5-28　动画窗格

3. 调整动画顺序

为某个对象设置好动画后，有时还需要对动画的播放顺序进行调整，选择需要更改顺序的对象，单击“动画”→“计时”→“对动画重新排序”→“向前移动/向后移动”命令，即可看到当前对象的动画播放顺序，如图 5-29 所示。

图 5-29　调整动画播放顺序

5.4.2 幻灯片切换

演示文稿放映过程中由一张幻灯片进入另一张幻灯片就是幻灯片之间的切换，PowerPoint 2010 提供了多种幻灯片的切换效果，通过设置幻灯片的切换效果可使幻灯片放映更具有趣味性。

1. 添加切换效果

选定要设置切换方式的幻灯片，单击“切换”→“切换到此幻灯片”命令，选择需要的幻灯片切换方式，对要添加不同切换效果的幻灯片重复执行以上步骤，就可以实现每一张幻灯片的切换方式都不同。若单击某种切换效果后，再单击“全部应用”，将给所有幻灯片添加同一种切换效果。

2. 设置切换效果

可以在“切换到此幻灯片”选项区域中修改幻灯片的切换效果，每单击一次切换方式，系统就会自动在预览窗口中播放切换效果。在“计时”区域中调整“延续时间”可改变幻灯片切换的速度，在“声音”下拉列表中选择切换时的声音。在“换片方式”选项组中，可以设置切换幻灯片的控制方式，用户可以用鼠标控制，也可以设定时间间隔，由程序自动来完成切换任务。如要查看效果，单击“预览”按钮，就可以在主窗口中看到切换效果。

5.4.3 放映幻灯片前的准备

在放映幻灯片前，可以对放映方案进行设置，可以根据需要选择不同的放映类型，通过自定义放映的形式有选择地放映演示文稿中的部分幻灯片。

1. 设置放映方式

在放映幻灯片时，可以对幻灯片放映进行一些特殊设置。打开需要设置的演示文稿，单击“幻灯片放映”→“设置”→“设置幻灯片放映”命令，打开“设置放映方式”对话框，可以设置放映类型、放映幻灯片的张数、换片方式等，如图 5-30 所示。

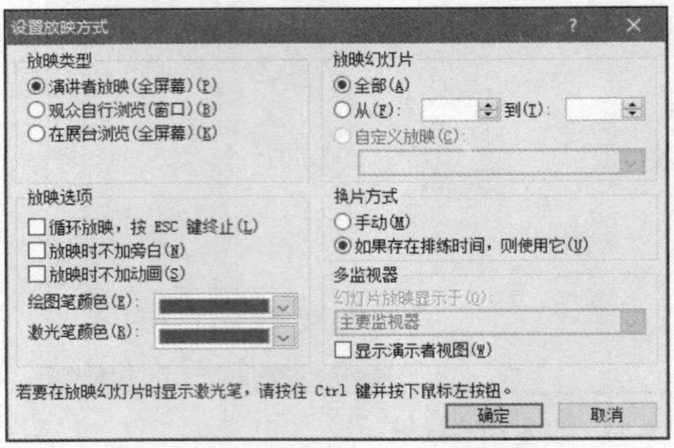

图 5-30 “设置放映方式”对话框

2. 应用排练计时

排练计时就是预演的时间，可单击“幻灯片放映”→“设置”→“排练计时”命令，自动进入放映排练状态，窗口左上角出现“录制”工具栏，在该工具栏中可以显示预演的时间。在放映屏幕中单击鼠标，可以排练下一个动画或下一张幻灯片出现的时间，鼠标停留的时间就是下一张幻灯片显示的时间。显示结束后将弹出提示对话框，询问是否保留排练时间，单击“确认”按钮，幻灯片浏览视图中每张幻灯片的左下角将显示该幻灯片的放映时间，如图 5-31 所示。

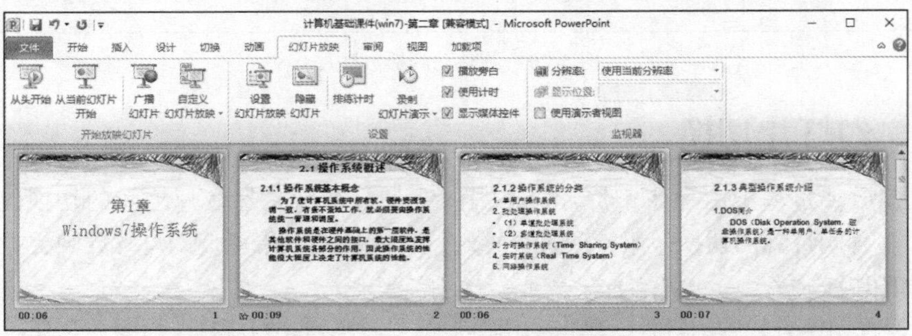

图 5-31 排练计时后的幻灯片浏览视图

3. 隐藏幻灯片

当暂时不使用某张幻灯片时，可以暂时隐藏此幻灯片。选择幻灯片，单击“幻灯片放映”→“设置”→“隐藏幻灯片”命令，或者单击鼠标右键并在快捷菜单中选择“隐藏幻灯片”，即可隐藏该幻灯片。被隐藏的幻灯片在其编号的四周出现一个边框，边框中还有一个斜对角线，表示该幻灯片已经被隐藏，在播放演示文稿时，会自动跳过该幻灯片而播放下一张幻灯片，如图 5-32 所示。

4. 录制旁白

在放映幻灯片时，如果没有现场讲解，则可以提前录制旁白，选择需要录制旁白的幻灯片，单击“幻灯片放映”→“设置”→“录制幻灯片演示”→“从头开始录制”/“从当前幻灯片开始录制”命令，将弹出“录制幻灯片演示”对话框，选择“旁白和激光笔”复选框，如图 5-33 所示。单击“开始录制”按钮，进入幻灯片放映状态，开始录制旁白，在幻灯片中单击鼠标以切换到下一张幻灯片，按下 Esc 键将停止录制旁白，回到 PowerPoint 窗口中，录制的幻灯片右下角会显示一个声音图标。

图 5-32 隐藏幻灯片

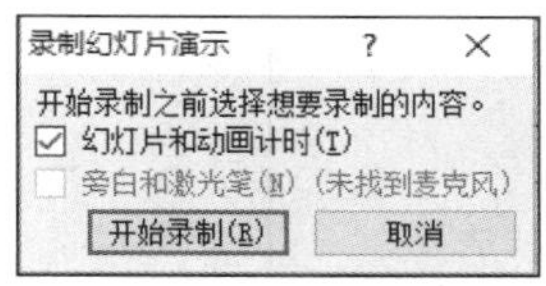

图 5-33 录制旁白

5. 设置自定义放映

打开需要进行自定义放映的演示文稿，单击“幻灯片放映”→“开始放映幻灯片”→“自定义幻灯片放映”→“自定义放映”命令，将打开“自定义放映”对话框，单击“新建”按钮，打开“定义自定义放映”对话框。在此对话框中，设置幻灯片放映名称，然后在左侧列表框中选择要添加到自定义放映中的幻灯片，单击“添加”，设置结束后单击“确定”按钮。在显示的“自定义放映”对话框中，可以看到刚才设置的自定义放映名称，单击“放映”按钮，可以直接放映自定义设置的幻灯片，单击“关闭”按钮可返回编辑窗口。

5.4.4 放映幻灯片

演示文稿编辑完毕并且设置了放映效果后，就可以放映演示文稿了。在放映过程中可以进行换页等控制，还可以利用鼠标进行标注。

1. 启动放映

当设置好幻灯片放映方式后，单击“幻灯片放映”→“开始放映幻灯片”→“从头开始”命令，即可从第一张幻灯片开始放映；单击“从当前幻灯片开始”命令，即可从当前选择的幻灯片开始放映。

2. 幻灯片放映过程的控制

在放映幻灯片时，可以在幻灯片任意区域单击鼠标右键，在弹出的快捷菜单中选择“上一张”或“下一张”，可以跳至上一张或下一张幻灯片；选择“定位至幻灯片”，在弹出的子菜单中可以选择要播放的幻灯片；选择“暂停”命令按钮，可以停止播放，暂停播放后选择“继续”命令可以继续播放其他幻灯片。

3. 标注幻灯片

在幻灯片放映视图中选择需要添加标注的幻灯片，单击鼠标右键，在弹出的快捷菜单中选择“指针选项”命令，在其子菜单中可以选择添加墨迹注释的笔形，再选择“墨迹颜色”命令，在其子菜单中选择一种颜色，按住鼠标左键在幻灯片中需要标注的部分拖动，即可书写或绘图。

4. 隐藏鼠标指针

在放映过程中如果不需要显示鼠标指针，可以将其隐藏。在幻灯片放映视图中单击鼠标右键，在弹出的菜单中，单击“指针选项”→“箭头选项”→“永远隐藏”命令，即可将鼠标指针永远隐藏起来，如图 5-34 所示。如果要重新显示鼠标指针，可以选择“自动”或“可见”命令。

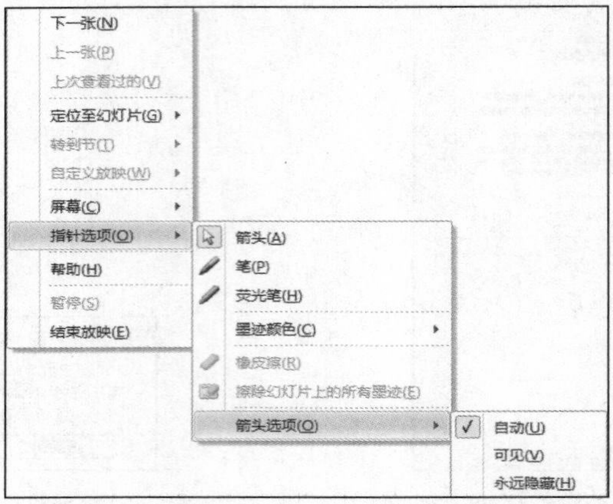

图 5-34 隐藏鼠标指针

5. 设置黑屏或白屏

在放映过程中，当演示者需要将听众的注意力集中到自己的讲话上时，可以将屏幕设置为白屏或黑屏效果以隐藏幻灯片上的内容。

在幻灯片放映视图中单击鼠标右键，在弹出的快捷菜单中选择“屏幕”，在其子菜单中选择“黑屏”或“白屏”命令，即可将屏幕切换为“黑屏”或“白屏”。

6. 切换程序

由于幻灯片播放时，是全屏显示，所以在播放过程中需要使用其他软件时，操作起来就不那么方便了，这时就可以使用“切换程序”命令。在放映幻灯片中单击鼠标右键，在弹出的快捷菜单中选择“切换程序”命令，也可以在 Windows 的任务栏中单击需要打开的应用程序或按键盘上的 Windows 键切换程序。

5.4.5 插入超链接

在 PowerPoint 2010 中，超链接是从一张幻灯片到同一演示文稿中的另一张幻灯片的链接（如到自定义放映的超链接），或是从一张幻灯片到不同演示文稿中的另一张幻灯片、电子邮件地址、网页或文件的链接。创建超链接的方法主要有以下几种。

1. 利用超链接按钮创建超链接

鼠标选中需要创建超链接的对象，例如，选中幻灯片中“5.1 PowerPoint 2010 概述”文字，单击“插入”→“超链接”命令；或者用鼠标右击对象文字，在弹出的快捷菜单中单击出现的“超链接”选项，如图 5-35 所示。

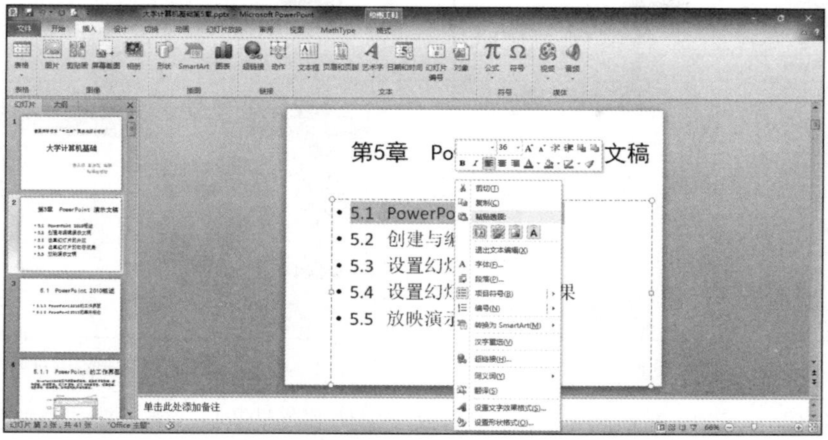

图 5-35 超链接

接着弹出“插入超链接”对话框，单击“书签”，弹出“在文档中选择位置”对话框，如图 5-36 所示，选中需要链接的幻灯片，单击“确定”按钮。

也可以让对象链接到外部文件的相关文档，在“插入超链接”对话框中“地址”处输入需要链接的网络地址即可。

2. 利用“动作设置”创建超链接

同样选中需要创建超链接的对象（文字或图片等），单击“插入”→“链接”→“动作”（动作按钮是为所选对象添加一个操作，即当单击该对象或者鼠标在其上悬停时应单击的操作），如图 5-37 所示。

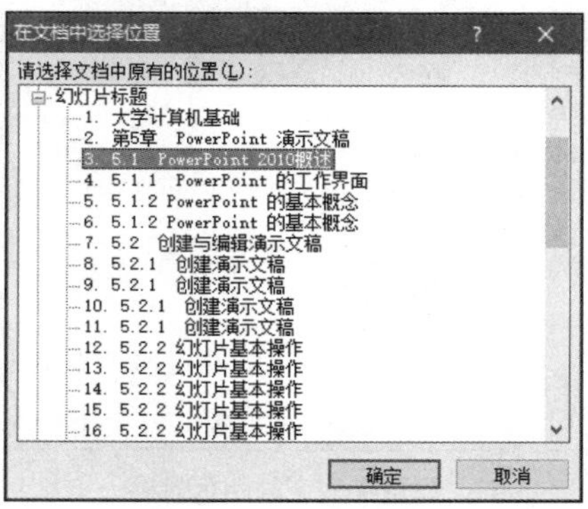

图 5-36 “在文档中选择位置”对话框

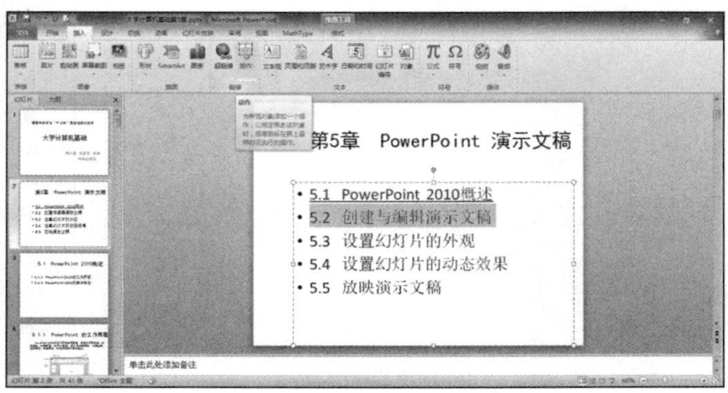

图 5-37 选择动作按钮

弹出“动作设置”对话框后，在对话框中有两个选项卡“单击鼠标”与“鼠标移过”，如图 5-38 所示，通常选择默认的“单击鼠标”，单击“超链接到”选项，打开超链接选项下拉菜单，根据实际情况选择其一，如选择“幻灯片”，然后单击“确定”按钮即可。若要将超链接的范围扩大到其他演示文稿或 PowerPoint 以外的文件中去，则只需要在选项中选择“其他 PowerPoint 演示文稿...”或“其他文件...”即可。

弹出“超链接到幻灯片”对话框，从下拉列表中选择需要连接的幻灯片，单击“确定”按钮即可完成超链接，如图 5-39 所示。

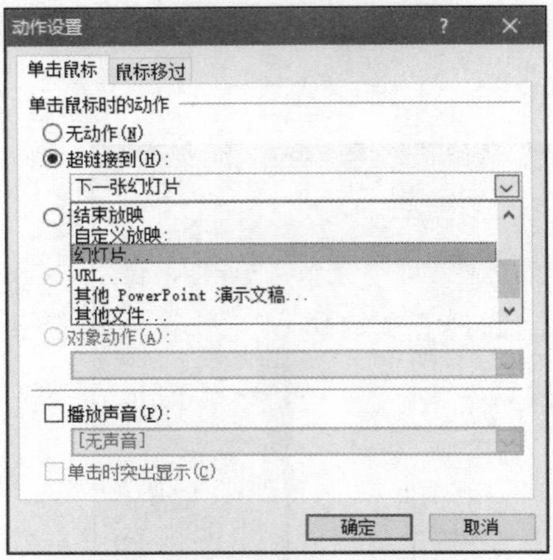

图 5-38 “动作设置”对话框

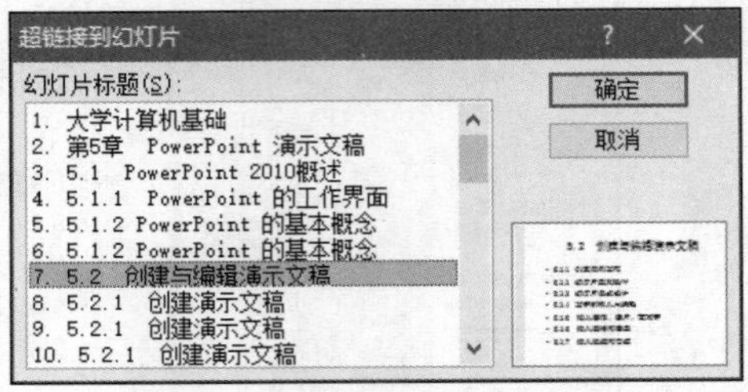

图 5-39 超链接到幻灯片

完成超链接后，选择文字会加上下划线，文字字体颜色是蓝色，表示超链接创建成功。如果想要更改文字的颜色，可以单击“设计”→“主题”→“颜色”命令来修改超链接字体的颜色，在下拉菜单中选择“新建主题颜色”，如图 5-40 所示。

在弹出的“新建主题颜色”窗口的最下面，就可以看到“超链接”和“已访问的超链接”，我们就可以任意设置颜色。设置好后可以在右边的“示例”中看到超链接的效果，如图 5-41 所示。

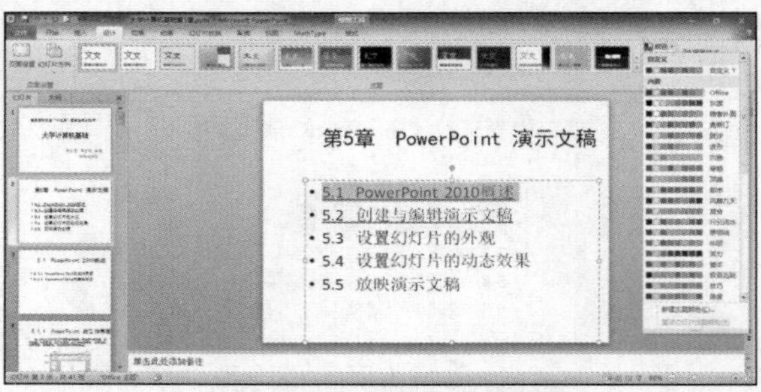

图 5-40 设置超链接字体颜色

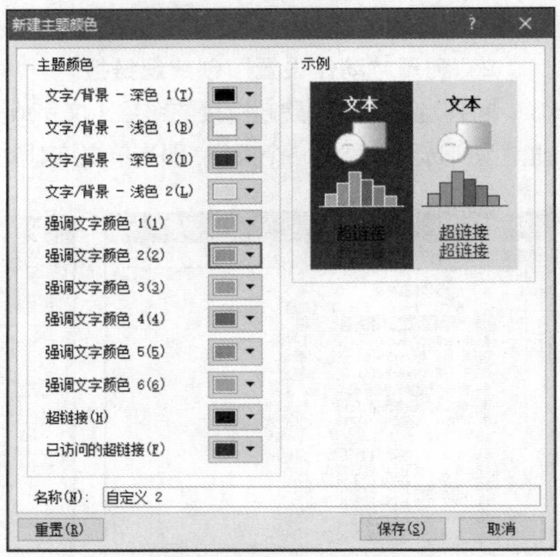

图 5-41 超链接文字的颜色效果

5.4.6 演示文稿的打印

演示文稿虽然主要用于演示，但有时也需要将它打印出来，例如在会议结束后可以将会议上用的演示文稿打印出来作为开会人员的会议资料。

1. 设置页面属性

打开准备打印的演示文稿，单击“设计”→“页面设置”命令，打开“页面设置”对话框，在其中可以设置幻灯片的大小、宽度、高度、幻灯片编号起始值、幻灯片方向等其他属性值，如图 5-42 所示。

2. 设置页眉和页脚

选择需要设置页眉和页脚的幻灯片，单击“插入”→“文本”→“页眉页脚”命令，将打开“页眉和页脚”对话框，如图 5-43 所示。

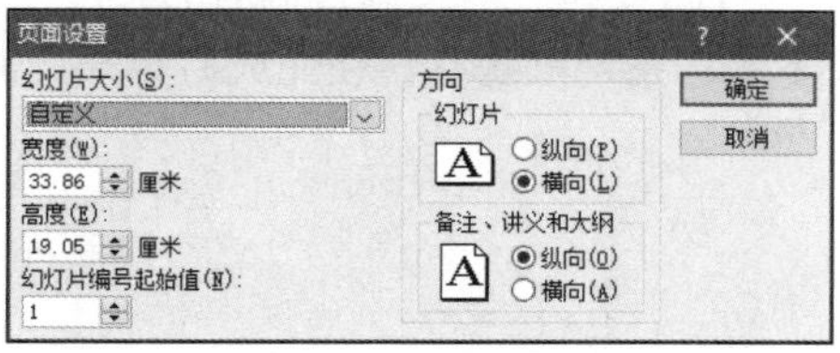

图 5-42　页面设置

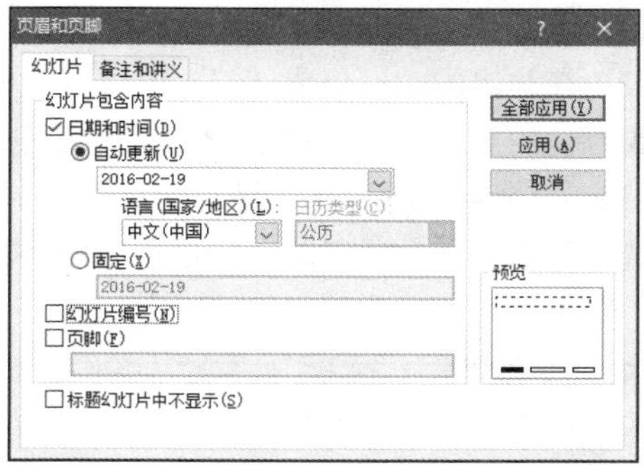

图 5-43　“页眉和页脚”对话框

选中“日期和时间”复选框，如果想让添加的日期和时间与幻灯片放映的日期一致，则选中“自动更新”选项，如果只想显示演示文稿完成的日期，可以选中“固定”选项，并输入日期。

选中“幻灯片编号”复选框可以对幻灯片编号，当添加或删除幻灯片时编号会自动更新；选中“页脚”复选框，可以在下方文本框中输入文本信息；选中“标题幻灯片中不显示”复选框可以不在标题幻灯片中显示页眉和页脚内。设置完成后，单击“应用”或“全部应用”按钮，即可将以上设置应用到当前幻灯片或应用到所有幻灯片。

3. 打印演示文稿

打开需要打印的演示文稿，单击“文件”→“打印”命令，即可显示打印选项，如图 5-44 所示。

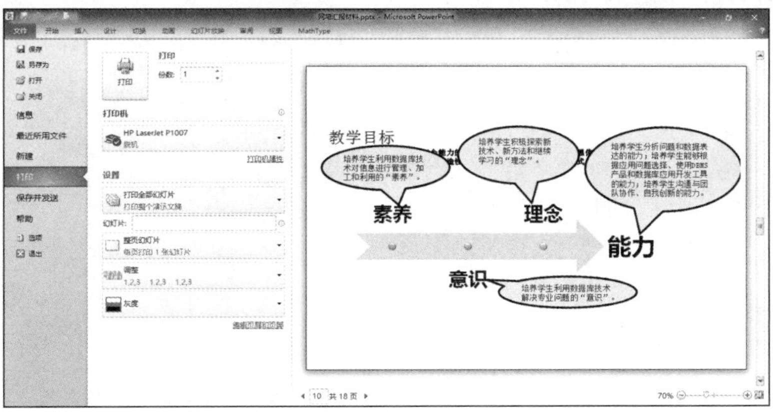

图 5-44　设置打印选项

在“份数”选项后面的文本框中可以输入需要打印的份数；在“设置”下的幻灯片文本框中选择全部幻灯片或者自定义打印范围，如果输入“1-3,6”，则表示打印第 1 页、第 2 页、第 3 页、第 6 页；单击“整页幻灯片”，在弹出的菜单中可以选择打印版式和每页打印几张幻灯片。

5.4.7 演示文稿的打包

所谓打包，就是将已经综合起来共同使用的单个或多个独立文件集成在一起，生成一种独立于运行环境的文件。将 PPT 打包能解决运行环境的限制和文件损坏或无法调用等不可预料的问题。PowerPoint 2010 打包的操作步骤如下：

（1）在 PowerPoint 2010 中打开想要打包的演示文稿，PowerPoint 2010 提供了一个“打包为 CD”功能，单击“文件”→“保存并发送”→“将演示文稿打包成 CD”→“打包成 CD”命令。

（2）在弹出的“打包成 CD”窗口中，可以选择添加更多的演示文稿一起打包，也可以删除不需要打包的演示文稿，单击“复制到文件夹”按钮，如图 5-45 所示。

（3）如图 5-46 所示在“复制到文件夹”对话框中选择路径和演示文稿打包后的文件夹名称，可以选择想要存放的位置路径，也可以保持默认路径不变；系统默认有“在完成后打开文件夹”功能，若不需要可以取消勾选。

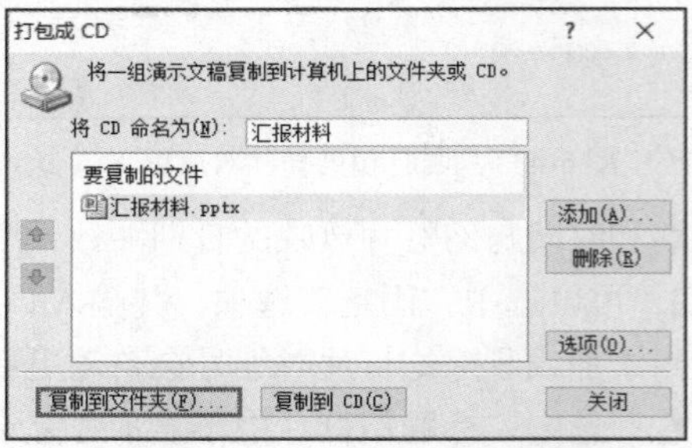

图 5-45 “打包成 CD”对话框

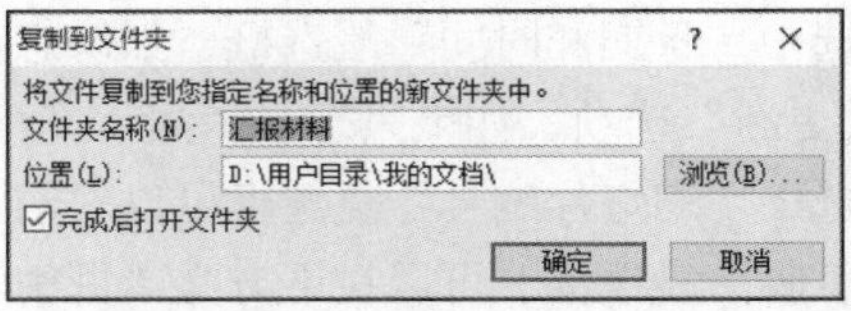

图 5-46 “复制到文件夹”对话框

（4）单击“确定”按钮完成打包后，系统会自动运行“复制到文件夹”程序，在完成之后自动弹出打包好的演示文稿文件夹，其中有一个 AUTORUN.INF 自动运行文件，如果已经打包到 CD 光盘上，则具备自动播放功能，如图 5-47 所示。

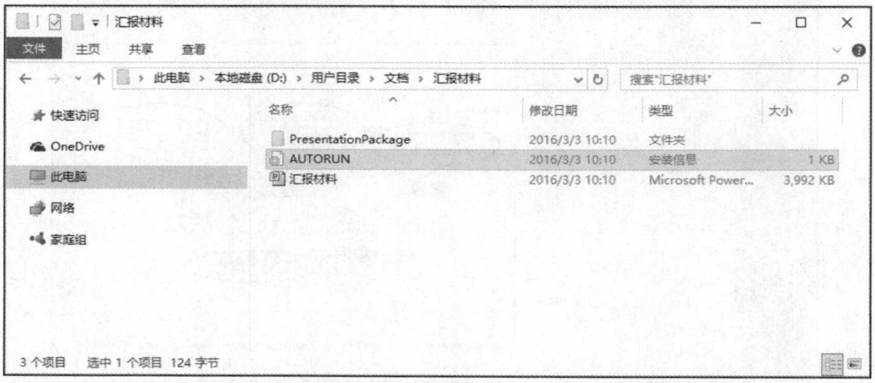

图 5-47 打包 CD

5.5 应用案例

5.5.1 应用案例 1——制作公司简介 PPT

对公司新招聘的员工或新结识的合作伙伴，首先需要向他们介绍公司有关情况，才能使新员工和新客户更好地了解公司，以便创造出更多的价值，这时候就需要制作一个有关公司文化简介的演示文稿。

1. 制作公司简介封面

由于要起到宣传公司的作用，所以需要为文稿插入不同类型的幻灯片，具体操作如下：

（1）插入不同版式的幻灯片

新建一个演示文稿，文稿中只有一张标题幻灯片，为了让文稿的内容更丰富，首先需要为演示文稿创建出相应版式的幻灯片。

首先插入幻灯片，单击“开始”→“幻灯片”→“新建幻灯片”命令，在弹出的列表中选择要插入幻灯片的类型，如“两栏内容”，继续插入幻灯片，重复以上操作，在弹出的列表中选择插入幻灯片版式，如“标题和内容”。

（2）更改封面幻灯片版式

如果对封面幻灯片的版式不满意，可以更改幻灯片的版式。选择幻灯片，单击鼠标右键，在快捷菜单中单击“版式”命令，在子菜单中选择更改幻灯片的版式。

（3）制作公司封面幻灯片

选择好版式后，在幻灯片中插入封面图片及输入文本内容等，具体操作步骤如下：

① 为封面插入图片。单击幻灯片中“插入来自文件的图片”，或者单击“插入”→“图片”，弹出“插入图片”对话框；在“查找范围”中选择图片位置，在图片区选择所需要的图片，单击“插入”按钮。

② 在标题文本框中输入标题文字并调整其大小、效果等。

③ 设置背景格式。单击“设计”→“背景”→“背景样式”命令，在下拉列表中选择“设置背景格式”命令，弹出“设置背景格式”对话框，单击“填充”选项，选中“图片或纹理填充”单选按钮，单击“文件”按钮，弹出“插入图片”对话框，在“查找范围”中选择图片位置，在图片区选择所需要的图片，单击“插入”按钮。

经过以上操作，即插入图片、添加文本、设置背景之后，封面的效果如图 5-48 所示。

图 5-48　幻灯片效果

2. 编辑公司简介内容

输入幻灯片文本并进行编排，如添加图片、动画、视频等，让幻灯片具有吸引力和说服力。

（1）输入幻灯片文本内容

选择幻灯片类型后，需要输入幻灯片内容，具体操作步骤如下：

① 输入标题文本。单击标题占位符，输入标题文本。

② 输入幻灯片正文文本。单击正文文本框，输入文本。

（2）编排幻灯片内容

对幻灯片文本进行编排和美化是制作演示文稿必不可少的一步，编排包括设置文本格式、插入图形对象、应用主题样式、更改背景效果等。具体操作步骤如下：

① 设置文本格式。选择文本，拖动标尺设置段落首行缩进，或者单击“开始”→“段落”命令，在“段落”对话框中进行设置。

② 插入形状。单击“插入”→“插图”→“形状”命令，在下拉列表中选择形状，如“缺角矩形”，当鼠标指针变成“+”时，按住鼠标左键并拖动，创建形状。

③ 应用形状样式。选择形状，单击“格式”→“形状样式”命令，选择形状样式。

④ 在形状中输入文字。选择形状并单击鼠标右键，在快捷菜单中单击“编辑文字”命令，直接在形状中输入文字。

⑤ 设置主题样式。单击“设计”→“主题”命令，在弹出的列表中选择需要的主题样式，如“龙腾四海”。

经过以上操作，幻灯片编排后的效果如图 5-49 所示。

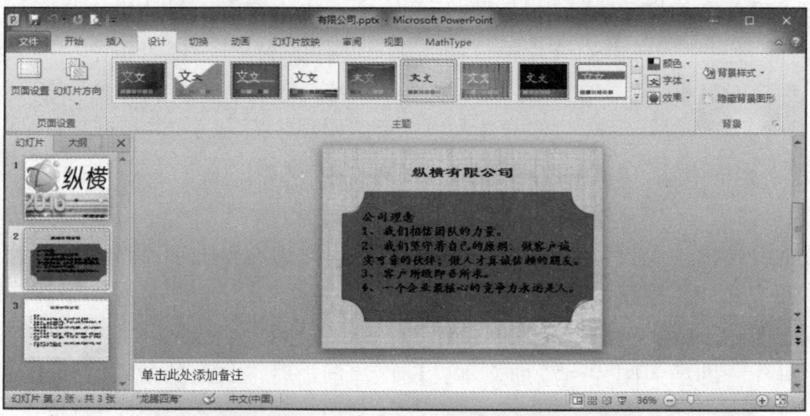

图 5-49 幻灯片的效果

3. 设置幻灯片的切换和放映方式

完成了幻灯片文字、图片、动画的所有操作后，幻灯片的切换和放映方式也会影响演示文稿的视觉效果。

（1）幻灯片切换

单击“切换”→“切换到此幻灯片”，选择需要的幻灯片切换类型，单击“切换”→“计时”，设置是否将此换片方式应用在全部幻灯片，幻灯片的“换片方式”可选择“单击鼠标时”或“设置自动换片时间”。

（2）幻灯片放映

单击“幻灯片放映”→“开始放映幻灯片”命令，在该项目组中设置开始放映的幻灯片，如选择“从头开始”；单击“幻灯片放映”→“设置”→“设置幻灯片放映”命令，弹出“设置幻灯片放映”对话框，按需要进行设置。

5.5.2 应用案例 2——幻灯片在市场营销中的应用

公司研发或上市新产品时，需要以图片和文本的方式对公司内部负责产品营销的人员进行培训，或放映幻灯片给目标客户观看，通常会让人印象深刻，并取得不错的介绍或推广产品的效果。

1. 制作商业宣传演讲幻灯片

（1）插入幻灯片，单击“开始”→“幻灯片”→“新建幻灯片”命令，在下拉列表中选择需要的幻灯片版式，用同样的方法插入需要的幻灯片。

（2）输入文本，在插入的幻灯片中，单击占位符，添加文本并设置格式。

（3）插入图片，单击幻灯片中的“插入来自文件的图片”，或者单击“插入”→“图片”，选择需要的图片，单击“打开”按钮。

（4）设置应用主题。单击“设计”→“主题”命令，在弹出的下拉列表中选择所需要的主题。

经过以上操作，幻灯片的效果如图 5-50 所示。

图 5-50　幻灯片的效果

2. 添加互动按钮

在 PowerPoint 2010 中，用户可以为幻灯片中的文本、图形和图片等对象添加超链接或动作，使幻灯片之间具有互动性，具体操作步骤如下：

（1）插入超链接。在幻灯片中选择需要添加超链接的文字或图片，单击“插入”→“链接”→“超链接”命令。

（2）选择链接文件。打开“插入超链接”对话框，在“查找范围”列表中选择目标文件的地址，在“当前文件夹”右侧的列表中单击链接对象，单击“确定”按钮，可以超链接到其他文件。

（3）插入形状。选择幻灯片，单击“插入”→“插图”→“形状”命令，也可以单击“开始”→“绘图”命令，选择形状，如选择“后退或前一项”动作按钮。

（4）设置形状的动作。汇总图形，释放鼠标后系统自动打开“动作设置”对话框，并定位在“单击鼠标”选项卡，单击“超链接到”选项，在其中选择链接到的对象，单击“确定”按钮。

3. 设置幻灯片动画

为了能使幻灯片和幻灯片中的对象“动”起来，可以为幻灯片设置切换方式，自定义动画操作；并通过放映幻灯片来观看幻灯片的总体效果。

（1）设置文本动画。选择准备设置动画的文本，单击“动画”→“添加动画”命令，在列表中选择动画样式，如“浮入”。

（2）设置动作路径。选择图片，单击“高级动画”→“添加动画”命令，弹出列表，选择动作路径，如“形状”。

（3）设置幻灯片的切换方式。单击“切换”→“计时”命令，设置切换时间长度，单击“切换到此幻灯片”工具组中的“切换方案”按钮，在弹出的下拉列表中选择切换样式，如“覆盖”。

（4）设置幻灯片放映方式。单击“幻灯片放映”→“设置”→“设置幻灯片放映”命令，弹出“设置放映方式”对话框，在“放映选项”选项组中单击“循环放映，按 ESC 键终止”复选框，在“放映幻灯片”选项组中设置幻灯片放映范围，单击“确定”按钮。

（5）单击幻灯片放映操作。单击“幻灯片放映”→“开始放映幻灯片”→“从头开始”命令。

4. 打包输出商业宣传演讲幻灯片

在 PowerPoint 2010 中，用户可以将制作出来的演示文稿输出为多种形式，如将幻灯片打包、发布为其他形式，以满足不同环境的需要。

（1）将演示文稿打包成 CD。单击“文件”→“保存并发送”命令，在右侧“文件类型”选项组中单击“将演示文稿打包成 CD”命令，单击右侧的“打包成 CD”按钮。

（2）输入 CD 名称并复制。在打开的“打包成 CD”对话框中，在“将 CD 命名为”文本框中输入 CD 名称，单击“复制到文件夹”按钮。

（3）选择复制位置。弹出“复制到文件夹”对话框，单击“浏览”按钮，选择演示文稿的保存位置，单击“确定”按钮。

（4）确认打包演示文稿链接。系统将弹出一个对话框提示用户打包演示文稿中的所有链接文件，单击“是”按钮开始复制到文件夹。

5.5.3 应用案例 3——电子相册制作

照片能很好地保存人们生活中的美好记忆，也能记录平时的点点滴滴。为了便于管理和欣赏照片，可以利用 PowerPoint 2010 中的“相册”功能制作一个简单的电子相册。如果进一步对相册效果进行美化，对幻灯片辅以一些文字说明，设置背景音乐、过渡效果和切换效果等，就可以制作一个更精美的个性化的电子相册。

1. 插入照片

（1）创建空白文档，确定保存位置，以“个人相册”为文件名保存。

（2）插入准备入册的照片，单击“插入”→“相册”→“新建相册”，打开“相册”对话框。

（3）选择图片，在“相册内容”中选择“文件/磁盘”，打开“插入新图片”对话框，单击“查找范围”右侧的下拉按钮，定位到照片所在的文件夹。选中需要制作成相册的图片，在选中照片时，按住“Shift”键或“Ctrl”键，可以一次性选中多个连续或不连续的图片文件，然后按下“插入”按钮。返回“相册”对话框。

（4）插入照片后，返回到“相册”对话框，根据自己的需要调整照片的顺序，选择相应的图片版式，或者单击“插入”→“相册”→“编辑相册”，更改图片版式。

（5）在“相册”对话框的“相册版式”区域，单击“主题”右侧的“浏览”，打开“选择主题”对话框，为相册选择一个主题，也可以创建完相册后，单击“设计”→“主题”，选择需要的主题。

（6）单击“创建”按钮，照片被一一插入到演示文稿中，并在第一张幻灯片中留出相册的标题，根据相册的内容输入个性化的相册标题，设置标题的字体格式。

经过以上操作，电子相册的效果如图 5-51 所示。

创建完成的相册中很多照片的尺寸不统一、横竖交叉着，这时可以选择不同的照片，单击“图片工具”→“格式”→“图片样式”和单击“图片工具”→“格式”→“大小”，调整照片的样式和大小，也可以通过拖动照片四周的控制块调整大小。

如果设置的主题不满意，可以为照片添加一个背景图片，并调整好每张照片在幻灯片页面的布局，一个幻灯片页面可放单张或多张照片。

图 5-51　幻灯片的效果

2. 切换效果

为每一张幻灯片设置一种切换特效。依次选中幻灯片，然后单击“切换”→“切换到此幻灯片”为每一张幻灯片选择任意一种切换效果，也可以选择一种切换效果应用到所有的幻灯片，幻动片相册在播放的时候就会更生动。

3. 设置动画

PowerPoint 2010 里面还有丰富的动画效果，动画路径等可以自定义设置，如果切换效果还不能满足个人需要，可以为每一张照片添加动画效果，动画效果有进入动画、强调动画及退出动画。

（1）选择需要设置动画效果的图片。

（2）单击“动画”→“添加动画”→“更多进入效果”，打开“添加进入效果”对话框，选择一种进入动画。

（3）设置动画的播放属性。

4. 插入音乐

如果该电子相册配上音乐，电子相册就会更加精美。

（1）准备一个音乐文件，单击“插入”→“媒体”→“音频”→“文件中的声音”命令，打开“插入音频”对话框，选中相应的音乐文件，将其插入到第 1 张幻灯片中。

（2）单击“音频工具”→“播放”，可以设置音频的相关属性。

如果以上操作还是不能满足个人需求，就可以保存 ppt 文档，保存之后的 ppt 文档还不是相册视频，需要将它转换成视频格式，单击“文件”→“保存并发送”，选择“文件类型”中的“创建视频”，单击右侧的“创建视频”按钮。

创建完成后便会生成一个 wmv 格式的视频文件，此时在播放软件中运行 wmv 格式文件，就能看到电子相册的视频效果，如图 5-52 所示。

图 5-52　视频播放效果

也可以打开 PPT 转换器，把保存好的 ppt 视频文档通过“添加”按钮，导入软件。然后再为视频相册添加一段动听的背景音乐，PPT 转换器比 PowerPoint 添加背景音乐的功能更强大，因为它对音乐格式不限制，无论什么格式的音频都可以直接添加。设置视频相册的视频格式，通常的移动设备都能支持 MP4 格式的播放。若是用于网络传输，分享给朋友的话，可以使用 flv 格式。若需要刻录成光碟，也可直接选择输出 DVD 视频格式。当转换完成时，可通过单击播放视频相册，看到更完美的电子相册。

习　题

1. 文慧是新东方学校的人力资源培训讲师，负责对新入职的教师进行入职培训，其 PowerPoint 演示文稿的制作水平广受好评。最近，她应北京节水展馆的邀请，为展馆制作一份宣传水知识及节水工作重要性的演示文稿。

节水展馆提供的文字资料及素材参见“水资源利用与节水（素材）.docx”，制作要求如下：

（1）标题页包含演示主题、制作单位（北京节水展馆）和日期（XXXX 年 XX 月 XX 日）

（2）演示文稿须指定一个主题，幻灯片不少于 5 页，且版式不少于 3 种。

（3）演示文稿中除文字外要有 2 张以上的图片，并有 2 个以上的超链接进行幻灯片之间的跳转。

（4）动画效果要丰富，幻灯片切换效果要多样。

（5）演示文稿播放的全程需要有背景音乐。

（6）将制作完成的演示文稿以“水资源利用与节水.pptx”为文件名进行保存。

（源自上机考试题库第二套）

2. 设计制作演示文稿，并以文件名“ppt.pptx”存盘，具体要求如下：

（1）将素材文件中每个矩形框中的文字及图片设计为 1 张幻灯片，为演示文稿插入幻灯片编号，与矩形框前的序号一一对应。

（2）第 1 张幻灯片作为标题页，标题为“云计算简介”，并将其设置为艺术字，指明制作日期（格式：XXXX 年 XX 月 XX 日），并指明制作者为“考生 XXX”。第 9 张幻灯片中的“敬请批评指正！”采用艺术字。

（3）幻灯片版式至少有 3 种，并为演示文稿选择一个合适的主题。

（4）为第 2 张幻灯片中的每项内容插入超链接，单击时转到相应幻灯片。

（5）第 5 张幻灯片采用 SmartArt 图形中的组织结构图来表示，最上级内容为 “云计算的五个主要特征”，其下级依次为具体的五个特征。

（6）为每张幻灯片中的对象添加动画效果，并设置 3 种以上幻灯片切换效果。

（7）增大第 6、7、8 页中的图片显示比例，达到较好的效果。

（源自上机考试题库第七套）

3. 某会计网校的刘老师正在准备有关《小企业会计准则》的培训课件，她的助手已搜集整理了一份该准则的相关资料，并存放在 Word 文档“《小企业会计准则》培训素材.docx”中。按下列要求帮助刘老师完成 PPT 课件的整合制作：

（1）在 PowerPoint 中创建一个名为“小企业会计准则培训.pptx”的新演示文稿，该演示文稿需要包含 Word 文档“《小企业会计准则》培训素材.docx”中的所有内容，每一张幻灯片对应 Word 文档中的一页，其中 Word 文档中应用了“标题 1”、“标题 2”、“标题 3”样式的文本内容分别对应演示文稿中的每页幻灯片的标题文字、第一级文本内容、第二级文本内容。

（2）将第 1 张幻灯片的版式设置为“标题幻灯片”，在该幻灯片的右下角插入任意一幅剪贴画，依次为标题、副标题和新插入的图片设置不同的动画效果，并且指定动画出现顺序为图片、标题、副标题。

（3）取消第 2 张幻灯片中文本内容前的项目符号，并将最后两行的落款和日期右对齐。将第 3 张幻灯片中用绿色标出的文本内容转换为“垂直框列表”类的 SmartArt 图形，并分别将每个列表框链接到对应的幻灯片。将第 9 张幻灯片的版式设置为“两栏内容”，并在右侧的内容框中插入对应素材文档第 9 页中的图形。将第 14 张幻灯片最后一段文字向右缩进两个级别，并链接到文件“小企业准则适用行业范围.docx”。

（4）将第 15 张幻灯片自“（二）定性标准”开始拆分为标题同为“二、统一中小企业划分范畴”的两张幻灯片，并参考原素材文档中的第 15 页内容将前 1 张幻灯片中的红色文字转换为一个表格。

（5）将素材文档第 16 页中的图片插入到对应幻灯片中，并适当调整图片大小。将最后一张幻灯片的版式设置为“标题和内容”，将图片 pic1.gif 插入内容框中并适当调整其大小。将倒数第二张幻灯片的版式设置为“内容与标题”，参考素材文档第 18 页中的样例，在幻灯片右侧的内容框中插入 SmartArt 不定向循环图，并为其设置一个逐项出现的动画效果。

（6）将演示文稿按下列要求分为 5 节，并为每节应用不同的设计主题和幻灯片切换方式。

节名	包含的幻灯片
小企业准则简介	1～3
准则的颁布意义	4～8
准则的制定过程	9
准则的主要内容	10～18
准则的贯彻实施	19～20

（源自上机考试题库第十套）

第6章 网络基础与Internet应用

主要知识点：

- 计算机网络的概念、组成和分类
- 计算机与网络信息安全的概念和防控
- 因特网网络服务的概念、原理和应用

计算机网络是计算机技术和通信技术相结合的一种新技术，它使得人们不受时间、空间等各种因素的限制，实现计算机之间相互通信，共享资源并提高系统利用率。计算机网络特别是Internet技术的发展，已经成为推动社会发展的重要因素。本章主要介绍计算机网络的一些基本概念及Internet的一些简单应用。

6.1 计算机网络概述

6.1.1 计算机网络的概念

计算机网络也称计算机通信网。从逻辑功能上看，计算机网络是以传输信息为基础目的，用通信线路将多个计算机连接起来的计算机系统的集合，一个计算机网络由传输介质和通信设备所组成。我们可以将计算机网络简单地理解为：计算机网络就是利用通信设备和线路，将地理位置分散，功能相对独立的多个计算机互连起来，以功能完善的网络软件（即网络通信协议、信息交换方式和网络操作系统等）实现网络中资源共享和信息传递的系统。

6.1.2 计算机网络的组成

计算机网络可以从物理结构和逻辑功能两个角度进行分类：

1. 从物理结构的角度来看，计算机网络是由网络硬件和网络软件两部分组成。在整个计算机网络中，网络硬件是网络运行的载体，对网络的性能起着决定性的作用；而网络软件则是支持网络运行，调度和开发网络资源的工具。

（1）网络硬件

计算机网络硬件主要包括服务器、工作站以及外围设备等。其中，服务器（Server）也称伺服器，为用户提供共享资源和通信控制服务，是整个网络的核心。通常分为文件服务器、数据库服务器和应用程序服务器等。服务器的构成与常见的个人计算机相似，但是服务器在稳定性、安全性等方面的要求较个人计算机高。

工作站（Workstation），又称客户机或节点，是连接到计算机网络中的计算机，是用户与网络之间进行沟通的设备，一般由微机担任，每一个客户机都运行在它自己的并为服务器所认可的操作系统环境中。客户机通过接入计算机网络享受网络上提供的各类资源。

外围设备是指连接服务器与工作站的一些通信设备和通信介质。通信设备主要包括网卡、集线器、交换机和路由器等；通信介质分为有形介质和无形介质，有形介质主要包括双绞线、光纤和同轴电缆等，无形介质主要包括无线电、微波、卫星通信等，如图 6-1 所示。不同的通信介质有着不同的数据通信速率和传输距离，并分别支持不同的网络类型。

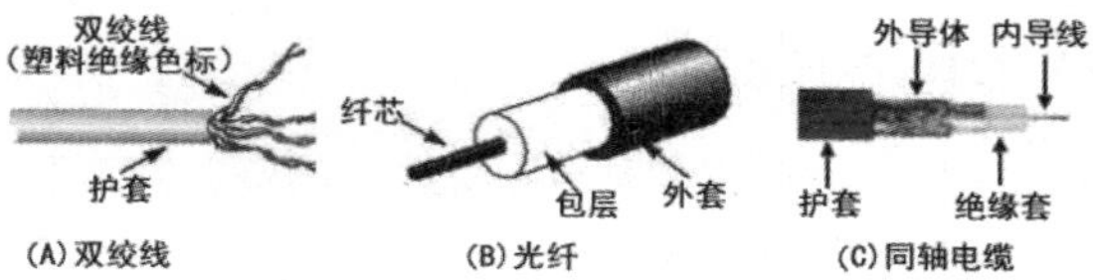

图 6-1　双绞线、光纤与同轴电缆

（2）网络软件

网络软件一般是指网络操作系统、网络通信协议和提供网络服务功能的应用级专用软件。常见的网络操作系统有 Unix、Netware、Windows NT、Linux 等；网络通信协议是网络中计算机交换信息时的约定，规定了计算机在网络中互通信息的规则，互联网采用的协议是 TCP/IP 协议；网络软件包括通信支撑平台软件、网络服务支撑平台软件、网络应用支撑平台软件、网络应用系统、网络管理系统以及用于特殊网络站点的软件等。

2. 从计算机网络的逻辑功能的角度来看，计算机网络主要由资源子网和通信子网两部分组成，如图 6-2 所示。

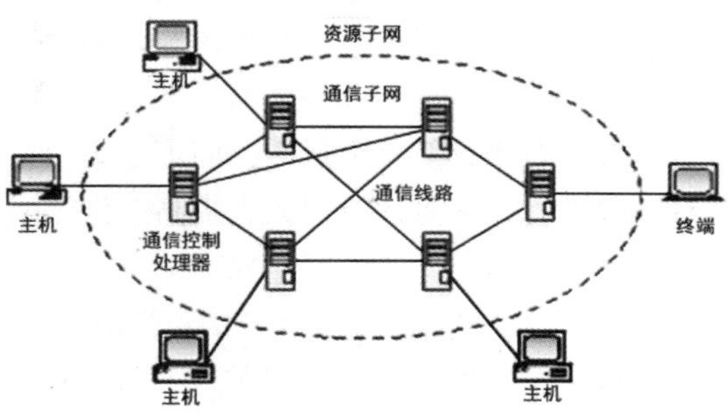

图 6-2　资源子网与通信子网

（1）资源子网

资源子网的主要任务是收集、存储和处理信息，实现全网面向应用的数据处理和网络资源共享，由硬件和软件两部分组成，主要包括以下 4 个方面：

① 主机和终端：主机也称服务器，是进行数据分析处理和网络控制的计算机系统，其中包括外部设备、操作系统及其他软件。在局域网中，主机一般由拥有大容量硬盘、足够内存和各种软件的较为高档的计算机担任，是资源子网的主要组成部分。终端也叫工作站，一般由微机担任，用户通过工作站共享网络资源。终端是用户访问网络资源的入口。

② 网络操作系统：网络操作系统是整个网络的灵魂，用于实现不同主机之间的通信，使得网络中各种软、硬件资源协调一致、有条不紊地工作，并向用户提供统一的网络接口。

③ 网络数据库：网络数据库是建立在网络操作系统上的一种数据库系统，向用户提供存取、

修改和共享网络资源的服务。

④ 应用系统：是建立在计算机网络系统上的应用程序，以实现用户的不同需求。

（2）通信子网

通信子网的主要功能是利用通信线路和设备连接网络中的主机和终端，完成网络数据传输、交换和通信处理任务，由通信控制处理器、通信线路与其他通信设备组成。

需要指出的是，广域网可以明确地划分出资源子网和通信子网，而局域网由于采用的工作原理与结构的限制，不能明确地划分出子网的结构。

6.1.3 计算机网络的功能

一般来说，计算机网络的主要功能是实现计算机之间的资源共享和数据通信。除此之外，计算机网络还具有分布处理、集中管理和均衡负荷等功能。

1. 资源共享

资源共享被认为是建设计算机网络的主要目的之一，计算机资源包括硬件资源、软件资源、数据资源和信道资源等。

（1）硬件资源：包括各种类型的计算机、大容量存储设备、计算机外部设备。

（2）软件资源：包括各种应用软件、工具软件、系统开发所用的支撑软件、语言处理程序、数据库管理系统等。

（3）数据资源：包括数据库文件、办公文档资料、各类报表、图片和影像资料等。

（4）信道资源：通信信道可以理解为电信号的传输介质。

2. 数据通信

数据通信是利用计算机网络实现不同地理位置计算机之间的数据传输。通信信道可以传输各种类型的信息，包括数据信息和图形、图像、声音、视频流等各种多媒体信息。

3. 分布处理

分布处理是把处理的任务分散到各个计算机上运行，而不是集中在一台大型计算机上。这样一来，不仅可以降低软件设计的复杂性，而且还可以大大提高工作效率，降低成本。

4. 集中管理

计算机在没有联网的情况下，每台计算机都是一个“信息孤岛”，在管理这些计算机时，必须分别管理。而计算机联网后，可以在某个中心位置实现对整个网络的管理。如数据库情报检索系统、交通运输部门的订票系统、军事指挥系统等。

5. 均衡负荷

当网络中某台计算机的任务负荷太重时，通过网络和应用程序的控制和管理，将作业分散到网络中的其他计算机中，由多台计算机共同完成。

6.1.4 计算机网络的分类

计算机网络的分类标准很多，根据网络覆盖范围的大小分为局域网、城域网和广域网；根据网络中节点的物理拓扑结构可以将计算机网络分为总线型网络、环型网络、星型网络和树型网络等，这些网络结构也可以混合连接成复合型拓扑结构网络。

1. 根据网络覆盖范围的大小划分

（1）局域网

局域网（Local Area Network，LAN），是在一个局部的地理范围内为某一个单位服务的，比如一个学校、工厂或是机关，覆盖范围一般在十千米以内，传输速率可以达到 1000Mbps 以上。局域网以双绞线作为主要的传输媒介，将各种计算机、外部设备和数据库等联接起来，可以通过数据通信网或专用数据电路与远方的局域网、数据库或处理中心相连接，构成一个较大范围的信息处理系统。

（2）城域网

城域网（Metropolitan Area Network，MAN），是在一个城市范围内所建立的计算机通信网，是为整个城市服务的。其传输速率一般在 100Mbps 以上，所采用的技术跟局域网类似，覆盖范围通常达到几十千米，一般以光纤作为传输媒介。

（3）广域网

广域网（Wide Area Network，WAN），通常跨接很大的物理范围，所覆盖的范围从几十公里到几千公里，它能连接多个城市或国家，或横跨几个洲并且能够提供远距离通信，形成国际性的远程网络。广域网的典型速率是从 56kbps 到 155Mbps。可以利用公用分组交换网、卫星通信网和无线分组交换网，将分布在不同地区的局域网或计算机系统互连起来，达到资源共享的目的。因特网（Internet）是目前世界范围内最大的广域网。

2. 根据网络拓扑结构划分

（1）总线型网络

在总线型网络结构中，各节点都连在一条公共的通信电缆上，各节点发出的信息包都带有目的地址，并在网络中传输，如图 6-3 所示。这种网络拓扑结构比较简单，总线型网络中所有设备都直接与一条被称为公共总线的传输介质相连，这种介质一般是同轴电缆（包括粗缆和细缆）。不过现在也有采用光缆作为总线型传输介质的，如 ATM 网、Cable Modem 所采用的网络等都属于总线型网络结构。

（2）环型网络

环型结构中各节点首尾相连形成一个闭合的环，“环型”结构的命名起因就在于此，通常采用同轴电缆作为传输介质，如图 6-4 所示。这种结构的网络形式主要应用于令牌网中，在这种网络结构中各设备是直接通过电缆来串接的，最后形成一个封闭的环，整个网络发送的信息就在这个环中传递，通常把这类网络称为“令牌环网”。在“令牌环网”中，只有获得“令牌”的节点才可以在网络中传输信息。从其网络结构可以看到，整个网络各节点间是串联的，这样任何一个节点出了故障都会造成整个网络的中断、瘫痪，且移除或扩充节点较为困难，维护起来非常不便。

图 6-3 总线型网络拓扑结构

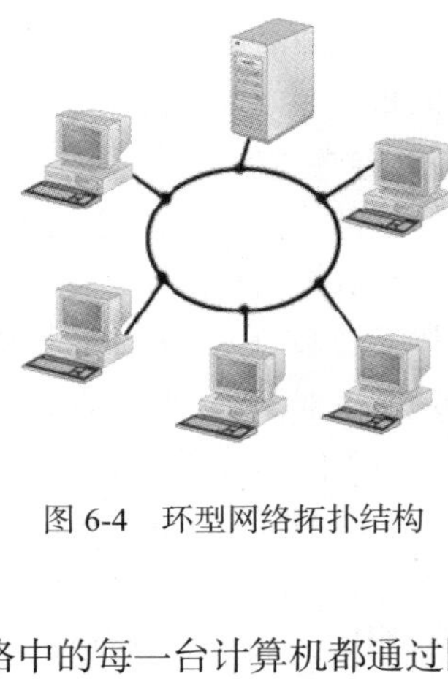

图 6-4 环型网络拓扑结构

（3）星型网络

星型结构是用集线器或交换机作为网络的中央节点，网络中的每一台计算机都通过网卡连接到中央结点，计算机之间通过中央节点进行信息交换，各节点呈星状分布，星型结构因此而得名，如图 6-5 所示。这类网络目前用的最多的传输介质是双绞线。星型结构是目前在局域网中应用最为普遍的一种，在企业网络中几乎都是采用这一方式。在星型网络中，任何一个节点发送的信息在整个网中的节点都可以收到，而且网络节点的移除或扩充较为方便。星型网络几乎是 Ethernet（以太网）专用。

（4）树型网络

树型结构是由总线型拓扑结构演变而来的，其结构像一棵倒置的树。树的最上端节点称为根节点，在这种网络结构中，任何一个节点发送信息时，根节点就会接收信息并向网络中的各节点发送，如图 6-6 所示。树型拓扑结构网络易于扩展，可以延伸出很多分支。网络中一旦发生故障，也可以很方便地进行隔离，而不会影响到其他分支。这种拓扑结构的网络一般用于军事单位、政府机构等上下级关系相对比较明显的部门。

图 6-5　星型网络拓扑结构

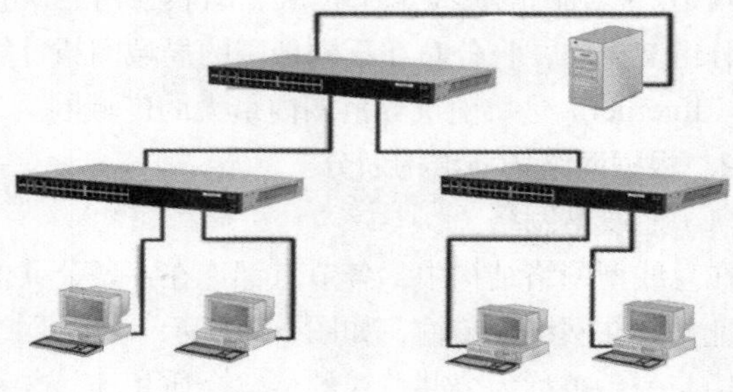

图 6-6　树型网络拓扑结构

6.1.5　网络协议

在计算机网络中要做到有条不紊地交换数据，就必须遵守一些事先约定好的规则。这些规则明确规定了所交换数据的格式以及有关的同步问题。这里所说的同步不是狭义的（即同频），而是广义的，即在一定的条件下应当发生什么事件（如发送一个应答信息），因而同步含有时序的意思。这些为进行网络中的数据交换而建立的规则、标准或约定被称为网络协议。近一步讲，一个网络协议主要由以下三个要素构成：

（1）语法，即数据与控制信息的结构或格式；

（2）语义，即需要发出何种控制信息，完成何种动作以及做出何种应答；

（3）同步，即事件实现顺序的详细说明。

1．OSI 参考模型

在计算机网络技术中，网络的体系结构指的是通信系统的整体设计，目的是为网络硬件、软件、协议、存取控制和拓扑结构提供相应的标准。影响网络体系结构的关键要素是协议和拓扑结构，网络体系结构的优劣将直接影响总线、接口和网络的性能。

在 20 世纪 80 年代早期，ISO（国际标准化组织）即开始致力于制定一套普遍适用的规范集合，以使全球范围的计算机平台可以进行开放式通信。ISO 创建了一个有助于开发和理解计算机的通信模型，即 OSI（开放式系统互联）参考模型。

OSI 参考模型将网络结构划分为七层：物理层、数据链路层、网络层、传输层、会话层、表示层和应用层。每一层均有自己的一套完善的功能集，并与紧邻的上层和下层交互作用。在顶层，应用层与用户使用的软件进行交互，在 OSI 模型的底端是携带信号的网络电缆和连接器所构成的物理层。总的来说，在顶端与底端之间的每一层均能确保数据以一种可读、无错、排序正确的格式被发送，且每一层直接调用下层提供的服务。

一台计算机的 X 层向另一台计算机的第 X 层传输数据进行通信，这种通信由通信协议控制。计算机 H1 将比特流传送到计算机 H2 的通信过程如下：在 H1 中比特流先从上层传输到下层，直到物理层，再由 H1 的物理层传输到 H2 的物理层，在 H2 中数据从物理层开始逐层传输到上层。传输过程如图 6-7 所示。

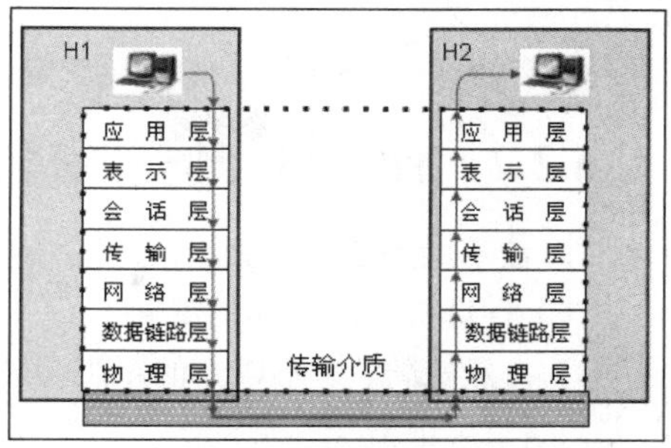

图 6-7　计算机 H1 传输数据给计算机 H2 的过程

2. TCP/IP 参考模型

TCP/IP 参考模型是首先由 ARPANET 所使用的网络体系结构。这个体系结构在它的两个主要协议传输控制协议/因特网互联协议（TCP/IP 协议）出现以后被称为 TCP/IP 参考模型（TCP/IP Reference Model）。TCP/IP 参考模型共分为四层：网络访问层、互联网层、传输层和应用层。

网络访问层指出主机必须使用某种协议与网络相连；互联网层的功能是使主机可以把分组发往任何网络，并使分组独立地传向目标，互联网层使用因特网协议（IP）；传输层使源端和目的端机器上的对等实体可以进行会话，在这一层定义了两个端到端的协议：传输控制协议（TCP）和用户数据报协议（UDP）；应用层包含所有的高层协议，包括：虚拟终端协议（TELNET）、文件传输协议（FTP）、电子邮件传输协议（SMTP）、域名服务（DNS）、网上新闻传输协议（NNTP）和超文本传送协议（HTTP）等。TELNET 允许一台机器上的用户登录到远程机器上，并进行工作；FTP 提供有效地将文件从一台机器上移到另一台机器上的方法；SMTP 用于电子邮件的收发；DNS 用于把主机名映射到网络地址；NNTP 用于新闻的发布、检索和获取；HTTP 用于在 WWW 上获取主页。

TCP/IP 协议是目前 Internet 上普遍采用的协议。

6.2　计算机与网络信息安全

6.2.1　计算机与网络信息安全的概念

信息泛指人类社会传播的一切内容。当今社会是一个信息社会，随着计算机网络和信息技术的发展，信息的作用和地位也随之急剧上升。军事、经济、文化等各个领域的信息越来越依赖计算机网络传输和存储，以至于确保信息安全的难度也随之变得越来越大。

信息安全是一门涉及计算机科学、网络技术、通信技术、密码技术、信息安全技术、应用数学、数论、信息论等多种学科的综合性学科。信息安全是指信息网络的硬件、软件及其系统中的数据受到保护，不被破坏、更改或泄露，系统连续、可靠、正常地运行，确保信息服务不中断。信息安全主要包括以下几个方面的内容：

1. 保密性：是指网络信息不被泄露给非授权的用户、实体或过程。常用的保密技术有物理保密、防窃听、防辐射、信息加密等；

2. 完整性：指在传输、存储信息或数据的过程中，确保信息或数据不被未授权的用户篡改或在篡改后能够迅速发现；

3. 有效性：是指要求信息和系统资源持续有效，能够确保授权用户可以随时随地存取信息资源。

6.2.2 计算机与信息安全的防范

1. 信息的不安全因素

（1）计算机系统面临的威胁

① 自然威胁：是不以人的意志为转移的、不可抗拒的自然事件对计算机系统的威胁，如自然灾害、断电、电流突然波动等。

② 人为威胁：分有意威胁和无意威胁，是由人为因素造成信息的保密性、完整性、有效性受到威胁，如黑客攻击、误操作等。

（2）网络自身存在的安全缺陷

现行的所有网络系统都存在着或多或少的先天缺陷，如系统漏洞、软件后门等，如果计算机网络没有先天的安全缺陷，计算机系统将不会受到人为的攻击和威胁。

2. 网络安全面临的主要威胁

（1）计算机病毒

计算机病毒是目前威胁网络安全的最主要因素，大部分病毒在激发的时候会破坏计算机系统的运行程序或重要数据，所利用的手段有格式化磁盘、改写文件分配表和目录区、删除文件或者用“垃圾”数据改写文件、破坏 CMOS 设置等。

（2）软件漏洞或“后门”

网络软件不可能百分之百无缺陷和无漏洞，“后门”是软件编程人员为了自己方便而设置的，然而这些漏洞和“后门”恰恰是黑客进行攻击的首选目标，一旦攻击者通过漏洞或“后门”进入受感染的计算机系统里，就会对系统进行下载文件、上传恶意文件和代码等破坏行为。

（3）黑客攻击

黑客攻击是指黑客利用公共通讯网络，针对计算机系统和网络的缺陷或漏洞实施的攻击，黑客可以在未经许可的情况下载入到对方系统，并对载入系统进行控制。美国人凯文·米特尼克被称为世界上“头号电脑黑客”，1983 年，他用一台大学里的计算机成功进入美国军方网络 Arpanet，并控制了五角大楼的计算机系统。

（4）管理缺陷

网络系统的严格管理是企业及用户免受网络攻击的重要措施。一台设备所支持的管理程度反映了该设备的可管理性及可操作性。很多企业及个人用户对网站或系统都疏于管理，主要表现在系统配置得不到优化、运行记录缺失、软件不能及时升级、对黑客的攻击准备不足等。

3. 信息安全的保障措施

（1）养成良好的上网习惯

不要打开一些来历不明的邮件及附件，不要上一些不了解的网站，不要执行通过 Internet 下载后未经杀毒处理的软件等，这些必要的习惯会使计算机更安全。

（2）关闭系统中不需要的服务

默认情况下，许多操作系统会安装一些辅助服务，如 FTP 客户端、Telnet 和 Web 服务器。这些服务为攻击者提供了方便，而对用户没有太大用处，如果关闭或是删除它们，就能大大减少被攻击的可能性。

（3）经常升级安全补丁

据统计，有 80%的网络病毒是通过系统安全漏洞进行传播的，像蠕虫、冲击波、震荡波等，所以我们应该定期下载最新的安全补丁，防范于未然。

（4）设置复杂的密码

许多网络病毒就是通过猜测简单密码的方式攻击系统的，因此使用复杂的密码，如采用字母、数字和符号混合的方式，将会大大提高用户账户的安全系数。

（5）隔离受感染的计算机

当你的计算机发现病毒或异常时应立刻断网，以防止计算机受到更多的感染，或者成为传播源，感染其他计算机。

（6）了解一些计算机知识

了解一些简单的病毒知识之后，就可以及时发现新病毒并采取相应措施，在关键时刻使自己的计算机免受病毒侵害。如果能了解一些注册表知识，就可以定期查看注册表的自启动项是否有可疑键值；如果了解一些内存知识，就可以经常看看内存中是否有可疑程序。

（7）安装专业的杀毒软件

在病毒日益增多的今天，使用杀毒软件进行防毒是越来越经济的选择，而且用户在安装了反病毒软件之后，应该经常进行升级，将一些主要监控（如邮件监控、内存监控等）措施打开，这样才能最大限度地保障计算机的安全。

（8）安装防火墙软件

由于网络的发展，用户电脑面临的黑客攻击问题也越来越严重，许多网络病毒都采用了黑客的方法来攻击用户电脑，因此，除了杀毒软件外，用户还应该安装个人防火墙软件，将安全级别设置为“中”或“高”，这样才能有效地防止网络黑客的攻击。

6.3　Internet 应用

6.3.1　Internet 简介

Internet 中文译名为因特网，又称互联网。起源于 20 世纪 60 年代美国军用计算机网 Arpanet，是美国国防部为军事目的而建立的，主要任务是连接不同的子网，当网络中的一部分被破坏时，其余网络部分会很快建立起新的联系。在连网过程中，为了解决不同子网之间的互联问题形成了 TCP/IP。TCP/IP 定义了电子设备如何连入计算机网络，以及数据如何在它们之间传输的标准。1984 年，美国国家科学基金会采用 TCP/IP 技术建立了 Csnet，在 Arpanet 和 Csnet 相互连通以后，伴随着计算机用户的迅速增加，逐步形成了目前的因特网。

Internet 自 20 世纪 80 年代至今发展迅速，2015 互联网调查报告显示，全球网民 32 亿人，手机用户数达 71 亿。我国于 1994 年 4 月正式接入 Internet，随后相继建成 4 大互联网络：中国科学技术网、中国教育和科研网、中国公用计算机网、中国金桥信息网。

在 Internet 上，每个注册用户都是平等的，所有资源都是开放的，每个注册用户都有发布信息的权利，每个用户在接受服务的同时也为其他用户提供服务，Internet 的迅速发展与它的开放性和平等性是分不开的。

6.3.2 Internet 提供的服务

1. 基本概念

（1）网址

网址也称 IP 地址，是按照 IP 协议规定的格式为每一个接入 Internet 的主机分配的网络地址。网址确保接入 Internet 的主机其地址的唯一性，如同每一个住宅都有唯一的门牌号一样，使得发送方所发送的信息能准确无误地发送给接收方。

现行的 TCP/IP 协议是基于 IPv4 的第二代互联网技术，IPv4 地址用 32 位二进制编址，每 8 位二进制位为一组，每组之间用圆点隔开，为了方便记忆，将每组二进制数转换成十进制数表示，这种 IP 地址的表示方法称为“点分十进制法”。例如，中国教育科研网的 WWW 服务器的 IP 地址为 11001010 11001101 01101101 00011001，用“点分十进制法”可以记作“202.205.109.25”。从理论上讲，IPv4 可以编址 1600 万个网络、40 亿台主机，采用 A、B、C、D、E 五类编址方式，其中商业中应用到的 A、B、C 类被称为基本类，D 类和 E 类留作特殊的用途。每一类网络中的 IP 地址的结构都有所不同，如图 6-8 所示。

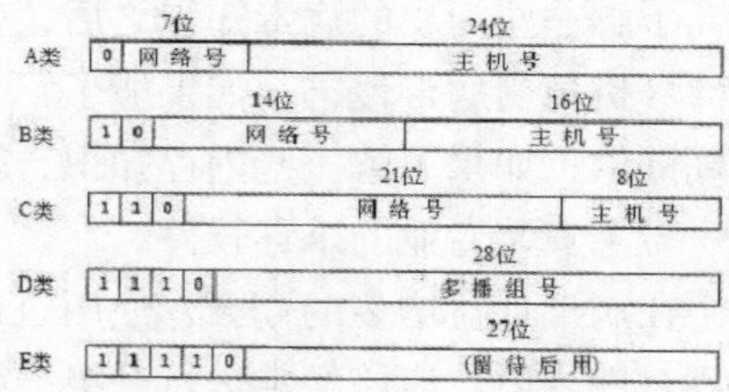

图 6-8 五类互联网地址

① A 类地址：A 类地址的第一个字节以“0”开始，接下来的 7 位标识网络地址，即用第一个字节标识网络地址，后 3 个字节标识主机地址。所以 A 类地址可分配使用的 IP 地址范围为 1.0.0.1～127.255.255.254。A 类地址网络号较少，通常分配给拥有大量主机的大型网络。

② B 类地址：B 类地址的第一个字节以“10”开始，接下来的 14 位标识网络地址，后 16 位标识主机地址。所以 B 类地址可分配使用的 IP 地址范围为 128.0.0.1～191.255.255.254。B 类地址一般适用于中等规模的网络。

③ C 类地址：C 类地址的第一个字节以“110”开始，接下来的 21 位标识网络地址，后 8 位标识主机地址。所以 C 类地址可分配使用的 IP 地址范围为 192.0.0.1～223.255.255.254。C 类地址网络地址较多，而主机地址相对较少，一般适用于小型网络。

④ D 类地址：D 类地址的第一个字节以“1110”开始，第一个字节的范围为 224～239。它并不指向特定的网络，目前这一类地址被用在多点广播中。多点广播地址用来一次寻址一组计算机，它标识共享同一协议的一组计算机。

⑤ E 类地址：E 类地址的第一个字节以“11110”开始，第一个字节的范围为 240～255。E 类地址保留，仅作为搜索、Internet 的实验和开发之用。

从 Internet 目前的发展速度来看，现行的 IPv4 已不太适用，最主要的问题是 32 位的 IP 地址已经枯竭。同时，IPv4 在服务质量、传送速度、安全性、支持移动性和多播等方面也有很多局限性，这些局限性妨碍着 Internet 的发展，使得许多服务与应用难以开展。在这种情况下，IPv6 应运而生。IPv6 所拥有的地址容量大约是 IPv4 的 8×10^{28} 倍，达到 2^{128} 个（算上全零的）。这不但解决了网络地址资源数量的问题，同时也为除计算机外的设备连入互联网在数量方面的限制上扫清了障碍。

（2）域名

在 Internet 上主机之间相互通信必须指定双方机器的 IP 地址。IP 地址虽然能够唯一地标识网络上的计算机，但它是数值型的，且长度较长，对使用网络的用户来说不便记忆，因而提出了字符型的名字标识，就是将二进制的 IP 地址用字符型地址（即域名地址）来代替，这个字符型地址被称为域名（Domain Name）。

域名由字母、数字和连字符组成，开头和结尾必须是字母或数字，最长不超过 63 个字符，不区分大小写，完整的域名总长度不超过 255 个字符。在实际应用中，每个域名长度一般小于 8 个字符。其格式为：主机名.机构名.二级域名.顶级域名。顶级域名一般有两个大类，一类是地理类域名，另一类是机构类域名。地理类域名是通过地理区域来划分，如表 6-1 所示；机构类域名是根据注册的机构类型来分类，如表 6-2 所示。

表 6-1　　常用的地理类顶级域名

域名	国家或地区名	域名	国家或地区名
.cn	中国	.fr	法国
.hk	中国香港	.us	美国
.uk	英国	.ru	俄罗斯
.jp	日本	.de	德国

表 6-2　　常用的机构类顶级域名

域名	机构类型	域名	机构类型
.gov	政府机构	.net	网络中心
.edu	教育机构	.com	商业机构
.int	国际机构	.info	信息服务
.mil	军事机构	.org	其他社会组织

例如，www.nwnu.edu.cn 是西北师范大学主页的域名地址，其中.edu 代表教育机构，cn 代表中国。

（3）域名解析

域名是为了方便记忆而专门建立的一套地址转换系统，要访问一台互联网上的服务器，最终还必须通过 IP 地址来实现，域名解析就是将域名重新转换为 IP 地址的过程。一个域名对应一个 IP 地址，一个 IP 地址可以对应多个域名，所以多个域名可以同时被解析到一个 IP 地址。域名解析需要由专门的域名解析服务器（DNS）来完成。当 Internet 应用程序接收到一个主机名时，先由本地的域名服务器向其他域名服务器发出信号，由其他域名服务器配合查找，并把查找到的 IP 地址返回给 Internet 应用程序。Internet 中的域名服务器之间具有很好的协作关系，用户只要通过本地的域名服务器便可以实现全网主机 IP 地址的查询。

（4）超链接

超链接（Hyperlink）本质上属于一个网页的一部分，它是一种允许我们同其他网页或站点进行连接的桥梁。各个网页链接在一起后，才能真正构成一个网站。所谓的超链接是指从一个网页指向一个目标的连接关系，这个目标可以是另一个网页，也可以是相同网页上的不同位置，还可以是一个图片、一个电子邮件地址或一个文件，甚至可以是一个应用程序。而在一个网页中用来作为超链接的对象可以是一段文本或者是一个图片。当浏览者单击已经链接的文字或图片后，链接目标将显示在浏览器上，并且根据目标的类型来打开或运行。

（5）URL

统一资源定位器 URL（Uniform Resource Locator）是对可以从 Internet 上得到资源的位置和访问方法的一种简洁表示。URL 为资源的位置提供一种抽象的识别方法，并用这种方法为资源定位。只要能够对资源定位，系统就可以对资源进行各种操作，如存取、更新、替换和查找机器属性等。

URL 相当于一个文件名在网络范围的扩展，因此，可以将 URL 看成是开启与 Internet 相连的计算机上访问对象的一把钥匙。URL 中的字符是不区分大小写的。由于对不同对象的访问方式不同，所以 URL 还要指出读取某个对象时所使用的访问方式。这样，URL 的一般形式如下：

<URL 的访问方式>：//<主机>[:<端口>/<路径>]

可以看出，URL 由两大部分组成并用冒号隔开。其中冒号左边是 URL 的访问方式，最常见的有 3 种，即 FTP（文件传输协议）、HTTP（超文本传输协议）和 NEWS（USENET 新闻）。冒号右边部分的<主机>项是必不可少的，而<端口>和<路径>则可以省略。

2. 网络接入方式

（1）ISDN

ISDN（Integrated Services Digital Network）称为综合业务数字网，俗称“一线通”，是电话拨号上网到宽带接入的一种过渡方式，它是一个全数字化的网络。ISDN 接入 Internet 的方式与电话拨号上网的接入方式类似，也有一个拨号的过程。不同的是，ISDN 不用 Modem 而是用 ISDN 适配器来拨号，ISDN 的传输是纯数字的过程，不需要模拟信号与数字信号之间的转换，且 ISDN 的连接和传输速率都比电话拨号上网快得多，最高传输速率可以达到 128Kbps。

（2）XDSL

XDSL 是 DSL（Digital Subscriber Line）的统称，即数字用户线路，是以原有的电话线为传输媒介，采用点对点传输的接入技术。它可以在电话线的其中一根线上传输数字信号，数字信号不经过程控交换机，并不需要拨号，这样一来就不会影响到通话。之所以 XDSL 是当下最为常见的网络接入技术，原因是它可以利用现有的电话网络，不需要对接入系统进行任何改造，就可以非常方便地办理宽带业务。目前最常用的是 ADSL 技术，即非对称数字用户线路。

（3）HFC

HFC（Hybrid Fiber-Coaxial）即混合光纤同轴电缆网，是从传统的有线电视网升级、改造而成的。从电视网到 HFC 有很大的改造难度，传统有线电视网上采用的都是单向放大器和有关设备，需要全部更换才能满足 HFC 的要求；其次，HFC 这种技术本身是一个共享型网络，这就意味着用户要和邻近用户分享带宽，所以 HFC 的理论传输速率也会受到影响。由于 HFC 是光纤同轴电缆混合接入网，故而在干线中采用光纤传输，在用户端采用光纤或同轴电缆混合接入。

（4）光纤接入

在所有的有线介质接入网中，目前认为带宽化程度最高、可靠性最好的莫过于光纤接入。随着网络使用的普及，多媒体数据的增加，由于光纤的可扩展能力很强，这使得光纤接入具有很大的潜力。光纤宽带稳定性强、速度快，以下行高达 100M、上行 2M 的速率，可满足用户对上网速度的要求。另外，光纤接入设备的标准化程度非常高，对用户和一般维修工程师来说，只与终端设备有关，不会介入中间环节，从而可以使运行和维护成本降低，并便于管理。

（5）专线接入

对于上网计算机较多、业务量大的企业用户，一般采用租用电信专线的方式接入 Internet，在专线接入中最为常见的是 DDN 专线，DDN 可根据用户需要，在约定的时间内接通所需带宽的线路，信道容量的分配和接续均在计算机控制下进行，具有极大的灵活性和可靠性，使用户可以开通各种信息业务，传输任何合适的信息。

（6）无线接入

无线接入是从交换节点到用户终端，部分或全部采用无线接收的接入技术。无线系统具有建网费用低、扩容可按需而定、运行成本低等优点，所以在发达地区可以作为有线网的补充，能迅速替代有故障的有线系统或提供短期临时业务；在发展中地区或边远地区可广泛用来替换有线用户环路，节省时间和投资。因此无线接入技术已成为通信界备受关注的热点。

3. 基本服务方式

Internet 的基本服务方式是指 TCP/IP 协议所包含的基本功能，主要包括 WWW 服务、电子邮件服务、文件传输服务、远程登录服务、文件与打印服务等五种功能。

（1）WWW 服务

WWW 为上网用户提供了一个可以轻松驾驭的图形化用户界面，它帮助用户方便地查阅 Internet 上的网页，这些网页及网页之间的链接一同构成了一个虚拟现实的全球多媒体信息网。

WWW 是目前 Internet 上最新的应用功能，它采用超文本（Hypertext）或超媒体的信息组织结构。这里所说的媒体是指从网络上能得到和传输的数据的形式，包括 ASC II 文本文件、图形、图像文件、声音、影像文件、动画文件以及其他可以存储于计算机中的数据。超媒体是组织各种数据的一种方法。一个超媒体文档采用非线性链表的方式与其他文档相连。

WWW 与 Internet 的早期功能 Telnet、FTP 及 Gopher 相比，有一些功能及查询信息的目的是相同的。但是，查询信息的方式就大不相同了，原有的功能都是以文件目录和菜单方式查询信息，而 WWW 则是按超文本的链指针查询信息。WWW 不仅用于查询信息，同时也可以建立信息到网站上，上网用户可以用 WWW 协同建立供其他用户访问的信息网页。WWW 促使 Internet 成为具有信息资源增值服务能力的系统，因此，它成为当前 Internet 上最具有活力和最具发展前景的应用系统。

WWW 是基于超文本方式的信息查询工具，利用它将 Internet 分布在全球不同地方的相关信息有机地组织在一起。上网用户查询信息时，不需要说明到什么地方查询及如何查询，只需指明所要查询信息的站点及条目，全部查询工作均由 WWW 自动完成。WWW 除可浏览一般文本信息外，还可以通过相应软件，如 IE、Netscape 等，显示网页中嵌入的图形、图像、声音、动画及影像等多媒体信息。

（2）电子邮件服务

电子邮件系统是目前 Internet 上使用非常方便和用户最欢迎的网络通信工具之一。任何一个 Internet 用户使用电子邮件系统，在全球任何地方都随时能够与朋友或家人交换电子邮件，只要对方也是 Internet 用户或者对方能够使用公用的 Internet 电子邮件系统。

通常一个 Internet 用户上网的第一件事就是注册用户和建立电子邮件信箱地址。一旦确定了用户的电子邮件地址，实际上就是等于在 Internet 上设立了用户的电子邮箱，用户就能使用这个邮箱收发电子邮件。用户除了收发电子邮件外，还可以在 Internet 上建立专题讨论小组，寻求趣味相投的人们通过 E-mail 互相讨论共同关心的话题，当用户参加一个小组讨论之后，就能收到其中任何人发出的信息。当然，用户也可以把自己的观点发送给小组的每个成员。E-mail 还可以以附件的形式传送各种文档和文件，还可以用于举行各种类型的电子会议与查询信息。公司职员能够在世界各地以邮件的形式进行不见面的商务谈判、签订合同、传送各种商务信息。因此，熟练应用 Internet 电子邮件功能，能够最大限度地提高跨区域商务业务的效率。

从人类信息交流方式的发展趋势来看，信息的交流表现出所跨越距离越来越长，信息传输量越来越大，对信息实效性的要求越来越高的特点，正是为适应信息交流的这一发展趋势，网上电子邮件应运而生，并得到快速发展和广泛应用。

（3）文件传输服务

FTP（File Transfer Protocol）是 Internet 上最早使用的文件传输程序，它同 Telnet 一样，是能够使用户登录到 Internet 上的一台远程计算机，把其中的文件传送回自己的计算机系统，反之也可以把本地计算机上的文件传送并装载到远程的计算机系统中去。文件传输协议负责将文件从一台计算机传输到另一台计算机上，并保证其传输的可靠性。FTP 属于应用层的协议，并且采用了 Telnet 协议的功能和其他低层通信协议的功能。上网用户在访问文件服务器时，同样要求输入用户名和密码。但是，为了方便用户使用，有许多服务器可以匿名登录访问。FTP 文件传输协议是 Internet 标准传输协议的一种，后者规定了网上信息传输的通信规程和接口交换信息的集合，而 FTP 则是该协议的一个具体应用程序。

FTP 与 Telnet 的不同之处在于，Telnet 把用户的计算机仿真为远端计算机的一台终端，用户在完成远程登录后，具有同远端计算机上的用户一样的权限。而 FTP 则没有给予用户这样的权限，它只允许用户对远端计算机上的文件进行有限的操作，包括查看文件、交换文件以及改变文件目录等。另外，同 Telnet 一样，用 FTP 传输文件时用户也应该先进行注册并登录到远端的计算机系统，不过 Internet 上有许多 FTP 服务器允许用户以“anonymous”为用户名、以 E-mail 地址为密码进行登录，这种 FTP 服务器为匿名用户开设特定的子目录，其中的内容对访问者是完全开放的。

（4）远程登录服务

远程登录的根本目的在于访问远程系统的资源，而且像远程系统的当地用户一样。一个本地用户通过远程登录进入远程系统后，远程系统内核并不将它与本地登录区别开，因此远程登录和远程系统的本地登录一样可以访问远程系统权限允许的所有资源。反之，假如我们不采用远程登录的方式，则如何访问远程系统资源呢？显然可以采用单纯的客户/服务器方式，但注意单纯的客户/服务器方式要求远程系统上为每一种服务创建一个服务器。当远程系统提供一种很专门的服务时，这种方式是最佳的，但像用户登录这样的服务，单纯的客户/服务器方式就不适用了。因为用户登录后，可访问的资源（即服务）很多，比如 UNIX 系统中，仅常用的 Shell 命令就有几十条甚至上百条，假如对每一种可访问资源都建立一个服务器，毫无疑问远程系统会很快被服务器进程阻塞。

远程登录很好地解决了这个问题，它不要求远程系统创建众多的服务器，只需为每个远程登录用户建立一个进程（如 Shell 进程），这个进程再通过创建子进程为远程登录用户提供各种允许的服务。这样一组少量的动态进程代替了大量的静态的服务器进程，其效率是可想而知的。远程登录的另外一个优点是，它提供与本地登录几乎完全相同的用户界面，使用非常方便。

（5）文件与打印服务

联网不只是要看看网络上有哪些邻居，共享邻居们的资源才是我们联网的真正目的。在一般的网络环境中，最常共享的资源包括“文件”和“打印机”。在联网之前，这些资源只是个别计算机的私有资源，在建立了网络环境后，就可以与网上的其他计算机一起共享这些资源。

6.3.3 信息检索与文献查询

信息检索（Information Retrieval）也称情报检索，是指信息按一定的方式组织起来，并根据信息用户的需要找出有关信息的过程和技术。信息检索的过程就是信息用户的需求与信息集合匹配的过程。用户根据检索需求，对一定的信息集合采用一定的技术手段，按照一定的线索与准则找出相关的信息。

网络信息检索是将网络信息按照一定的方式存储起来，利用网络检索工具，为用户检索、传递知识和信息的过程。

1. 信息检索

（1）信息检索的要素

① 信息意识

信息意识是信息检索的前提，所谓信息意识是人的信息敏感程度，是人们对自然界和社会的各种现象、行为、理论观点等从信息角度的理解、感受和评价。人们的信息搜集活动是受信息需求驱使的，影响需求欲大小的主要因素是人们意识的清晰程度，可以说意识越明确、行动目标越清楚，则信息活动的动机越稳定、持久、强烈，努力程度也就越高。因此，信息意识的强弱直接影响人们的信息需求程度。

② 信息源

信息源是信息检索的基础，所谓信息源是指个人为满足其信息需要而获得信息的来源。信息源内涵丰富，它不仅包括各种信息载体，也包括各种信息机构；不仅包括传统印刷型文献资料，也包括现代电子图书报刊；不仅包括各种信息存储和信息传递机构，也包括各种信息生产机构。

③ 信息获取能力

信息获取能力是信息检索的核心，是用户对信息怀有强烈的意向和愿望，利用必要的检索工具、搜索引擎及其运用方法，快速、准确地判断自己所需信息处于什么位置，可以从什么渠道、采用什么方法和手段来获取。这样一来，就能够有的放矢地组织、策划自己的信息获取方案，既能提高信息查找的速度，又能保证信息获取的全面性、准确性。

④ 信息利用

信息利用是信息检索的关键，信息利用的过程就是把信息融入到学习、经营管理等活动，为学习、决策等提供思路和依据的过程。获取学术信息的最终目的是通过对所得信息的整理、分析、归纳和总结，根据自己学习、研究过程中的思考和思路，将各种信息进行重组，创造出新的知识和信息，从而达到激活信息并使信息增值的目的。

（2）信息检索方法

信息检索方法包括普通法、追溯法和分段法。

① 普通法是利用书目、文摘、索引等检索工具进行文献资料查找的方法。运用这种方法的关键在于熟悉各种检索工具的性质、特点和查找过程，从不同角度进行查找。

② 追溯法是利用已有文献所附的参考文献不断追踪查找的方法，在没有检索工具或检索工具不全时，此法可获得针对性很强的资料，查准率较高，但查全率较差。

③ 分段法是追溯法和普通法的综合，它将两种方法分时、分段交替使用，直至查到所需资料为止。

（3）网络信息检索工具

网络信息检索工具按其检索方式与所对应的检索资源大体分为以下几种类型：

① FTP（文件传输协议）类的检索工具

FTP类的检索工具是一种实时的联机检索工具，在检索前用户必须登录到对方的计算机系统，登录后即可以进行文献搜索及文献传输的有关操作。在这类检索工具中，Archie 是最常用的，Archie 可以自动索引 Internet 上匿名的免费 FTP 文件信息，并提供一种根据文件名称查询文件所在 FTP 地址的方法。因此，Archie 被称为现代搜索引擎的鼻祖。

② 基于菜单式的检索工具

这类检索工具是一种分布式信息查询工具，它将用户的请求自动转换成 FTP 或 Telnet 命令，在一级一级的菜单引导下，用户可以选取自己感兴趣的信息资源。Gopher 是 Internet 上一个非常有名的基于菜单式的检索工具，它将 Internet 上的文件组织成某种索引，很方便地将用户从 Internet 的一处带到另一处。在 WWW 出现之前，Gopher 是 Internet 上最主要的信息检索工具，Gopher 站点也是最主要的站点。

③ 基于关键词的检索工具

WAIS（Wide Area Information Serve）信息服务软件是基于关键词的检索工具。在使用 WAIS 时，用户不用操心所要检索的信息在网络中的哪台计算机上，也不用关心如何获取这些信息。只需从 WAIS 给出的数据库中选择自己想要检索的数据源名称，系统就会自动进行远程检索并将检索到文件中的信息显示出来，供用户联机浏览。

④ 基于超文本式的检索工具

WWW 是一种基于超文本方式的信息查询工具，它通过将 Internet 上的各站点的相关数据库信息有机地编织在一起，从而提供一个信息查询接口，用户只需要提出查询要求，WWW 将自动完成整个检索过程。WWW 上的检索工具不仅可以搜索 WWW 上的信息，也可以搜索因特网上的其他信息资源，如 FTP、Gopher、新闻组等，WWW 大有成为因特网上标准检索工具的趋势。

⑤ 多元搜索引擎

多元搜索引擎是将多个搜索引擎集成在一起，并提供一个统一的检索界面，且将一个检索提问同时发送给多个搜索引擎，同时检索多个数据库，再经过聚合、去重之后输出检索结果。

2. 计算机文献查询

文献查询也称文献检索，是指根据学习和工作的需要获取文献的过程。计算机文献查询过程就是由计算机将输入的检索策略与系统中存储的文献特征标识进行类比、匹配的过程。目前，计算机文献检索主要通过光盘数据库、网络数据库两种方式来完成。

（1）光盘数据库

光盘数据本身是一种机读文献，必须通过计算机光盘驱动器来读取。光盘检索有运行速度快、成本低、下载方便、安全性高等特点。目前使用的光盘检索系统都以计算机为基础设备，在普通的计算机上加载光盘驱动器的驱动软件和数据库的检索软件，即可成为光盘检索系统。常用的光盘数据库有《中文科技期刊数据库》、《中国专利文献》、《科学文摘》等。

（2）网络数据库

网络数据库又称为 Web 数据库，是以后台数据库为基础，用户通过前台程序浏览器完成数据存储、查询等操作的系统。Web 数据库将数据库技术与 Web 技术融合在一起，使数据库系统成为 Web 的有机组成部分，不仅把 Web 与数据库的所有优势集合在一起，还充分利用了大量已有数据库的信息资源。网络数据库由数据库服务器、中间件、Web 服务器、浏览器等 4 部分组成。

6.4 应用案例

6.4.1 应用案例 1——收发电子邮件

1. 申请电子邮箱

启动浏览器，登录网易邮箱申请页面（http://www.163.com/），出现邮箱登录界面，如图 6-9

所示。单击“注册网易免费邮”后进入邮箱注册页面，如图 6-10 所示。页面中有“注册字母邮箱”、“注册手机号码邮箱”和“注册 VIP 邮箱”三个选项卡，默认选项为“注册手机号码邮箱”，也可以根据需求选择其他选项进行注册。如果选择“注册手机号码邮箱”，手机号就是用户名，通过手机短信验证并输入密码后，单击“立即注册”，进入二维码扫描页面，扫描后即可完成注册。

图 6-9　网易邮箱登录界面

图 6-10　网易邮箱注册页面

2. 电子邮箱登录

电子邮箱注册成功后，可以通过二维码扫描或输入用户名和密码两种方式登录。如果用手机登录，必须下载并安装手机客户端软件“网易邮箱大师.apk”。

3. 发送电子邮件

若要撰写电子邮件，可单击“写信”，进入图 6-11 所示的电子邮件发送页面，在该页面逐项添加邮件信息。

图 6-11　电子邮件发送页面

（1）添加收件人：在“收件人”文本框中输入收件人邮箱地址，如果需要将邮件同时发送给多个联系人，可以输入多个邮件地址，地址间用分号或逗号隔开。

（2）设置主题：在“主题”文本框中输入邮件的主题，这里所说的主题就是邮件的标题，主题将显示在收件人“收件箱”的邮件列表中，是收件人区分邮件的主要依据之一。

（3）添加附件：用户可以在邮件中加入图片、视频、文本等各类文件，单击“添加附件”按钮即可弹出“选择文件”对话框，添加附件文件。如果没有设置主题，在“主题”文本框中就会出现所添加附件的文件名。

（4）输入邮件正文：在邮件正文区域中，用户可以输入邮件的正文内容，可以添加文字、图片、表格等，在正文区域中文本的编辑方式与 Word 文本编辑方式类似。

邮件创建完成后，单击“发送”按钮发送邮件，若邮件发送成功，页面上将显示“发送成功”的提示信息，如果邮件接收方是手机邮箱，可选择“免费短信通知”，以短信方式告知接收方。

6.4.2 应用案例 2——信息检索与文献查询

中国知网是以实现全社会知识资源传播共享与增值利用为目标的信息化建设项目，由清华大学、清华同方发起，始建于 1999 年 6 月，面向海内外读者提供中国学术文献、外文文献、学位论文、报纸、会议、年鉴、工具书等各类资源统一检索、统一导航、在线阅读和下载服务。

1. 中国知网服务内容

（1）中国知识资源总库

提供 CNKI 源数据库、外文类、工业类、农业类、医药卫生类、经济类和教育类多种数据库。其中综合性数据库为中国期刊全文数据库、中国博士学位论文数据库、中国优秀硕士学位论文全文数据库、中国重要报纸全文数据库和中国重要会议论文全文数据库。每个数据库都提供初级检索、高级检索和专业检索三种检索功能。高级检索功能最常用。

（2）数字出版平台

数字出版平台是国家“十一五”重点出版工程。数字出版平台提供学科专业数字图书馆和行业图书馆。个性化服务平台有个人数字图书馆、机构数字图书馆、数字化学习平台等。

（3）文献数据评价

2010 年推出的《中国学术期刊影响因子年报》在全面研究学术期刊、博硕士学位论文、会议论文等各类文献对学术期刊文献的引证规律基础上，研制者首次提出了一套全新的期刊影响因子指标体系，并制定了我国第一个公开的期刊评价指标统计标准——《〈中国学术期刊影响因子年报〉数据统计规范》，为期刊出版管理部门和主办单位等分析评价学术期刊学科与研究层次类型布局、期刊内容特点与质量、各类期刊发展走势等管理工作提供决策参考。

（4）知识检索

精确完整的搜索结果、独具特色的文献排序与聚类，是您科研的得力助手。

2. 单库检索

在单库检索模式下，按照设定的条件在当前选定的单个数据库中进行检索。在中国知网（http://www.cnki.net/）首页，可以在“资源总库”、“国际文献总库”、“行业知识服务平台”、“个人/机构数字图书馆”等 4 个选项中选择要检索的数据库源，如图 6-12 所示为资源总库中所包含的源数据库，从中选择相关的数据库进入单库检索页面（如图 6-13 所示）。

在单库检索页面左侧可以选择学科领域，页面上方是检索控制条件设置区，分检索、高级检索、专业检索、作者发文检索、科研基金检索、句子检索、来源期刊检索等 7 个检索选项卡，在不同的选项卡中可以设置不同的检索条件。

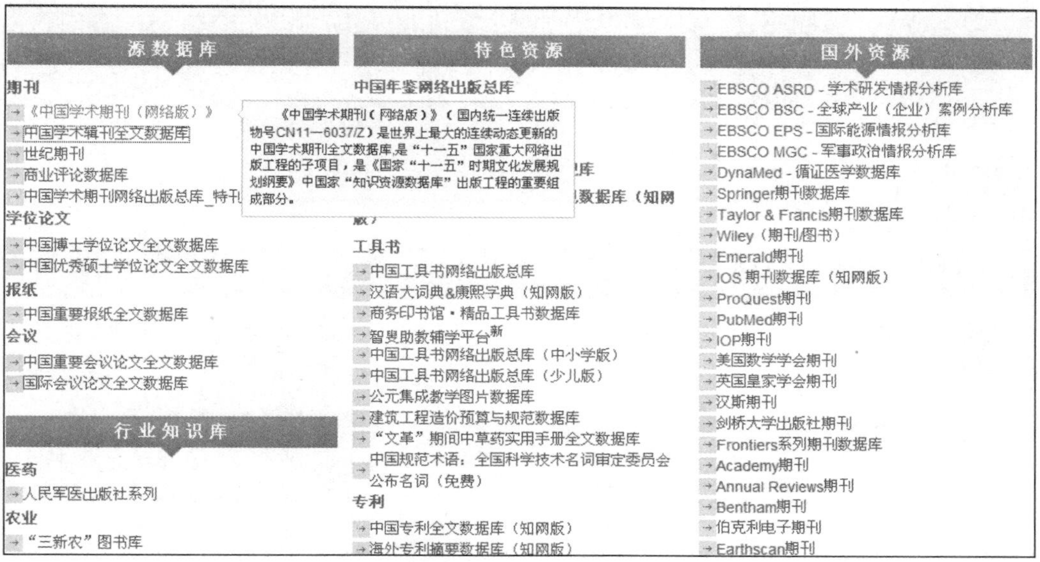

图 6-12　中国知网数据库源选择页面

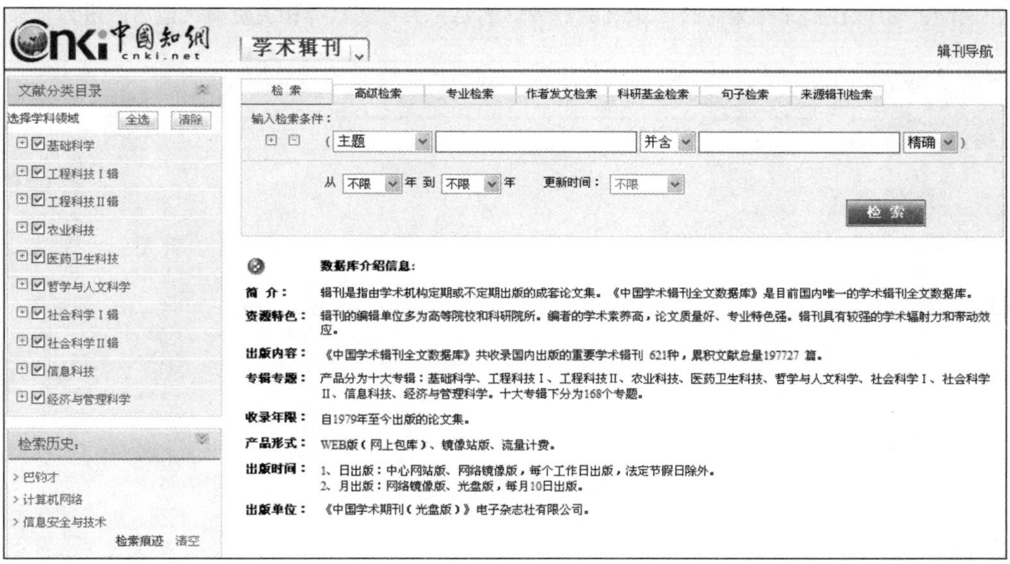

图 6-13　中国知网单库检索页面

3. 跨库检索

跨库检索可以根据设定的条件同时在指定的多个数据库中进行检索。CNKI 文献检索首页默认的就是一种跨库检索模式，如图 6-14 所示。在"文献全部分类"下拉列表中可以逐级设置文献所属的学科类别，使文献检索更具针对性。页面中靠上的区域是检索控制条件设置区，可以设置要检索文件所属类别是期刊、硕博士、会议、报纸、外文文献等。

在接下来的"检索"选项中可以按作者、篇名、关键词等设置检索条件，在"检索"文本框中输入条件值。

图 6-14　中国知网跨库检索页面

例如：要在“互联网技术”学科相关“期刊”中检索关键词为“计算机网络”的论文，结果如图 6-15 所示。可以在检索结果中查阅论文的作者、摘要、参考文献等相关资料，也可以进行全文下载。

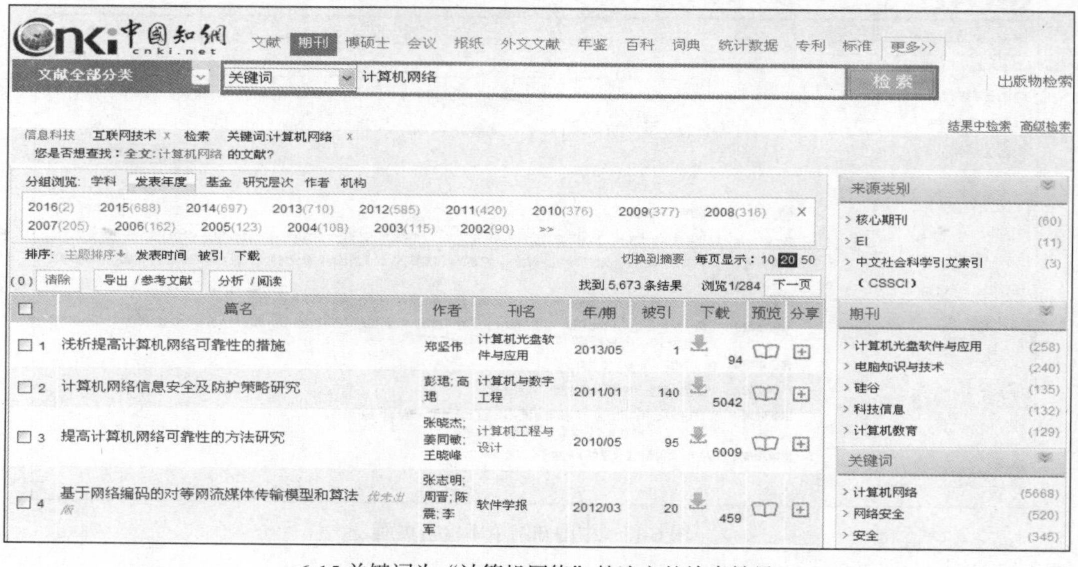

6-15 关键词为“计算机网络”的论文的检索结果

6.4.3　应用案例 3——FTP 服务器资源访问

以西北师范大学 FTP 服务器访问为例，西北师范大学 FTP 服务器允许内网用户匿名访问，简单地说，就是用户不必注册就可以登录到 FTP 服务器上，系统管理员建立了一个特殊的用户 ID，名为“anonymous”，内网用户可使用该用户 ID。用户可以通过单击西北师范大学首页（http://www.nwnu.edu.cn/）中的“进入旧版”→“校内服务”→“FTP 服务”登录 FTP 服务器

（ftp://ftp.nwnu.edu.cn/），如图 6-16 所示。

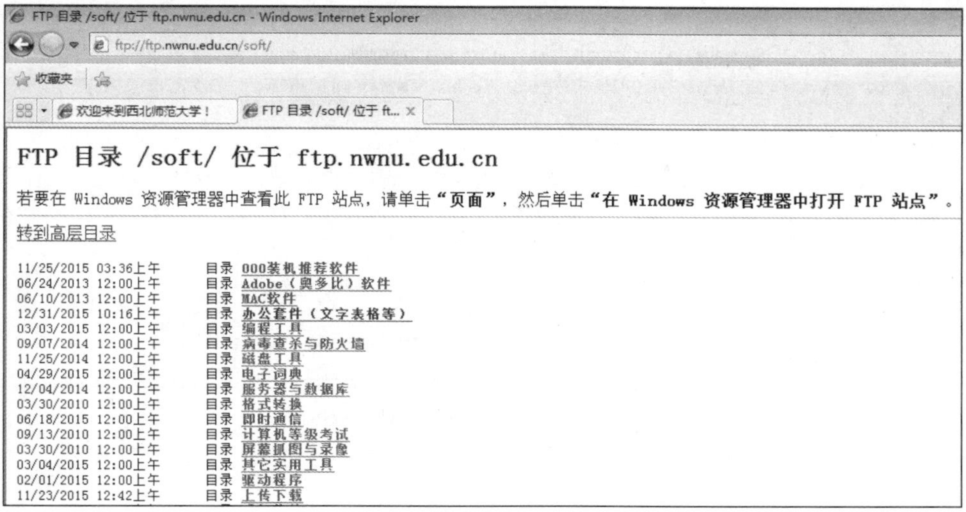

图 6-16 西北师范大学 FTP 站点

西北师范大学内网用户可以在 FTP 服务器上下载文件，而不允许用户向其上传文件，也就是说，用户可将匿名访问的 FTP 服务器上的所有文件全部拷贝到自己的计算机上，但不能将自己计算机上的任何一个文件拷贝至 FTP 服务器上。

例：从 FTP 服务器上下载 Office 2010 安装文件，具体操作如下：

1. 在 FTP 站点目录中选择“办公软件（文字表格等）”，单击进入办公软件下载页面，如图 6-17 所示；

2. 选择“Office 2010”合适版本并下载，如图 6-18 所示。

图 6-17 办公软件下载页面

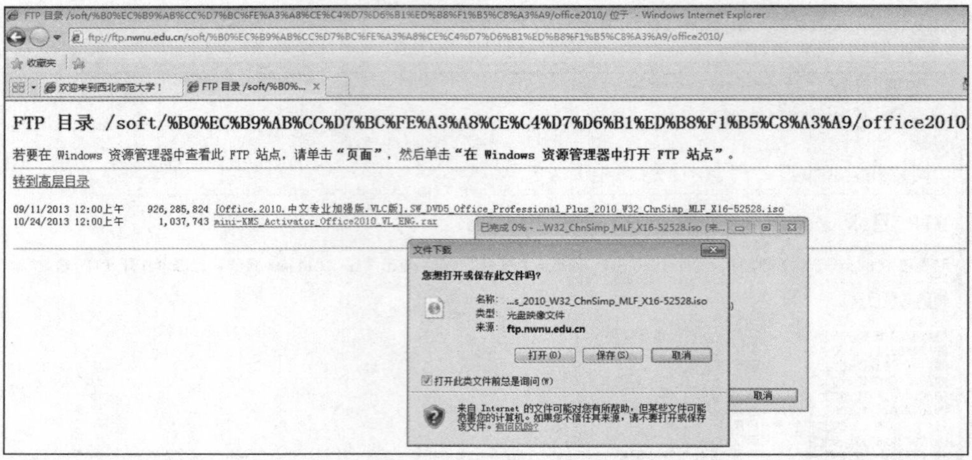

图 6-18　Office 2010 安装文件下载页面

习　题

1. 选择题

（1）（　　）是指为网络数据交换而制定的规则。

A. 语法　B. 语义　C. 协议　D. 同步

（2）OSI 参考模型将网络结构划分为（　　）层。

A. 6　B. 7　C. 8　D. 9

（3）网络地址 192.168.48.10 属于（　　）IP 地址。

A. A 类　B. B 类　C. C 类　D. D 类

（4）统一资源定位器 URL 常见的访问方式不包括（　　）。

A. FTP　B. HTTP　C. NEWS　D. TCP

（5）WWW 的中文名称为（　　）。

A. 万维网　B. 数字交换网　C. 国际网　D. 综合服务网

（6）以下选项中 E-mail 地址格式正确的是（　　）。

A. 域名@用户名　B. 用户名@域名　C. 主机名@域名　D. 域名@主机名

（7）广域网的英文缩写为（　　）。

A. WAN　B. MAN　C. LAN　D. GAN

（8）电子邮件包含的信息有（　　）。

A. 文字和图形　B. 图像和声音　C. 图形和图表　D. 以上都对

（9）域名 nwnu.edu.cn 中的.edu 代表（　　）。

A. 政府机构　B. 教育机构　C. 商业机构　D. 军事机构

（10）计算机网络的传输介质不包括（　　）。

A. 电线　B. 同轴电缆　C. 光纤　D. 微波

2. 填空题

（1）从系统物理结构的角度来看，计算机网络分为＿＿＿＿＿＿和＿＿＿＿＿＿两部分。

（2）计算机网络的主要功能有____________和____________。

（3）局域网物理拓扑结构有___________、___________、___________、___________。

（4）常见的 Internet 接入方式有 ISDN、XDSL、HFC、_________、_________、_________。

（5）从计算机网络逻辑功能的角度来看，计算机网络主要由_________和_________两部分组成。

（6）连接到 Internet 上的所有计算机都采用____________协议。

（7）OSI 网络参考模型的最底层和最高层分别为____________和____________。

（8）在 Internet 上，____________能唯一地标识一台主机。

（9）____________是将域名转换为 IP 地址的过程。

（10）信息检索方法包括______________、______________、______________。

3. 简述题

（1）简述计算机网络的功能。

（2）计算机局域网拓扑结构有哪些?

（3）简述信息安全保障措施。

（4）域名解析的作用是什么?

（5）信息检索的要素有哪些?

第7章 公共基础知识

主要知识点：

- 算法的基本概念
- 基本数据结构及其操作
- 基本排序和查找算法
- 逐步求精的结构化程序设计方法
- 软件工程的基本方法，具有初步应用相关技术进行软件开发的能力
- 数据库的基本知识，了解关系数据库的设计

7.1 数据结构与算法

7.1.1 算法

1. 算法的基本概念

（1）概念：算法是指解决方案的准确而完整的描述。

（2）基本特征：可行性、确定性、有穷性、拥有足够的情报。

（3）基本要素：对数据对象的运算和操作，以及算法的控制结构（运算和操作时间的顺序）。

2. 算法复杂度

（1）时间复杂度：指执行算法所需要的计算工作量。

（2）空间复杂度：指执行这个算法所需要的内存空间。

7.1.2 数据结构的基本概念

1. 数据结构的定义

数据结构指相互有关联的数据元素的集合，即数据的组织形式。

2. 数据的逻辑结构与存储结构

数据的逻辑结构，是反映数据元素之间逻辑关系的数据结构。数据的逻辑结构在计算机存储空间中的存放形式称为数据的存储结构。一般来说，一种数据的逻辑结构根据需要可以表示为多种存储结构，常用的存储结构有顺序存储、链式存储、索引存储和散列存储 4 种方式。

3. 数据结构的图形表示

一个数据结构除了用二元关系表示外，还可以用图形表示。在数据结构的图形表示中，用方框表示数据结点，用一条有向线段表示数据结点的前后件关系。

4. 线性结构与非线性结构的概念

数据结构按各元素之间前后关系的复杂程度可划分为线性结构和非线性结构。线性结构有且只有一个根节点，且每个节点最多有一个直接前驱和一个直接后续的非空数据结构；非线性结构是不满足线性结构的数据结构。

7.1.3 线性表及其顺序存储结构

1. 线性表的定义

线性结构又称线性表，线性表是最简单也是最常用的一种数据结构。线性表是由 n（n>=0）个数据元素组成的一个有限序列，表中的每一个数据元素，除了第一个外，有且只有一个前件，除了最后一个外，有且只有一个后件。

2. 线性表的顺序存储结构

元素所占的存储空间必须连续，元素在存储空间的位置是按逻辑顺序存放的。

3. 线性表的插入运算

在第 i 个元素之前插入一个新元素的步骤如下：

步骤 1：把原来第 n 个节点至第 i 个节点依次往后移一个元素位置；

步骤 2：把新节点放在第 i 个位置上；

步骤 3：修正线性表的节点个数。

最坏情况下，即插入元素在第一个位置，线性表中所有元素均需要移动。

4. 线性表的删除运算

删除第 i 个位置的元素的步骤如下：

步骤 1：把第 i 个元素之后不包括第 i 个元素的 n-i 个元素依次前移一个位置；

步骤 2：修正线性表的结点个数。

7.1.4 栈和队列

1. 栈和队列的定义

栈是一种特殊的线性表，其插入运算与删除运算都只在线性表的一端进行，也被称为先进后出表或后进先出表。队列是指允许在一端进行插入，在另一端进行删除的线性表，又称先进先出的线性表。

2. 栈的基本运算

栈的基本运算有三种：入栈、退栈与读栈顶元素。

7.1.5 线性链表

在定义的链表中，若只含有一个指针域来存放下一个元素地址，就称这样的链表为单链表或线性链表。

在链式存储方式中，要求每个结点由两部分组成：一部分用于存放数据元素值，称为数据域；另一部分用于存放指针，称为指针域。其中指针用于指向该结点的前一个或后一个结点（即前件或后件）。

7.1.6 数和二叉树

1. 树的基本概念

树是一种简单的非线性结构，树中有且仅有一个没有前驱的节点称为“根”，其余节点分成 m 个互不相交的有限集合 T_1、T_2、…、T_m，每个集合又是一棵树，称 T_1、T_2、…、T_m 为根结点的子树。

父节点：每一个节点只有一个前件，无前件的节点只有一个，称为树的根结点（简称树的根）。

子节点：每一个节点可以有多个后件，无后件的节点称为叶子节点。

树的度：所有节点最大的度。

树的深度：树的最大层次。

2. 二叉树的定义及其基本性质

（1）二叉树的定义：二叉树是一种非线性结构，是有限的节点集合，该集合为空（空二叉树）或由一个根节点及两棵互不相交的左右二叉子树组成。可分为满二叉树和完全二叉树，其中满二叉树一定是完全二叉树，但完全二叉树不一定是满二叉树。

（2）二叉树的基本性质

性质 1：在二叉树的第 k 层上至多有 2^{k-1} 个结点（k>=1）；

性质 2：深度为 m 的二叉树至多有 2^m-1 个结点；

性质 3：对任何一棵二叉树，度为 0 的结点（即叶子结点）总是比度为 2 的结点多一个；

性质 4：具有 n 个结点的完全二叉树的深度至少为$[Log_2n]+1$，其中$[Log_2n]$表示 Log_2n 的整数部分。

3. 二叉树的存储结构

二叉树通常采用链式存储结构，存储节点由数据域和指针域（左指针域和右指针域）组成。二叉树的链式存储结构也称二叉链表，对满二叉树和完全二叉树可按层次进行顺序存储。

4. 二叉树的遍历

二叉树的遍历是指不重复地访问二叉树中的所有节点，主要指非空二叉树，对于空二叉树则结束返回。二叉树的遍历包括前序遍历、中序遍历和后序遍历。

（1）前序遍历

前序遍历是指在访问根结点、遍历左子树与遍历右子树这三者中，首先访问根结点，然后遍历左子树，最后遍历右子树；并且，在遍历左、右子树时，仍然先访问根结点，然后遍历左子树，最后遍历右子树。

（2）中序遍历

中序遍历是指在访问根结点、遍历左子树与遍历右子树这三者中，首先遍历左子树，然后访问根结点，最后遍历右子树；并且，在遍历左、右子树时，仍然先遍历左子树，然后访问根结点，最后遍历右子树。中序遍历描述为：若二叉树为空，则执行空操作；否则，中序遍历左子树，访问根结点，中序遍历右子树。

（3）后序遍历

后序遍历是指在访问根结点、遍历左子树与遍历右子树这三者中，首先遍历左子树，然后遍历右子树，最后访问根结点；并且，在遍历左、右子树时，仍然先遍历左子树，然后遍历右子树，最后访问根结点。后序遍历描述为：若二叉树为空，则执行空操作；否则，后序遍历左子树，后序遍历右子树，访问根结点。

7.1.7 查找技术

1. 顺序查找

顺序查找又称顺序搜索，一般是指在线性表中查找指定的元素。在最坏情况下，最后一个元素才是要找的元素，对于长度为 n 的有序线性表，需要比较 n 次。

2. 二分法查找

二分法查找也称折半查找，它是一种高效率的查找方法。但二分法查找有条件限制，它要求表必须用顺序存储结构，且表中元素必须按关键字有序（升序或降序均可）排列。对长度为 n 的有序线性表，在最坏情况下，二分法查找只需比较 $\log_2 n$ 次。

7.1.8 排序技术

1. 交换类排序法

所谓交换类排序法是指借助数据元素之间的相互交换进行排序的一种方法。冒泡排序法和快速排序法都属于交换类排序方法。

（1）冒泡排序法

冒泡排序法是一种最简单的交换类排序方法，它是通过相邻数据元素的交换逐步将现行表变成有序表。

在最坏情况下，对长度为 n 的线性表排序，冒泡排序需要比较的次数为 n(n-1)/2。

（2）快速排序法

快速排序法是迄今为止所有排序算法中速度最快的一种。它的基本思想是:任取待排序序列中的某个元素（一般取第一个元素）作为基准，通过一趟排序，将待排元素分为左右两个子序列，左子序列元素的排序码均小于等于基准元素的排序码，右子序列的排序码则大于基准元素的排序码，然后分别对两个子序列继续进行排序，直至整个序列有序。

在最坏情况下，即每次划分只得到一个序列，时间效率为 $O(n^2)$。

2. 插入类排序法

（1）简单插入排序法

所谓插入排序，是指将无序序列中的各元素依次插入到已经有序的线性表中。把 n 个待排序的元素看成一个有序表和一个无序表，开始时有序表中只包含一个元素，无序表中包含 n-1 个元素，排序过程中每次从无序表中取出第一个元素，把它的排序码依次与有序表元素的排序码进行比较，将它插入到有序表中的适当位置，使之成为新的有序表。

在最坏情况下，即初始排序序列是逆序的情况下，比较次数为 n(n-1)/2，移动次数为 n(n-1)/2。

（2）希尔排序法

希尔排序法是将整个待排元素序列分割成若干个小子序列（由相隔某个“增量”的元素组成）分别进行插入排序，待整个序列中的元素基本有序（增量足够小）时，再对全体元素进行一次直接插入排序。

3. 选择类排序法

（1）简单选择排序法

扫描整个线性表，从中选出最小的元素，将它交换到表的最前面；然后对剩下的子表采用同样的方法，直到子表为空。在最坏情况下需要比较 n(n-1)/2 次。

（2）堆排序法

首先将一个无序序列建成堆；然后将堆顶元素（序列中的最大项）与堆中最后一个元素交换（最大项应该在序列的最后）。不考虑已经换到最后的那个元素，只考虑前 n-1 个元素构成的子序列，将该子序列调整为堆。重复这一过程，直到剩下的子序列为空。

在最坏情况下，堆排序法需要比较的次数为 $O(nlog_2n)$。

7.2 程序设计基础

7.2.1 程序设计方法与风格

1. 设计方法

程序设计方法指设计、编制、调试程序的方法和过程，主要有结构化程序设计方法、软件工程方法和面向对象方法。

2. 设计风格

良好的设计风格要注重源程序文档化、数据说明方法、语句的结构和输入输出。

7.2.2 结构化程序设计

1. 结构化程序设计的原则

结构化程序设计强调程序设计风格和程序结构的规范化，提倡清晰的结构。

（1）自顶向下：即先考虑总体，后考虑细节；先考虑全局目标，后考虑局部目标；

（2）逐步求精：对复杂问题，应设计一些子目标做过渡，逐步细化；

（3）模块化：把程序要解决的总目标分解为分目标，再进一步分解为具体的小目标，把每个小目标称为一个模块；

（4）限制使用 GoTo 语句。

2. 结构化程序的基本结构与特点

（1）顺序结构：自始至终严格按照程序中语句的先后顺序逐条执行，是最基本、最普遍的结构形式；

（2）选择结构：又称为分支结构，包括简单选择和多分支选择结构，可以根据设定的条件，判断应该选择哪一条分支来执行相应的语句序列；

（3）循环结构：根据给定的条件，判断是否需要重复执行某一相同的或类似的程序段，利用循环结构可大大减少程序量。

7.2.3 面向对象的程序设计

面向对象方法的本质是主张从客观世界固有的事物出发来构造系统，强调建立的系统能映射问题域。

面向对象程序设计的优点是与人类习惯的思维方法一致、稳定性好、可重用性好、易于开发大型软件产品、可维护性好。

面向对象方法的基本概念包括：

对象：用来表示客观世界中的任何实体，是对问题域中某个实体的抽象。

类：具有共同属性、共同方法的对象的集合。

实例：一个具体对象就是其对应分类的一个实例。

消息：实例间传递的信息，它统一了数据流和控制流。

继承：使用已有的类定义作为基础建立新类的定义是一种技术，广义地讲，继承就是指能够直接获得已有的性质和特征，不必重新定义。

多态性：指对象根据所接受的信息而作出动作，同样的信息被不同的对象接收时有不同行动的现象。

7.3 软件工程基础

7.3.1 软件工程的基本概念

1. 软件的定义与特点

（1）定义

软件是与计算机系统的操作有关的计算机程序、规则及相关文档的完整集合。

（2）特点

① 软件是一种逻辑实体，具有抽象性；

② 软件的生产没有明显的制作过程；

③ 软件在运行、使用期间不存在磨损、老化问题；

④ 软件的开发、运行对计算机系统有依赖性，受计算机系统的限制，这导致了软件移植的问题；

⑤ 软件复杂性较高，成本昂贵；

⑥ 软件开发涉及诸多社会因素。

2. 软件的分类

软件按功能可以分为应用软件、系统软件和支撑软件 3 类。

（1）应用软件是为解决特定领域的应用而开发的软件；

（2）系统软件是计算机管理自身资源，提高计算机使用效率并为计算机用户提供各种服务的软件；

（3）支撑软件是介于系统软件和应用软件之间，协助用户开发软件的工具性软件。

3. 软件危机与软件工程

软件危机泛指在计算机软件的开发和维护中遇到的一系列严重问题。软件工程是应用于计算机软件的定义、开发和维护的一整套方法、工具、文档、实践标准和工序，包括软件开发技术和软件工程管理。

4. 软件生命周期

软件产品从提出、实现、使用维护到停止使用的过程称为软件生命周期。

在国家标准中，软件生命周期分为软件定义、软件开发及软件维护 3 个阶段：

软件定义阶段的任务是：确定软件开发必须完成的目标，确定工程的可行性。

软件开发阶段的任务是：具体设计和实现定义阶段所定义的软件，通常包括总体设计、详细设计、编码和测试。

运行维护阶段的任务是：使软件在运行中持久地满足用户的需要。

5. 软件工程的原则

软件工程的原则包括：抽象、信息隐蔽、模块化、局部化、确定性、一致性、完备性和可验证性。

7.3.2 结构化分析方法

需求分析的任务是发现需求、求精、建模和定义需求的过程，可概括为需求获取、需求分析、编写需求规格说明书和需求评审。

1. 常用的分析方法

（1）结构化分析方法。

（2）面向对象分析方法。

2. 结构化分析常用工具

结构化分析常用工具包括数据流图、数据字典、判定树和判定表。

（1）数据流图：即 DFD 图，是以图形的方式描绘数据在系统中流动和处理的过程，它只反映系统必须完成的逻辑功能，是一种功能模型。

（2）数据字典：是结构化分析方法的核心。数据字典是对所有与系统相关的数据元素的一个有组织的列表，以及精确的、严格的定义，使得用户和系统分析员对于输入、输出、存储成分和中间计算结果有共同的理解。

（3）判定树：使用判定树进行描述时，应先从问题定义的文字描述中分清判定的条件和判定的结论，根据描述材料中的连接词找出判定条件之间的从属关系、并列关系、选择关系，根据它们构造判定树。

（4）判定表：与判定树相似，当数据流图中的加工要依赖于多个逻辑条件的取值，即完成该加工的一组动作是由于某一组条件取值的组合所引发时，使用判定表比较适宜。

3. 软件需求规格说明书

软件需求规格说明书是描述需求中的重要文档，是软件需求分析的主要成果。

（1）软件需求规格说明书的作用：便于用户、开发人员理解和交流；反映用户问题，可以作为软件开发工作的基础和依据；作为确认测试和验收的依据；为成本估算和编制计划进度提供依据；是软件不断改进的基础。

（2）软件需求规格说明书的内容：应重点描述软件的目标，以及软件的功能需求、性能需求、外部接口、属性和约束条件等。

（3）软件需求规格说明书的特点：正确性、无歧义性、完整性、可验证性、一致性、可理解性、可修改性、可追踪性。

7.3.3 结构化设计方法

1. 软件设计的基本概念和方法

软件设计是一个把软件需求转换为软件表示的过程。

（1）基本原理：抽象、逐步求精和模块化、信息隐蔽和局部化、模块独立性。

（2）基本思想：将软件设计成由相对独立的、单一功能的模块组成的结构。

2. 概要设计

（1）基本任务：设计软件系统结构、设计数据结构及数据库、编写概要设计文档、评审概要设计文档。

（2）面向数据流的设计方法：数据流图的信息分为变换流和事务流，结构形式有变换型和事务型。

3. 详细设计

常见的过程设计工具有：

图形工具：程序流程图、N-S 图、PAD 图、HIPO 图

表格工具：判定表

语言工具：PDL（伪码）

7.3.4 软件测试

1. 目的

软件测试是为了发现错误而执行程序的过程。

2. 准则

所有测试都应追溯到用户需求；

严格执行测试计划，排除测试的随意性；

充分注意测试中的群集现象；

程序员应避免检查自己的程序；

穷举测试不可能；

妥善保存设计计划、测试用例、出错统计和最终分析报告，为维护提供方便。

3. 软件测试技术和方法

软件测试的方法按是否需要执行被测软件，分为静态测试和动态测试；按功能分为白盒测试和黑盒测试。

（1）白盒测试

白盒测试是根据软件产品的内部工作过程，检查内部成分，以确认每种内部操作符合设计规格要求。白盒测试的基本原则是：保证所测试模块中每一个独立路径至少执行一次；保证所测试模块所有判断的每一个分支至少执行一次；保证所测试模块每一循环都在边界条件和一般条件下至少各执行一次；验证所有数据结构的有效性。

（2）黑盒测试

黑盒测试是对软件已经实现的功能是否满足需求进行测试和验证。黑盒测试方法主要有等价划分法、边界值分析法、错误推测法、因果图法等，主要用于软件确认测试。

4. 软件测试的实施

软件测试是保证软件质量的重要手段，软件测试是一个过程，其测试流程是该过程规定的程序，目的是使软件测试工作系统化。

软件测试过程一般按 4 个步骤进行，即单元测试、集成测试、验收测试和系统测试。

单元测试是对软件设计的最小单位——模块（程序单元）进行正确性检验的测试。

单元测试的目的是发现各模块内部可能存在的各种错误。

单元测试的依据是详细的设计说明书和源程序。

单元测试的技术可以采用静态分析和动态测试。

7.3.5 程序的调试

（1）任务：诊断和改正程序中的错误。

（2）调试方法：强行排错法、回溯法和原因排除法。

7.4 数据库设计基础

7.4.1 数据库系统的基本概念

1. 数据

数据是描述事物的符号记录。

2. 数据库

数据库是长期存储在计算机内的、有组织的、可共享的数据集合。

3. 数据库管理系统的概念

数据库管理系统是一种系统软件，负责数据库中的数据组织、数据操作、数据维护、数据控制及保护和数据服务等。为完成以上 6 个功能，数据库管理系统提供了相应的数据语言：数据定义语言（负责数据的模式定义与数据的物理存取构建）、数据操纵语言（负责数据的操纵）、数据控制语言（负责数据完整性、安全性的定义）。

数据库管理系统是数据库系统的核心，它位于用户和操作系统之间，从软件分类的角度来说，属于系统软件。

4. 数据库技术的发展

数据库技术的发展经历了 3 个阶段：人工管理阶段→文件系统阶段→数据库系统阶段。

5. 数据库系统的特点

集成性、高共享性与低冗余性、数据独立性、数据统一管理与控制等。

6. 数据库系统的内部结构体系

三级模式（概念级模式、内模式、外模式）和二级映射（外模式到概念级模式的映射、概念级模式到内模式的映射）构成了数据库系统内部的抽象结构体系。

7.4.2 数据模型

数据模型是数据特征的抽象，从抽象层次上描述了系统的静态特征、动态行为和约束条件，描述的内容有数据结构、数据操作和数据约束。数据模型按不同的应用层次分为三种类型：概念数据模型、逻辑数据模型和物理数据模型。

概念数据模型简称概念模型，目前较有名的概念模型有 E-R 模型、扩充的 E-R 模型、面向对象模型和谓词模型。逻辑数据模型又称数据模型，目前较为成熟的数据模型有层次模型、网状模型、关系模型和面向对象模型。

1. E-R 模型

E-R 模型提供了表示实体、属性和联系的方法。实体间联系有“一对一”、“一对多”和“多对多”。E-R 模型用 E-R 图来表示。

2. 层次模型

层次模型利用树形结构表示实体以及实体之间的联系，其中节点是实体，树枝是联系，从上到下是一对多关系。

3. 网状模型

网状模型用网状结构表示实体以及实体之间的联系，是层次模型的扩展。网状模型以记录型为节点，反映现实中较为复杂的事物间的联系。

4. 关系模型

关系模型采用二维表（由表框架和表的元组组成）来表示，可进行数据查询、增加、删除及修改操作。关系模型允许定义“实体完整性”、“参照完整性”和“用户定义的完整性”三种约束。

7.4.3 关系代数

关系是由若干个不同的元素所组成，因此关系可视为元素的集合。

（1）关系模型的基本运算：插入、删除、修改、查询；

（2）关系代数中的扩充运算：交、除、连接及自然连接。

7.4.4 数据库设计与管理

1. 数据库设计概述

数据库设计是数据库应用的核心。在数据库应用系统中设计一个能满足用户要求、性能良好的数据库就是数据库设计。

（1）基本任务：是根据用户对象的信息需求、处理需求和数据库的支持环境设计出数据模式。

（2）方法：面向数据的方法和面向过程的方法。

（3）设计过程：需求分析→概念设计→逻辑设计→物理设计→编码→测试→运行→进一步修改。

2. 数据库设计的需求分析

需求收集和分析是数据库设计的第一阶段。分析和表达用户的需求，经常采用的方法有结构化分析方法和面向对象的方法，主要工作有绘制数据流程图、数据分析、功能分析、确定功能处理模块和数据间关系。对数据库设计来讲，数据字典是进行详细的数据收集和数据分析所获得的主要结果。

数据字典是各类数据描述的集合，包括数据项、数据结构、数据流、数据存储和处理过程。

3. 数据库概念设计

（1）数据库概念设计的目的是分析数据间内在的语义关联，以建立数据的抽象模型。数据库概念设计的方法包括集中式模式设计法和视图集成设计法。

（2）数据库概念设计的过程：首先选择局部应用，再进行局部视图设计，最后对局部视图进行集成以得到概念模型。

4. 数据库的逻辑设计

数据库逻辑设计的主要工作是将 E-R 图转换成指定 RDBMS 中的关系模型。

5. 数据库的物理设计

数据库物理设计的主要目标是对数据库内部物理结构进行调整并选择合理的存取路径，以提高数据库访问速度及有效利用存储空间。

6. 数据库管理

数据库管理一般包括数据库的建立、数据库的调整、数据库的重组、数据库的安全性控制与完整性控制、数据库的故障恢复和数据库的监控。

习　题

1. 选择题

（1）下列数据结构中，能用二分法进行查找的是（　　）。

A. 顺序存储的有序线性表　　B. 线性链表

C. 二叉链表　　D. 有序线性链表

（2）下列关于栈的描述正确的是（　　）。

A. 在栈中只能插入元素而不能删除元素

B. 在栈中只能删除元素而不能插入元素

C. 栈是特殊的线性表，只能在一端插入或删除元素

D. 栈是特殊的线性表，只能在一端插入元素，而在另一端删除元素

（3）下列叙述中正确的是（　　）。

A. 一个逻辑数据结构只能有一种存储结构

B. 数据的逻辑结构属于线性结构，存储结构属于非线性结构

C. 一个逻辑数据结构可有多种存储结构，且各种存储结构不影响数据处理的效率

D. 一个逻辑数据结构可以有多种存储结构，且各种存储结构影响数据处理的效率

（4）算法执行过程中所需要的存储空间称为算法的（　　）。

A. 时间复杂度　B. 计算工作量　C. 空间复杂度　D. 工作空间

（5）下面选项中不属于面向对象程序设计特征的是（　　）。

A. 继承性　B. 多态性　C. 类比性　D. 封装性

（6）在面向对象方法中，实现信息隐蔽是依靠（　　）。

A. 对象的继承　B. 对象的多态

C. 对象的封装　D. 对象的分类

（7）结构化程序设计的 3 种结构是（　　）。

A. 顺序结构、选择结构、转移结构

B. 分支结构、等价结构、循环结构

C. 多分支结构、赋值结构、等价结构

D. 顺序结构、选择结构、循环结构

（8）在软件设计中，不属于过程设计工具的是（　　）。

A. PDL（过程设计语言）　B. PAD 图

C. N-S 图　D. DFD 图

（9）两个或两个以上模块之间关联的紧密程度称为（　　）。

A. 耦合度　B. 内聚度　C. 复杂度　D. 数据传输特性

（10）在下列关系运算中，不改变关系表中的属性个数但能减少元组个数的是（　　）。

A. 并　B. 交　C. 投影　D. 笛卡儿乘积

（11）在 E-R 图中，用来表示实体之间联系的图形是（　　）。

A. 矩形　B. 椭圆形　C. 菱形　D. 平行四边形

（12）实体联系模型中实体与实体之间的联系不可能是（　　）。

A. 一对一　B. 多对多　C. 一对多　D. 一对零

（13）支持数据库各种操作的软件系统叫做（　　）。

A. 数据库管理系统　B. 文件系统

C. 数据库系统　D. 操作系统

（14）在关系数据库模型中，通常可以把（　　）称为属性，其值称为属性值。

A. 记录　B. 基本表　C. 模式　D. 字段

（15）用树形结构来表示实体之间联系的模型称为（　　）。

A. 关系模型　B. 层次模型　C. 网状模型　D. 数据模型

（16）索引属于（　　）。

A. 模式　B. 内模式　C. 外模式　D. 概念模式

（17）在关系数据库中，用来表示实体之间联系的是（　　）。

A. 树结构　B. 网结构　C. 线性表　D. 二维表

（18）将 E-R 图转换到关系模式时，实体与联系都可以表示成（　　）。

A. 属性　　B. 关系　　C. 键　　D. 域

（19）SQL 语言又称为（　　）。

A. 结构化定义语言　　B. 结构化控制语言

C. 结构化查询语言　　D. 结构化操纵语言

（20）下面描述中不属于数据库系统特点的是（　　）。

A. 数据共享　　B. 数据完整性

C. 数据冗余度高　　D. 数据独立性高

二、填空题

（1）在面向对象方法中，__________描述的是具有相似属性与操作的一组对象。

（2）在面向对象方法中，类的实例称为__________。

（3）子程序通常分为两类：__________和函数，前者是命令的抽象，后者是为了求值。

（4）在面向对象方法中，类之间共享属性和操作的机制称为__________。

（5）软件测试分为白箱（盒）测试和黑箱（盒）测试，等价类划分法属于__________测试。

（6）软件需求规格说明书应具有完整性、无歧义性、正确性、可验证性、可修改性等特性，其中最重要的__________。

（7）在关系数据库中，把数据表示成二维表，每一个二维表称为__________。

（8）数据管理技术发展过程经过人工管理、文件系统和数据库系统三个阶段，其中数据独立性最高的阶段是__________。

（9）在 E-R 图中，矩形表示__________。

（10）数据库管理系统常见的数据模型有层次模型、网状模型和__________3 种。

第8章 计算机新技术简介

8.1 物联网基础

8.1.1 物联网概述

物联网（Internet of Things）是指在物理世界的实体中，部署具有一定感知能力、计算能力和执行能力的嵌入式芯片和软件，使之成为智能物体，通过网络设施实现信息传输、协同和处理，从而实现物与物、物与人之间的互联。物联网的提出，使世界上所有的人和物在任何时间、任何地点都可以方便地实现人与人、人与物、物与物之间的信息交互。

物联网是继计算机、互联网和移动通信之后的又一次信息产业的革命性发展，被称为继计算机、互联网之后，世界信息产业的第三次浪潮。1999年，麻省理工学院自动标示中心（MIT Auto-ID Center）Ashton教授提出物联网。2005年，国际电信联盟（ITU）发布的年度技术报告中也提出物联网通信时代即将到来。2009年8月，温家宝总理在无锡视察时提出“感知中国”，无锡市率先建立了“感知中国”研究中心，中国科学院、运营商、多所大学在无锡建立了物联网研究院。物联网被正式列为国家五大新兴战略性产业之一，写入了政府工作报告，物联网在中国受到了极大的关注。美国权威咨询机构FORRESTER预测：到2020年，世界上物物互联的业务，跟人与人通信的业务相比，将达到30∶1，因此，物联网被称为下一个万亿级的通信业务。

8.1.2 物联网的关键技术

连接到物联网上的“物”应该具有四个基本特征：地址标识、感知能力、通信能力和可以控制。

一般而言，可将物联网从技术架构上分为三层：感知层、网络层和应用层。

感知层的主要功能是数据的采集和感知，主要用于采集物理世界中发生的物理事件和数据，由各种传感器以及传感器网关构成，包括二氧化碳浓度传感器、温度传感器、湿度传感器、二维码标签、RFID标签和读写器、摄像头、GPS等感知终端。感知层的作用相当于人的眼、耳、鼻、喉和皮肤等神经末梢，它在物联网中用于识别物体、采集信息。

网络层的主要功能是实现更加广泛的互联，把感知到的信息无障碍、高可靠、高安全地进行远距离传送，由各种私有网络、互联网、有线和无线通信网、网络管理系统和云计算平台等组成。网络层相当于人的神经中枢和大脑，负责传递和处理感知层获取的信息。

应用层是物联网和用户（包括人、组织和其他系统）的接口，它与行业需求相结合，实现物联网的智能应用。

技术的发展与进步促成了物联网的快速发展，而其中的关键技术对物联网更是具有不同凡响的影响和意义。物联网的关键技术主要有 RFID 射频识别技术、传感器技术、物联网通信技术、M2M 接入技术。

1. RFID 射频识别技术

射频识别（RFID）即射频识别技术，是一种通信技术，可通过无线电信号识别特定目标并读写相关数据，而不必识别系统与特定目标之间建立机械或光学接触，即是一种非接触式的自动识别技术。基于射频识别的无线传感器网络，是目前最主要的一种无线传感器网络类型。

（1）射频识别技术的组成

① 电子标签——由耦合元件及芯片组成，具有存储与计算功能，可附着在物体上用于唯一标识目标对象。根据标签的能量来源，可以将其分为：被动式标签、半被动式标签和主动式标签。根据标签的工作频率，又可将其分为：低频（Low Frequency，LF）（30～300kHz）、高频（High Frequency，HF）（3～30MHz）、超高频（Ultra High Frequency，UHF）（300～968MHz）和微波（Micro Wave，MW）（2.45～5.8GHz）。

② 读写器——又称扫描器，它能发出射频信号，通过扫描电子标签而获取数据。读写器包含高频模块、控制单元、与电子标签连接的耦合元件、与 PC 或其他控制装置进行数据传输的接口。

③ 微型天线——在电子标签和读写器间传递射频信号。

（2）RFID 技术的基本工作原理

电子标签进入磁场后，接收解读器发出的射频信号，凭借感应电流获得的能量发送存储在芯片中的产品信息，或者由电子标签主动发送某一频率的信号，解读器读取信息并解码后，送至中央信息系统进行数据处理。

2. 传感器技术

在物联网中，系统感知各种各样的物的信息，就需要依靠作为物联网前端的传感器。传感器是获取自然界领域中非电属性信息的主要途径，是现代科学的中枢神经系统。

广义地讲，传感器是获取和转换信息的装置，一般由敏感元件、转换元件、信号调节与转换电路组成，有时还需提供辅助电源。传感器是机器感知物质世界的“感觉器官”，可以感知热、力、光、电、声、位移等信号，为物联网系统的处理、传输、分析和反馈提供最原始的信息。

按照传感器的用途，可将传感器分为压力敏和力敏传感器、位置传感器、液面传感器、能耗传感器、速度传感器、热敏传感器、加速度传感器、射线辐射传感器、震动传感器、湿敏传感器、磁敏传感器、气敏传感器、真空度传感器和生物传感器等类型。

3. 物联网通信技术

物联网中，物品与人的无障碍交流必然离不开保证数据高速、可靠传输的无线通信网络。物联网的通信技术包括感知层的通信技术、网络层的通信技术及物联网的网络管理。

感知层的通信技术主要指短距离无线通信技术，包括无线局域网（WLAN）与 IEEE 802.11 标准族、蓝牙（Bluetooth）技术、紫蜂（ZigBee）技术和超宽带（UWB）技术。网络层的通信技术包括接入网技术、传送网技术、公众通信网技术及各种无线网技术。

4. M2M 接入技术

M2M 即机器对机器通信，主要是通过网络传递信息，从而实现机器对机器或人对机器的数据交换，也就是通过通信网络实现机器之间的互联互通。M2M 重点在于机器对机器的无线通信，存在以下三种方式：机器对机器，机器对移动电话（如用户远程监视），移动电话对机器（如用户远程控制）。在 M2M 中，GSM/GPRS/UMTS 是主要的远距离连接技术，其近距离连接技术主要有 802.11b/g、BlueTooth、ZigBee、RFID 和 UWB。此外，还有一些其他技术，如 XML 和 Corba，以及基于 GPS、无线终端和网络的位置服务技术。

M2M 终端不需要人工布线，可以提供移动性支撑，有利于节约成本，并可满足危险环境下的通信需求，是物联网在现阶段最普遍的应用形式。

8.1.3 物联网的应用领域

物联网的应用领域相当广泛，在工业、农业、医疗、军事、建筑等各个方面均有应用，在未来的发展过程中，物联网将继续表现其强大的功能，涉及领域将更加广泛，对人们的生活、工作都将起到举足轻重的作用。

1. 智能家居

智能家居是利用先进的计算机技术、物联网技术、通信技术，将与家居生活的各种子系统有机地结合起来，通过统筹管理，让家居生活更舒适、方便、有效与安全。

2. 智能交通

物联网技术可以自动检测并报告公路、桥梁的“健康状况”，还可以避免过载的车辆经过桥梁，也能够根据光线强度对路灯进行自动开关控制。在交通控制方面，可以通过检测设备，在道路拥堵或特殊情况时，系统自动调配红绿灯，并可以向车主预告拥堵路段、推荐最佳行驶路线。

3. 智能医疗

以 RFID 为代表的自动识别技术可以帮助医院不间断地监控、会诊病人，共享医疗记录，以及追踪医疗器械等。而物联网将这种服务扩展至全世界范围，RFID 技术与医院信息系统（HIS）及药品物流系统的融合，是医疗信息化的必然趋势。

4. 智能电网

智能电网是建立在集成的、高速双向通信网络的基础上，通过先进的传感和测量技术、先进的设备技术、先进的控制方法以及先进的决策支持系统技术的应用，实现电网的可靠、安全、经济、高效、环境友好和使用安全的目标。解决方案主要包括以下几个方面：一是通过传感器连接资产和设备，提高数字化程度；二是数据的整合体系和数据的收集体系；三是进行分析的能力，即依据已经掌握的数据进行相关分析，以优化运行和管理。

5. 智能物流

智能物流就是将条形码、射频识别技术、传感器、全球定位系统等先进的物联网技术，通过信息处理和网络通信技术平台广泛应用于物流业运输、仓储、配送、包装、装卸等基本活动环节，实现货物运输过程的自动化运作和高效率优化管理，提高物流行业的服务水平，降低成本，减少自然资源和社会资源消耗。

6. 智能农业

智能农业是通过实时采集温室内温度、土壤温度、CO_2 浓度、湿度信号以及光照、叶面湿度等环境参数，自动开启或者关闭指定设备，从而实现大棚温湿度的远程控制。

7. 智能安防

一个完整的智能化安防系统主要包括门禁、报警和监控三大部分。从产品的角度讲，应具备防盗报警系统、视频监控报警系统、出入口控制报警系统、保安人员巡更报警系统、GPS 车辆报警管理系统和 110 报警联网传输系统等。

8. **智慧城市**

智慧城市就是运用信息和通信技术手段感测、分析、整合城市运行核心系统的各项关键信息，从而对包括民生、环保、公共安全、城市服务、工商业活动在内的各种需求做出智能响应。其实质是利用先进的信息技术，实现城市智慧式管理和运行，进而为城市中的人创造更美好的生活，促进城市的和谐、可持续成长。利用部署在大街小巷的传感器，实现图像敏感性智能分析并与 110、119、120 等交互，实现探头与探头、探头与人、探头与报警系统之间的联动，从而构建和谐安全的城市生活环境。

8.2 云计算

8.2.1 云计算概述

云计算（Cloud Computing）是在分布式计算（Distributed Computing）、并行计算（Parallel Computing）和网格计算（Grid Computing）的基础上发展而来的，是一种新兴的商业计算模型。它是在 2007 年第三季度由 Google 提出的一个概念新名词，仅仅过了半年多，其受关注程度就超过了网格计算。

云计算旨在通过网络把多个成本相对较低的计算实体整合成一个具有强大计算能力的完美系统，并借助 SaaS、PaaS、IaaS、MSP 等先进的商业模式把这强大的计算能力分布到终端用户手中。云计算的一个核心理念就是通过不断提高“云”的处理能力而减少用户终端的处理负担，最终使用户终端简化成一个单纯的输入/输出设备，并能按需享受“云”的强大计算处理能力。

目前，对于云计算的认识在不断发展变化中，云计算仍没有普遍一致的定义。

为了向云计算的混沌世界中引入一些规则，2009 年 4 月美国政府的国家标准与技术研究所（NIST）制定了云计算的标准定义和参考架构（Cloud Computing Reference Architecture）。两者都以“特刊”（Special Publications）方式发表，并非官方的美国政府标准，而是意在为某些特定群体实践者和研究者提供指导。NIST 对于云计算的定义主要是在 NIST 主办的研讨会和公众意见基础之上形成，不过目前仍处于草案阶段。

该文件草案将云计算定义为“一种无处不在、便捷且按需对一个共享的可配置计算资源（如网络、服务器、存储、应用和服务）进行网络访问的模式，它能够通过最少量的管理及与服务供应商的互动实现计算资源的迅速供给和释放。”

可以说，狭义的云计算是指 IT 基础设施的交付和使用模式，指通过网络以按需、易扩展的方式获得所需的资源（如硬件、平台、软件）。提供资源的网络被称为“云”。“云”中的资源在使用者看来是可以无限扩展的，并且可以随时获取，按需使用，随时扩展，按使用付费。这种特性经常被称为像水和电一样使用 IT 基础设施。

广义的云计算是指服务的交付和使用模式，指通过网络以按需、易扩展的方式获得所需的服务。这种服务可以是 IT 和软件、互联网相关的，也可以是任意其他的服务。

8.2.2 云计算相关技术

1. **虚拟化技术**

虚拟化是指计算机元件在虚拟的基础上而不是真实的基础上运行。虚拟化技术可以扩大硬件的容量，简化软件的重新配置过程。CPU 的虚拟化技术可以单 CPU 模拟多 CPU 并行，允许一个平台同时运行多个操作系统，并且应用程序都可以在相互独立的空间内运行而互不影响，从而显著提高计算机的工作效率。

虚拟化技术是云计算的关键技术。目前在云计算中主要使用的虚拟机为 VMware，中文名为“威睿”，是全球桌面到数据中心虚拟化解决方案的领导厂商。其优点有：（1）动态关闭不使用的服务器并且运行较少的服务器；（2）暗哨计划外和计划内停机以改进业务连续性；（3）整合服务器以降低 IT 成本。虚拟化技术可用于分享和存储照片的网络相册，虚拟化存储中心的动态管理，服务于个性化搜索请求的搜索引擎，虚拟化匹配和搜索的细节，逐渐兴起的网上开店，虚拟化网上支付、交易等。

2. 分布式存储技术

分布式文件系统是实现非结构化数据存储的主要技术。与目前常见的集中式存储技术不同，分布式存储技术并不是将数据存储在某个或多个特定的节点上，而是通过网络使用企业的每台机器上的磁盘空间，将这些分散的存储资源构成一个虚拟的存储设备，数据分散地存储在企业的各个角落。相对于结构化数据而言，不方便用数据库二维逻辑表来表现的数据即称为非结构化数据，包括所有格式的办公文档、文本、图片、XML、HTML、各类报表、图像和音频/视频信息等。

3. 分布式与并行计算技术

所谓分布式计算其实就是一门计算机科学，它研究如何把一个需要非常大的计算能力才能解决的问题分成许多小的部分，然后把这些部分分配给许多计算机进行处理，最后把这些计算结果综合起来得到最终的结果。

并行计算（Parallel Computing）是指同时使用多种计算资源解决计算问题的过程。并行计算的主要目的是快速解决大型且复杂的计算问题。此外，还包括利用非本地资源节约成本，即使用多个“廉价”计算资源取代大型计算机，同时克服单个计算机上存在的存储器限制问题。

并行计算是相对于串行计算来说的，所谓并行计算分为时间上的并行和空间上的并行。时间上的并行就是指流水线技术，而空间上的并行则是指用多个处理器并发地执行计算。

8.2.3 云计算的业务模式

在云计算环境下，包括软件、平台、基础架构等都将以服务的形式提供给用户。按照云计算的业务交付模式，分为 IaaS（Infrastructure as a Service）、PaaS（Platform as a Service）和 SaaS（Software as a Service）。

1. IaaS 模式

IaaS 指基础设施即服务，是提供 IT 基础设施（包括存储、硬件、服务器、网络带宽等设备）出租服务的业务模式。服务提供者拥有该设备，并负责运行和维护。客户提出需求并获取满足自身需求的 IT 基础设施服务。具有代表性的公司和业务有 Amazon 的 EC2、Verizon 的 Terremark 等。

Amazon 部署了大量冗余的 IT 资源和存储资源，为了充分利用闲置的 IT 资源，Amazon 将弹性计算云建立起来并对外提供效能计算和存储租用服务，包括存储空间、带宽、CPU 资源及月租费。月租费与电话月租费类似，存储空间、带宽按容量收费，CPU 根据运算量时长收费。例如，弹性计算云 EC2 让用户自行选择服务器配置来按需付费计算机处理任务，每个月 10 亿字节 S3 存储服务收费 15 美分。由于是按需付费，相比企业自己部署 IT 硬件资源及软件资源要便宜得多，它成为最成功的 IaaS 服务商之一。

AT&T 提供依使用量付费的公用运算服务，供企业弹性使用 IT 资源并能够随时取得所需的处理及存储能力。

NTT DoCoMo 与 OpSource 合作推出基于安全的数据中心及可靠的可扩展网络的云计算解决方案，利用公共云为每个用户提供虚拟化的私有云，使用户在虚拟化的私有环境中完成计算和应用服务，可实现在线购买，目前提供按小时计费的模式。

2. PaaS 模式

PaaS 是指平台即服务，将软件开发环境、部署研发平台作为一种服务，以租用的模式提交给用户，具有代表性的公司和业务有 Google 的 GAE 及 Salesforce 的 Force.com 等。

Google 的云计算平台主要采用 PaaS 商业模式，提供的云计算服务按需收费。Google APP Engine 根据每中央处理器核心/小时收费 10～12 美元，每 10 亿字节存储空间收费 15～18 美元。

Salesforce 的 PaaS 平台 Force.com 是运行在互联网上，收费以每登录为基础的完全即时请求业务模式。通过联合独立软件提供商成为其平台的客户，从而开发出基于其平台的多种 SaaS 应用，扩展其业务范围，使其成为多元化软件服务供货商（Multi Application Vendor）。

3. SaaS 模式

SaaS 是指软件即服务，由软件供应商或者服务供应商部署软件，通过互联网提供软件服务的分发模式，具有代表性的公司和业务有 Salesforce、微软的邮件等。

阿里软件基于 SaaS 模式，充分利用互联网资源，面向中小企业用户提供先尝试后购买、用多少付多少、无须安装（即插即用）的软件服务，实现低成本在线软件，可以根据行业、区域为中小企业管理软件做大规模需求定制。

Salesforce.com 让客户通过云端执行商业服务，而不用购买或部署软件，按照订户数和使用时间对客户进行收费。

8.3　大数据

8.3.1　大数据概述

大数据（Big data），或称巨量资料，指的是所涉及的资料量规模巨大到无法通过目前主流软件工具，在合理时间内达到撷取、管理、处理、并整理成为帮助企业经营决策更积极目的的资讯。随着云时代的来临，大数据也吸引了越来越多的关注。大数据的 4V 特点：Volume（大量）、Velocity（高速）、Variety（多样）、Value（价值）。

“大数据”作为时下最火热的 IT 行业的词汇，随之而来的数据仓库、数据安全、数据分析、数据挖掘等围绕大数据的商业价值的利用逐渐成为行业人士争相追捧的利润焦点。大数据技术的战略意义不在于掌握庞大的数据信息，而在于对这些含有意义的数据进行专业化处理。换而言之，如果把大数据比作一种产业，那么这种产业实现盈利的关键，在于提高对数据的“加工能力”，通过“加工”实现数据的“增值”。

从技术上看，大数据与云计算的关系就像一枚硬币的正反面一样密不可分。大数据必然无法用单台的计算机进行处理，必须采用分布式架构。它的特色在于对海量数据进行分布式数据挖掘。适用于大数据的技术，包括大规模并行处理（MPP）数据库、数据挖掘电网、分布式文件系统、分布式数据库、云计算平台、互联网和可扩展的存储系统。

“著云台”的分析师团队认为，大数据通常用来形容一个公司创造的大量非结构化数据和半结构化数据，这些数据在下载到关系型数据库用于分析时会花费过多时间和金钱。大数据分析常和云计算联系到一起，因为实时的大型数据集分析需要像 MapReduce 一样的框架来向数十、数百，甚至数千的电脑分配工作。

8.3.2 大数据的结构

大数据就是互联网发展到现阶段的一种表象或特征，在以云计算为代表的技术创新大幕的衬托下，这些原本很难收集和使用的数据开始容易收集和使用了，通过各行各业的不断创新，大数据会逐步为人类创造更多的价值。

大数据结构，主要包含以下三个层面。

第一层面是理论，理论是认知的必经途径，也是被广泛认同和传播的基线。包括：从大数据的特征定义理解行业对大数据的整体描绘和定性；从对大数据价值的探讨来深入解析大数据的珍贵所在；洞悉大数据的发展趋势；从大数据隐私这个特别而重要的视角审视人和数据之间的长久博弈。

第二层面是技术，技术是大数据价值体现的手段和前进的基石。包括云计算、分布式处理技术、存储技术和感知技术等。

第三层面是实践，实践是大数据的最终价值体现。包括互联网的大数据、政府的大数据、企业的大数据和个人的大数据等方面，主要用来描绘大数据已经展现的美好景象及即将实现的蓝图。

8.3.3 大数据的应用领域

2015 年 9 月，国务院印发《促进大数据发展行动纲要》，系统部署大数据发展工作。《纲要》指出，推动大数据发展和应用，在未来 5 至 10 年打造精准治理、多方协作的社会治理新模式，建立运行平稳、安全高效的经济运行新机制，构建以人为本、惠及全民的民生服务新体系，开启大众创业、万众创新的创新驱动新格局，培育高端智能、新兴繁荣的产业发展新生态。

大数据综合试验区建设不是简单地建产业园、建数据中心、建云平台等，而是要充分依托已有的设施资源，把现有的利用好，把新建的规划好，避免造成空间资源的浪费和损失。探索大数据应用新的模式，围绕有数据、用数据、管数据，开展先行先试，更好地服务国家大数据发展战略。

大数据的核心就是预测。通常被视为人工智能的一部分，随着系统接收的数据越来越多，它们可以聪明到自动搜索最好的信号和模式，并自己改善自己。在大数据时代，我们可以分析更多的数据，有时候甚至可以处理和某个特别现象相关的所有数据，而不再依赖于随机采样。典型的应用案例如下。

① 洛杉矶警察局和加利福尼亚大学合作利用大数据预测犯罪的发生。

② Google 流感趋势（Google Flu Trends）利用搜索关键词预测禽流感的散布。

③ 统计学家内特·西尔弗（Nate Silver）利用大数据预测 2012 年美国选举结果。

④ 麻省理工学院利用手机定位数据和交通数据制订城市规划。

⑤ 梅西百货的实时定价机制，根据需求和库存的情况，该公司基于 SAS 的系统对多达 7300 万种货品进行实时调价。

8.4 “互联网+”

8.4.1 “互联网+”概述

2014 年 11 月，李克强出席首届世界互联网大会时指出，互联网是大众创业、万众创新的新工具。2015 年 3 月，全国两会上，全国人大代表马化腾提交了《关于以“互联网+”为驱动，推进我国经济社会创新发展的建议》的议案，表达了对经济社会创新的建议和看法。他呼吁，我们需要持续以“互联网+”为驱动，鼓励产业创新、促进跨界融合、惠及社会民生，推动我国经济和社会的创新发展。

国务院 2015 年 7 月 4 日印发《关于积极推进“互联网+”行动的指导意见》(以下简称《意见》)。《意见》指出，积极发挥我国互联网已经形成的比较优势，把握机遇，增强信心，加快推进“互联网+”发展，有利于重塑创新体系、激发创新活力、培育新兴业态和创新公共服务模式，对打造大众创业、万众创新和增加公共产品、公共服务“双引擎”，主动适应和引领经济发展新常态，形成经济发展新动能，实现中国经济提质增效升级具有重要意义。

《意见》认为，“互联网+”是把互联网的创新成果与经济社会各领域深度融合，推动技术进步、效率提升和组织变革，提升实体经济创新力和生产力，形成更广泛的以互联网为基础设施和创新要素的经济社会发展新形态。在全球新一轮科技革命和产业变革中，互联网与各领域的融合发展具有广阔前景和无限潜力，已成为不可阻挡的时代潮流，正对各国经济社会发展产生着战略性和全局性的影响。

为此，《意见》提出我国“互联网+”行动的总体目标是，到 2018 年，互联网与经济社会各领域的融合发展进一步深化，基于互联网的新业态成为新的经济增长动力，互联网支撑大众创业、万众创新的作用进一步增强，互联网成为提供公共服务的重要手段，网络经济与实体经济协同互动的发展格局基本形成。

“互联网+”是创新 2.0 下的互联网发展的新业态，是知识社会创新 2.0 推动下的互联网形态演进及其催生的经济社会发展新形态。“互联网+”是互联网思维的进一步实践成果，推动经济形态不断地发生演变，从而带动社会经济实体的生命力，为改革、创新、发展提供广阔的网络平台。

通俗来说，“互联网+”就是“互联网+各个传统行业”，但这并不是简单地将两者相加，而是利用信息通信技术以及互联网平台，让互联网与传统行业进行深度融合，创造新的发展生态。它代表一种新的社会形态，即充分发挥互联网在社会资源配置中的优化和集成作用，将互联网的创新成果深度融合于经济、社会各领域之中，提升全社会的创新力和生产力，形成更广泛的以互联网为基础设施和实现工具的经济发展新形态。

8.4.2 “互联网+”时代的六大特征

全面透彻理解“互联网+”的精髓，除了要把握它本身是什么，还需站在这个时代的角度去考察、理解“互联网+”和这个时代之间怎样关联、匹配和相契。

一是跨界融合。“+”就是跨界，就是变革，就是开放，就是重塑融合。敢于跨界，创新的基础才会更坚实；融合协同了，群体智能才会实现，从研发到产业化的路径才会更垂直。融合本身也是身份的融合，客户消费转化为投资，伙伴参与创新，等等。

二是创新驱动。改革开放的前 30 年，资源驱动为主，客户驱动为辅，创新驱动不足。2015 年 3 月国务院颁发的《关于深化体制机制改革加快实施创新驱动发展战略的若干意见》明确了国家现在处于向新型驱动发展转型的关键时期，用所谓的互联网思维来求变、自我革命，也更能发挥创新的力量。

三是重塑结构。信息革命、全球化、互联网业已打破了原有的社会结构、经济结构、地域结构、文化结构，权力、议事规则、话语权在不断发生变化。

四是尊重人性。人性的光辉是推动科技进步、经济增长、社会进步、文化繁荣的最根本的力量，互联网的力量之强大最根本的来源是对人性的最大限度的尊重、对体验者的敬畏、对人的创造性发挥的重视。

五是开放生态。关于“互联网+”，生态是非常重要的特征，而生态的本身就是开放的。我们推进“互联网+”，其中一个重要的方向就是要把过去制约创新的环节化解掉，把孤岛式创新连接起来，让创业者有机会实现自我价值。

六是连接一切。连接是有层次的，可连接性是有差异的，连接的价值是相差很大的，但是连接一切是“互联网+”的目标。

8.4.3 “互联网+”的应用领域

“互联网+工业”即传统制造业企业采用移动互联网、云计算、大数据、物联网等信息通信技术，改造原有产品及研发生产方式。

“互联网+金融”从组织形式上看，这种结合至少有三种方式。第一种是互联网公司做金融，如果这种现象大范围发生，并且取代原有的金融企业，那就是互联网金融颠覆论；第二种是金融机构的互联网化；第三种是互联网公司和金融机构合作。

从 2013 年以在线理财、支付、电商小贷、P2P、众筹等为代表的细分互联网嫁接金融的模式进入大众视野以来，互联网金融已然成为了一个新金融行业，并为普通大众提供了更多元化的投资理财选择。

在零售、电子商务等领域，与互联网的结合更为紧密。2014 年，中国网民数量达 6.49 亿，网站 400 多万家，电子商务交易额超过 13 万亿元人民币。2015 年 5 月 18 日，2015 中国化妆品零售大会在上海召开，600 位化妆品连锁店主，百余位化妆品代理商，数十位国内外主流品牌代表与会。面对实体零售渠道变革，会议提出了“零售业+互联网”的概念，建议以产业链最终环节零售为切入点，结合国家战略发展思维，发扬“+”时代精神，回归渠道本质，以变革来推进整个产业提升。

在通信领域，“互联网+通信”有了即时通信，几乎人人都在用即时通信 App 进行语音、文字甚至视频交流。

“互联网+交通”已经在交通运输领域产生了“化学效应”，比方说，大家经常使用的打车软件、网上购买火车票和飞机票的软件、出行导航系统等。

从国外的 Uber、Lyft 到国内的滴滴打车、快的打车，移动互联网催生了一批打车、拼车、专车软件，虽然它们在全世界不同的地方仍存在不同的争议，但它们通过把移动互联网和传统的交通出行相结合，改善了人们的出行方式，增加了车辆的使用率，推动了互联网共享经济的发展，提高了效率，减少了排放，对环境保护也做出了贡献。

在教育领域，面向中小学、大学、职业教育、IT 培训等多层次人群提供学籍注册入学开放课程，但是网络学习一样可以参加我们国家组织的统一考试，可以足不出户在家上课学习并取得相应的文凭和技能证书。“互联网+教育”的结果，将会使未来的一切教与学活动都围绕互联网进行，老师在互联网上教，学生在互联网上学，信息在互联网上流动，知识在互联网上成型，线下的活动成为线上活动的补充与拓展。

附录A 全国计算机等级考试简介

全国计算机等级考试（National Computer Rank Examination，NCRE），是经原国家教育委员会（现教育部）批准，由教育部考试中心主办，面向社会，用于考查应试人员计算机应用知识与技能的全国性计算机水平考试体系。

NCRE级别/科目设置如下（2013版）：

级别	科目名称	科目代码	考试时间	考试方式
一级	计算机基础及WPS Office应用	14	90分钟	无纸化
	计算机基础及MS Office应用	15	90分钟	无纸化
	计算机基础及Photoshop应用	16	90分钟	无纸化
二级	C语言程序设计	24	120分钟	无纸化
	VB语言程序设计	26	120分钟	无纸化
	VFP数据库程序设计	27	120分钟	无纸化
	Java语言程序设计	28	120分钟	无纸化
	Access数据库程序设计	29	120分钟	无纸化
	C++语言程序设计	61	120分钟	无纸化
	MySQL数据库程序设计	63	120分钟	无纸化
	Web程序设计	64	120分钟	无纸化
	MS Office高级应用	65	120分钟	无纸化
三级	网络技术	35	120分钟	无纸化
	数据库技术	36	120分钟	无纸化
	软件测试技术	37	120分钟	无纸化
	信息安全技术	38	120分钟	无纸化
	嵌入式系统开发技术	39	120分钟	无纸化
四级	网络工程师	41	90分钟	无纸化
	数据库工程师	42	90分钟	无纸化
	软件测试工程师	43	90分钟	无纸化
	信息安全工程师	44	90分钟	无纸化
	嵌入式系统开发工程师	45	90分钟	无纸化

其中：

一级：操作技能级。考核计算机基础知识及计算机基本操作能力，包括Office办公软件、图形图像软件。

二级：程序设计/办公软件高级应用级。考核内容包括计算机语言与基础程序设计能力，要求参试者掌握一门计算机语言，可选类别有高级语言程序设计类、数据库程序设计类、Web程序设计类等；二级还包括办公软件高级应用能力，要求参试者具有计算机应用知识及 MS Office 办公软件的高级应用能力，能够在实际办公环境中开展具体应用。

三级：工程师预备级。三级证书面向已持有二级相关证书的考生，考核面向应用、面向职业的岗位专业技能。

四级：工程师级。四级证书面向已持有三级相关证书的考生，考核计算机专业课程，是面向应用、面向职业的工程师岗位证书。

NCRE 考试采用全国统一命题，统一考试的形式。所有科目每年开考两次。一般为 3 月份倒数第一个周六和 9 月份倒数第二个周六，考试持续 5 天。

附录 B 二级公共基础知识考试大纲（2013 年版）

基本要求

1. 掌握算法的基本概念。
2. 掌握基本数据结构及其操作。
3. 掌握基本排序和查找算法。
4. 掌握逐步求精的结构化程序设计方法。
5. 掌握软件工程的基本方法，具有初步应用相关技术进行软件开发的能力。
6. 掌握数据库的基本知识，了解关系数据库的设计。

考试内容

一、数据结构与算法

1. 算法的基本概念；算法复杂度的概念和意义（时间复杂度与空间复杂度）。

2. 数据结构的定义；数据的逻辑结构与存储结构；数据结构的图形表示；线性结构与非线性结构的概念。

3. 线性表的定义；线性表的顺序存储结构及其插入与删除运算。

4. 栈和队列的定义；栈和队列的顺序存储结构及其基本运算。

5. 线性单链表、双向链表与循环链表的结构及其基本运算。

6. 树的基本概念；二叉树的定义及其存储结构；二叉树的前序、中序和后序遍历。

7. 顺序查找与二分法查找算法；基本排序算法（交换类排序、选择类排序、插入类排序）。

二、程序设计基础

1. 程序设计方法与风格。
2. 结构化程序设计。
3. 面向对象的程序设计方法、对象、方法、属性以及继承与多态性。

三、软件工程基础

1. 软件工程基本概念，软件生命周期概念，软件工具与软件开发环境。
2. 结构化分析方法，数据流图，数据字典，软件需求规格说明书。
3. 结构化设计方法，总体设计与详细设计。
4. 软件测试的方法，白盒测试与黑盒测试，测试用例设计，软件测试的实施，单元测试、集成测试和系统测试。

5. 程序的调试，静态调试与动态调试。

四、数据库设计基础

1. 数据库的基本概念：数据库，数据库管理系统，数据库系统。
2. 数据模型，实体联系模型及 E-R 图，从 E-R 图导出关系数据模型。
3. 关系代数运算，包括集合运算及选择、投影、连接运算，数据库规范化理论。
4. 数据库设计方法和步骤：需求分析、概念设计、逻辑设计和物理设计的相关策略。

考试方式

1. 公共基础知识不单独考试，与其他二级科目组合在一起，作为二级科目考核内容的一部分。
2. 考试方式为上机考试，10 道选择题，占 10 分。

附录 C 二级 MS Office 高级应用考试大纲（2013 年版）

基本要求

1. 掌握计算机基础知识及计算机系统组成。
2. 了解信息安全的基本知识，掌握计算机病毒及防治的基本概念。
3. 掌握多媒体技术基本概念和基本应用。
4. 了解计算机网络的基本概念和基本原理，掌握因特网网络服务和应用。
5. 正确采集信息并能在文字处理软件 Word、电子表格软件 Excel、演示文稿制作软件 PowerPoint 中熟练应用。
6. 掌握 Word 的操作技能，并熟练应用它来编制文档。
7. 掌握 Excel 的操作技能，并熟练应用进行数据计算及分析。
8. 掌握 PowerPoint 的操作技能，并熟练应用它来制作演示文稿。

考试内容

一、计算机基础知识

1. 计算机的发展、类型及其应用领域。
2. 计算机软硬件系统的组成及主要技术指标。
3. 计算机中数据的表示与存储。
4. 多媒体技术的概念与应用。
5. 计算机病毒的特征、分类与防治。
6. 计算机网络的概念、组成和分类；计算机与网络信息安全的概念和防控。
7. 因特网网络服务的概念、原理和应用。

二、Word 的功能和使用

1. Microsoft Office 应用界面的使用和功能设置。
2. Word 的基本功能，文档的创建、编辑、保存、打印和保护等基本操作。
3. 设置字体和段落格式，应用文档样式和主题，调整页面布局等排版操作。
4. 文档中表格的制作与编辑。
5. 文档中图形、图像（片）对象的编辑和处理，文本框和文档部件的使用，符号与数学公式的输入与编辑。

6. 文档的分栏、分页和分节操作，文档页眉、页脚的设置，文档内容引用操作。
7. 文档审阅和修订。
8. 利用邮件合并功能批量制作和处理文档。
9. 多窗口和多文档的编辑，文档视图的使用。
10. 分析图文素材，并根据需求提取相关信息引用到 Word 文档中。

三、Excel 的功能和使用

1. Excel 的基本功能，工作簿和工作表的基本操作，工作视图的控制。
2. 工作表数据的输入、编辑和修改。
3. 单元格格式化操作、数据格式的设置。
4. 工作簿和工作表的保护、共享及修订。
5. 单元格的引用、公式和函数的使用。
6. 多个工作表的联动操作。
7. 迷你图和图表的创建、编辑与修饰。
8. 数据的排序、筛选、分类汇总、分组显示和合并计算。
9. 数据透视表和数据透视图的使用。
10. 数据模拟分析和运算。
11. 宏功能的简单使用。
12. 获取外部数据并分析处理。
13. 分析数据素材，并根据需求提取相关信息引用到 Excel 文档中。

四、PowerPoint 的功能和使用

1. PowerPoint 的基本功能和基本操作，演示文稿的视图模式和使用。
2. 演示文稿中幻灯片的主题设置、背景设置、母版制作和使用。
3. 幻灯片中文本、图形、SmartArt、图像（片）、图表、音频、视频、艺术字等对象的编辑和应用。
4. 幻灯片中对象动画、幻灯片切换效果、链接操作等交互设置。
5. 幻灯片放映设置，演示文稿的打包和输出。
6. 分析图文素材，并根据需求提取相关信息引用到 PowerPoint 文档中。

考试方式

采用无纸化考试，上机操作。

考试时间：120 分钟

软件环境：操作系统 Windows 7

办公软件 Microsoft Office 2010

在指定时间内，完成下列各项操作：

1. 选择题（20 分）（含公共基础知识部分 10 分）
2. Word 操作（30 分）
3. Excel 操作（30 分）
4. PowerPoint 操作（20 分）

附录 D 全国计算机等级考试的考试流程演示

登录

启动考试系统，鼠标单击“开始登录”或按回车键进入准考证号输入窗口。输入准考证号，选择“登录”，进入考生信息窗口，需要对准考证号以及姓名、身份证号进行验证。如果准考证号错误，选择“重输考号”；如果准考证号正确，选择“开始考试”继续操作。在正确地输入了准考证号和密码之后，选择“密码验证”按钮，进入考试须知界面。选择“已阅读”并单击“开始考试并计时”后，就可以进入考试界面，开始作答。

答题

当考生登录成功后，考试系统将自动在屏幕中间生成装载试题内容查阅工具的考试窗口，并在屏幕顶部始终显示着考生的准考证号、姓名、考试剩余时间以及可以随时显示或隐藏试题内容查阅工具和退出考试系统进行交卷的按钮的窗口。“隐藏窗口”字符串表示屏幕中间的考试窗口正在显示着，当用鼠标单击“隐藏窗口”字符串时，屏幕中间的考试窗口就被隐藏，且“隐藏窗口”字符串变成“显示窗口”。

在考试窗口中单击题目选择按钮，可以查看相应的题目要求。选择题部分只能进入一次，退出后不能再次进入。选择题部分不单独计时。

在考试答题过程中一个重要概念是考生文件夹。当考生登录成功后，无纸化考试系统将会自动产生一个考生考试文件夹（由准考证号的前两位数字和最后六位数字组成），该文件夹将存放该考生所有无纸化考试的考试内容。考生不能随意删除该文件夹以及该文件夹下与考试题目要求有关的文件及文件夹，以免在考试和评分时产生错误，影响考生的考试成绩。假设考生登录的准考证号为2636999999910001，则无纸化考试系统生成的考生文件夹将存放到K盘根目录下的以用户名命名的目录下，即考生文件夹为“K:\考试机用户名\26910001”。考生可通过单击链接“K:\考试机用户名\26910001”进入考生文件夹，也可通过“我的电脑”进入K盘，访问考生文件夹。

注意 考生在考试过程中所操作的文件和文件夹都不能脱离考生文件夹，否则将会直接影响考生的考试成绩。

交卷

如果考生要提前结束考试并交卷，则在屏幕顶部显示窗口中选择“交卷”按钮，无纸化考试系统将弹出是否要交卷处理的提示信息框，此时考生如果选择“确定”按钮，则退出无纸化考试系统进行交卷处理。

考试过程中，系统会为考生计算剩余考试时间。在剩余5分钟时，系统会显示一个提示信息，提示考生注意存盘并准备交卷。

考试时间用完后，系统会锁住计算机并提示输入“延时”密码。此时，需联系监考老师，键入延时密码才能解锁计算机并恢复考试界面，考试系统会自动再运行5分钟，请考生注意及时单击“交卷”按钮进行交卷处理。

附录 E 二级 MS Office 高级应用模拟试题

一、单项选择题（每小题 1 分）

1. 下列叙述中正确的是（　　）。
   A. 线性表的链式存储结构与顺序存储结构所需要的存储空间是相同的
   B. 线性表的链式存储结构所需要的存储空间一般要多于顺序存储结构
   C. 线性表的链式存储结构所需要的存储空间一般要少于顺序存储结构
   D. 线性表的链式存储结构与顺序存储结构在存储空间的需求上没有可比性
2. 下列叙述中正确的是（　　）。
   A. 栈是一种先进先出的线性表　　B. 队列是一种后进先出的线性表
   C. 栈与队列都是非线性结构　　D. 以上三种说法都不对
3. 软件测试的目的是（　　）。
   A. 评估软件可靠性　　B. 发现并改正程序中的错误
   C. 改正程序中的错误　　D. 发现程序中的错误
4. 在软件开发中，需求分析阶段产生的主要文档是（　　）。
   A. 软件集成测试计划　　B. 软件详细设计说明书
   C. 用户手册　　D. 软件需求规格说明书
5. 软件生命周期是指（　　）。
   A. 软件产品从提出、实现、使用、维护到停止使用、退役的过程
   B. 软件从需求分析、设计、实现到测试完成的过程
   C. 软件的开发过程
   D. 软件的运行维护过程
6. 面向对象方法中，继承是指（　　）。
   A. 一组对象所具有的相似性质
   B. 一个对象具有另一个对象的性质
   C. 各对象之间的共同性质
   D. 类之间共享属性和操作的机制
7. 层次型、网状型和关系型数据库的划分原则是（　　）。
   A. 记录长度　　B. 文件的大小
   C. 联系的复杂程度　　D. 数据之间的联系方式

8. 一个工作人员可以使用多台计算机，而一台计算机可被多个人使用，则实体工作人员与实体计算机之间的联系是（　　）。

A. 一对一　　B. 一对多　　C. 多对多　　D. 多对一

9. 数据库设计中反映用户对数据要求的模式是（　　）。

A. 内模式　　B. 概念模式　　C. 外模式　　D. 设计模式

10. 有三个关系 R、S 和 T 如下：

R

A	B	C
a	1	2
b	2	1
c	3	1

S

A	B	C
a	1	2
b	2	1

T

A	B	C
a	1	2

则由关系 R 和 S 得到关系 T 的操作是（　　）。

A. 自然连接　　B. 差　　C. 交　　D. 并

11. 按电子计算机传统的分代方法，第一代至第四代计算机依次是（　　）。

A. 机械计算机，电子管计算机，晶体管计算机，集成电路计算机

B. 晶体管计算机，集成电路计算机，大规模集成电路计算机，光器件计算机

C. 电子管计算机，晶体管计算机，小、中规模集成电路计算机，大规模和超大规模集成电路计算机

D. 手摇机械计算机，电动机械计算机，电子管计算机，晶体管计算机

12. 在 ASCII 码表中，根据码值由小到大的排列顺序是（　　）。

A. 空格字符、数字符、大写英文字母、小写英文字母

B. 数字符、空格字符、大写英文字母、小写英文字母

C. 空格字符、数字符、小写英文字母、大写英文字母

D. 数字符、大写英文字母、小写英文字母、空格字符

13. 字长是 CPU 的主要性能指标之一，它表示（　　）。

A. CPU 一次能处理二进制数据的位数

B. CPU 最长的十进制整数的位数

C. CPU 最大的有效数字位数

D. CPU 计算结果的有效数字长度

14. 计算机操作系统通常具有的五大功能是（　　）。

A. CPU 管理、显示器管理、键盘管理、打印机管理和鼠标器管理

B. 硬盘管理、U 盘管理、CPU 的管理、显示器管理和键盘管理

C. 处理器（CPU）管理、存储管理、文件管理、设备管理和作业管理

D. 启动、打印、显示、文件存取和关机

15. 下列叙述中，正确的是（　　）。

A. 计算机病毒只在可执行文件中传染，不执行的文件不会传染

B. 计算机病毒主要通过读/写移动存储器或 Internet 网络进行传播

C. 只要删除所有感染了病毒的文件就可以彻底消除病毒

D. 计算机杀病毒软件可以查出和清除任意已知的和未知的计算机病毒

16. 下列各类计算机程序语言中，不属于高级程序设计语言的是（　　）。
A. Visual Basic 语言　　B. FORTRAN 语言
C. C++ 语言　　D. 汇编语言

17. 一个完整的计算机系统应该包括（　　）。
A. 主机、鼠标器、键盘和显示器
B. 系统软件和应用软件
C. 主机、显示器、键盘和音箱等外部设备
D. 硬件系统和软件系统

18. 计算机网络中传输介质的传输速率的单位是 bps，其含义是（　　）。
A. 字节/秒　　B. 字/秒
C. 字段/秒　　D. 二进制位/秒

19. 在计算机中，每个存储单元都有一个连续的编号，此编号称为（　　）。
A. 地址　　B. 位置号
C. 门牌号　　D. 房号

20. 下列各选项中，不属于 Internet 应用的是（　　）。
A. 新闻组　　B. 远程登录
C. 网络协议　　D. 搜索引擎

二、操作题及解题步骤（2015. 9 真题）

1. 字处理题（30 分）

请在“答题”菜单下选择“进入考生文件夹”命令，并按照题目要求完成下面的操作。

注意：以下的文件必须都保存在考生文件夹下。

小王是某出版社新入职的编辑，刚受领主编提交给她关于《计算机与网络应用》教材的编排任务。

请你根据考生文件夹下“《计算机与网络应用》初稿.docx”和相关图片文件的素材，帮助小王完成编排任务，具体要求如下：

（1）依据素材文件，将教材的正式稿命名为“《计算机与网络应用》正式稿.docx”，并保存于考生文件夹下。

（2）设置页面的纸张大小为 A4 幅面，页边距上、下为 3 厘米，左、右为 2.5 厘米，设置每页行数为 36 行。

（3）将封面、前言、目录、教材正文的每一章、参考文献均设置为 Word 文档中的独立一节。

（4）教材内容的所有章节标题均设置为单倍行距，段前、段后间距 0.5 行。其他格式要求为：章标题（如“第 1 章 计算机概述”）设置为“标题 1”样式，字体为三号、黑体；节标题（如“1.1 计算机发展史”）设置为“标题 2”样式，字体为四号、黑体；小节标题（如“1.1.2 第一台现代电子计算机的诞生”）设置为“标题 3”样式，字体为小四号、黑体。前言、目录、参考文献的标题参照章标题设置。除此之外，其他正文字体设置为宋体、五号字，段落格式为单倍行距，首行缩进 2 字符。

（5）将考生文件夹下的“第一台数字计算机.jpg”和“天河 2 号.jpg”图片文件，依据图片内容插入到正文的相应位置。图片下方的说明文字设置为居中，字体为小五号、黑体。

（6）根据“教材封面样式.jpg”的示例，为教材制作一个封面，图片为考生文件夹下的“Cover.jpg”，将该图片文件插入到当前页面，设置该图片为“衬于文字下方”，调整大小使之正好为 A4 幅面。

（7）为文档添加页码，编排要求为：封面、前言无页码，目录页页码采用小写罗马数字，正文和参考文献页页码采用阿拉伯数字。正文的每一章以奇数页的形式开始编码，第一章的第一页页码为“1”，之后章节的页码编号续前节编号，参考文献页续正文页页码编号。页码设置在页面的页脚中间位置。

（8）在目录页的标题下方，以“自动目录1”方式自动生成本教材的目录。

2. 电子表格题（30分）

请在“答题”菜单下选择“进入考生文件夹”命令，并按照题目要求完成下面的操作。

注意：以下的文件必须都保存在考生文件夹下。

小李是某政法学院教务处的工作人员，为更好地掌握各个教学班级学习的整体情况，教务处领导要求她制作成绩分析表。请根据考生文件夹下“素材.xlsx”文件，帮助小李完成学生期末成绩分析表的制作。具体要求如下：

（1）将“素材.xlsx”另存为“成绩分析.xlsx”文件，所有的操作基于此新保存好的文件。

（2）在“法一”、“法二”、“法三”、“法四”工作表中表格内容的右侧，分别按序插入“总分”、“平均分”、“班内排名”列；并在这四个工作表表格内容的最下面增加“平均分”行。所有列的对齐方式设置为居中，其中“班内排名”列数值格式为整数，其他成绩统计列的数值均保留1位小数。

（3）为“法一”、“法二”、“法三”、“法四”工作表内容套用“表样式中等深浅15”的表格格式，并设置表包含标题。

（4）在“法一”、“法二”、“法三”、“法四”工作表中，利用公式分别计算“总分”、“平均分”、“班内排名”列的值和最后一行“平均分”的值。对学生成绩不及格（小于60）的单元格突出显示为“橙色（标准色）填充色，红色（标准色）文本”格式。

（5）在“总体情况表”工作表中，更改工作表标签为红色，并将工作表内容套用“表样式中等深浅15”的表格格式，设置表包含标题；将所有列的对齐方式设置为居中；并设置“排名”列数值格式为整数，其他成绩列的数值格式保留1位小数。

（6）在“总体情况表”工作表B3:J6单元格区域内，计算填充各班级每门课程的平均成绩；并计算“总分”、“平均分”、“总平均分”、“排名”所对应单元格的值。

（7）依据各课程的班级平均分，在“总体情况表”工作表A9:M30区域内插入二维的簇状柱形图，水平簇标签为各班级名称，图例项为各课程名称。

（8）将该文件中所有工作表的第一行根据表格内容合并为一个单元格，并改变默认的字体、字号，使其成为当前工作表的标题。

（9）保存“成绩分析.xlsx”文件。

3. 演示文稿题（20分）

请在“答题”菜单下选择“进入考生文件夹”命令，并按照题目要求完成下面的操作。

注意：以下的文件必须都保存在考生文件夹下。

作为中国海军博物馆讲解员的小张，受领了制作“辽宁号航空母舰”简介演示幻灯片的任务，需要对演示幻灯片内容进行精心设计和裁剪。请你根据考生文件夹下的“辽宁号航空母舰素材.docx”的素材，帮助小张完成制作任务，具体要求如下：

（1）制作完成的演示文稿至少包含九张幻灯片，并含有标题幻灯片和致谢幻灯片；演示文稿须选择一种适当的主题，要求字体和配色方案合理；每页幻灯片需设置不同的切换效果。

（2）标题幻灯片的标题为“辽宁号航空母舰”，副标题为“——中国海军第一艘航空母舰”，该幻灯片中还应有“中国海军博物馆 二〇一三年九月”字样。

（3）根据“辽宁号航空母舰素材.docx”素材文档中对应标题“概况”、“简要历史”、“性能参数”、“舰载武器”、“动力系统”、“舰载机”和“内部舱室”的内容各制作 1 至 2 张幻灯片，文字内容可根据幻灯片的内容布局进行精简。这些内容幻灯片需选择合理的版式。

（4）请将相关的图片（图片文件均存放于考生文件夹下）插入到对应内容幻灯片中，完成合理的图文布局排列；并设置文字和图片的动画效果。

（5）演示文稿的最后一页为致谢幻灯片，并包含“谢谢”字样。

（6）除标题幻灯片外，设置其他幻灯片页脚的最左侧为“中国海军博物馆”字样，最右侧为当前幻灯片编号。

（7）设置演示文稿为循环放映方式，每页幻灯片的放映时间为 10 秒钟，在自定义循环放映时不包括最后一页的致谢幻灯片。

（8）演示文稿保存为“辽宁号航空母舰.pptx”。

参 考 文 献

1. 教育部考试中心. 全国计算机等级考试二级教程——MS Office 高级应用. 北京：高等教育出版社，2016.

2. 教育部考试中心. 全国计算机等级考试二级教程——公共基础知识. 北京：高等教育出版社，2016.

3. 石永福. 大学计算机基础教程（第 2 版）. 北京：清华大学出版社，2014.

4. 崔婕. Excel 在财务管理中的应用. 北京：人民邮电出版社，2014.

5. 沈伟. Office 高级应用案例教程. 北京：人民邮电出版社，2015.

6. 许久成，王岁花. 大学计算机基础（修订版）. 北京：科学出版社，2013.

7. 张志敏. 大学计算机基础及上机指导. 北京：清华大学出版社，2012.

8. 马睿，李丽芬. 大学计算机基础及应用. 北京：人民邮电出版社，2014.